Dzieia / Kammerer / Oberthür / Siedler / Zastrow

Elektronik I · Elektrotechnische Grundlagen der Elektronik · Prüfungsaufgaben

HPI-Fachbuchreihe
Elektronik/Mikroelektronik

Elektronik I • Prüfungsaufgaben

Werner Dzieia • Josef Kammerer • Wolfgang Oberthür • Hans-Jobst Siedler • Peter Zastrow

Elektrotechnische Grundlagen der Elektronik

Mit 474 Aufgaben und einem Lösungsteil

5., überarbeitete Auflage

Pflaum Verlag München

Die Deutsche Bibliothek – CIP-Einheitsaufnahme

Elektronik. – München ; Bad Kissingen ; Berlin ; Düsseldorf ;
Heidelberg : Pflaum
Teilw. hrsg. vom Heinz-Piest-Institut für Handwerkstechnik an der
Universität Hannover
NE: Heinz-Piest-Institut für Handwerkstechnik <Hannover>

1. Elektrotechnische Grundlagen der Elektronik.
Prüfungsaufgaben. – 5., überarb. Aufl. 1995

Elektrotechnische Grundlagen der Elektronik. – München ;
Bad Kissingen ; Berlin ; Düsseldorf ; Heidelberg :
Pflaum
(Elektronik ; 1)
Teilw. hrsg. von Wolfgang Oberthür. – Teilw. u.d.T.:
Elektrotechnische Grundlagen
NE: Oberthür, Wolfgang [Hrsg.]; Elektrotechnische Grundlagen

Prüfungsaufgaben. [Hrsg.: PROTECH-Medien-GmbH].
Autoren Werner Dzieia ... – 5., überarb. Aufl. – 1995
(HPI-Fachbuchreihe Elektronik / Mikroelektronik)
ISBN 3-7905-0718-0
NE: Dzieia, Werner; Protech-Medien GmbH <Duderstadt>

ISBN 3-7905-0718-0

Herausgeber: PROTECH-Medien-GmbH, D-37115 Duderstadt
Gesamtherstellung: Pustet, Regensburg

Vorwort zur 5. Auflage

Die bundeseinheitliche praxisorientierte Elektronikschulung nach dem Schulungsprogramm und den Richtlinien des Heinz-Piest-Instituts ist seit ihrer Einführung im Herbst 1969 zu einem festen Begriff in der beruflichen Erwachsenenbildung geworden. Auf freiwilliger Basis arbeiten inzwischen über 200 anerkannte Elektronik-Schulungsstätten nach diesem Programm. Es besteht aus drei Grundlehrgängen sowie mehreren Fachlehrgängen und dient zur Anpassung an die schnelle technische Entwicklung.
Der Elektronik-Paß als zugehöriger Qualifikationsnachweis hat bereits eine weitgehende Anerkennung in Wirtschaft und Verwaltung gefunden. In jedem Jahr verlassen etwa 11 000 bis 13 000 weitere, erfolgreiche Teilnehmer die Schulungsstätten und können die erworbenen Kenntnisse und Fertigkeiten dann an ihrem Arbeitsplatz nachweisen und nutzbringend einsetzen.
Um sicherzustellen, daß für diese umfangreichen Schulungsmaßnahmen auf Inhalt und Zielsetzung der einzelnen Lehrgänge ausgerichtete Lehr- und Lernmittel zur Verfügung stehen, entwickeln Arbeitskreise aus erfahrenen Praktikern der HPI-Elektronikschulung Lehrbücher, Arbeitsblätter, Übungsschaltungen und Prüfungsaufgaben. Die Bände Lehrbuch, Arbeitsblätter und Prüfungsaufgaben zu den einzelnen Lehrgängen erscheinen in einer eigenen Fachbuchreihe.
Der hier vorliegende Band wurde primär für den Einsatz in dem Elektronik-Lehrgang I »Elektrotechnische Grundlagen der Elektronik« konzipiert. Er bildet zusammen mit den weiteren Bänden I »Lehrbuch« und »Arbeitsblätter« das Lehr- und Lernmaterial für diesen Lehrgang. Darüber hinaus sind alle Bände aber auch bestens für vertiefende Übungen, selbständige Wiederholung oder Erarbeitung des Lehrstoffes sowie als übersichtliches Nachschlagewerk für die tägliche Arbeit geeignet.
In der 5. Auflage wurden Ergänzungen und Änderungen eingearbeitet, die sich insbesondere aus der Einführung des 400/230 V-Netzes ergeben.
Unser besonderer Dank gilt den Autoren, die sich mit fundierter Sachkenntnis und großem Einsatz der Bearbeitung des Lehrganges I »Elektrotechnische Grundlagen der Elektronik«, der Entwicklung der zugehörigen Fachbücher sowie Übungs- und Prüfungsschaltungen gewidmet haben. Auch dem Verlag und seinen Mitarbeitern sei für die konstruktive Zusammenarbeit bei Bearbeitung und Produktion dieser Fachbücher gedankt.

Hannover, Januar 1995
Heinz-Piest-Institut für Handwerkstechnik an der Universität Hannover

Dr.-Ing. G. Schilling
Institutsleiter

Inhaltsverzeichnis

Vorwort 5

Rahmenlehrplan für den Grundlehrgang I
»Elektrotechnische Grundlagen der Elektronik« 7

Erläuterungen zu den Prüfungsaufgaben 10

Prüfungsaufgaben für die schriftlichen Übungen 11

I. 1 Physikalische und mathematische Grundlagen 11

I. 2 Elektrotechnische Grundlagen 23

I. 3 Der einfache Stromkreis 37

I. 4 Der erweiterte Stromkreis 67

I. 5 Spannungsquellen 99

I. 6 Das elektrische Feld 113

I. 7 Das magnetische Feld 139

I. 8 Zusammenwirken von Wirk- und Blindwiderständen 169

I. 9 Meßtechnik 219

I. 10 Gefahren des elektrischen Stromes 243

Lösungen zu den Prüfungsaufgaben 258

Informationen über die bundeseinheitlichen Elektronik-Lehrgänge
nach den Richtlinien des Heinz-Piest-Instituts 262

Aufbau des Schulungsprogrammes 263

Rahmenlehrplan für den Grundlehrgang I
Elektrotechnische Grundlagen der Elektronik

(Lehrgangsdauer: 160 Stunden)

I.1 Physikalische und mathematische Grundlagen

(ca. 10 Std.)

Bewegung; Geschwindigkeit; Beschleunigung; Masse; Kraft, Gewichtskraft; Drehmoment; Arbeit; Energie; Leistung; Wirkungsgrad.

Einheiten und mathematische Zeichen.

Gleichungen und Formelumstellungen.

Grafische Darstellungen; Koordinatensysteme; Lineare, Quadratische, Hyperbel- und Winkelfunktionen; Empirische Funktionen; Parameterdarstellung.

Fachrechnen.

I.2 Elektrotechnische Grundlagen

(ca. 8 Std.)

Materie und Wärme.

Aufbau der Materie; Atomaufbau; Elektrische Ladungen; Ionen-, Atom- u. Metallbindungen.

Elektrotechnische Grundbegriffe; Potential; Spannung; Strom; Elektrisches Feld.

Erzeugung elektrischer Spannung.

Wirkung des elektrischen Stromes.

Spannungs- und Stromarten.

Fachrechnen.

I.3 Der einfache Stromkreis

(ca. 20 Std.)

Kennzeichnung und Messung von Spannungen und Strömen; Zählpfeilsystem.

Zusammenhang zwischen Strom, Spannung und Widerstand; Ohmsches Gesetz; Messung des ohmschen Widerstandes.

Elektrische Arbeit, Energie und Leistung; Umwandlung elektrischer Energie.

Effektivwerte von Spannung und Strom.

Eigenschaften elektrischer Leiter; Spezifische Leitfähigkeit und spezifischer Widerstand; Stromdichte; Temperaturabhängigkeit des Widerstandes. Festwiderstände; Grenz- und Kennwerte; Kennzeichnung; Bauarten und Bauformen.

Meßübungen; Fachrechnen.

I.4 Der erweiterte Stromkreis

(ca. 22 Std.)

Parallelschaltung von Widerständen; 1. Kirchhoffsches Gesetz.

Reihenschaltung von Widerständen; 2. Kirchhoffsches Gesetz.

Gemischte Schaltungen; Unbelastete Spannungsteiler; Bauformen von veränderbaren Widerständen.

Belastete Spannungsteiler. Widerstandsnetzwerke; Vereinfachen von Widerstandsnetzwerken; Brückenschaltungen

Meßübungen; Fachrechnen.

I. 5 Spannungsquellen
(ca. 6 Std.)

Gleichspannungsquellen; Primär- und Sekundärelemente; Eigenschaften und Kenndaten; Bauarten und Bauformen.

Elektronische Gleichspannungsquellen.

Wechselspannungsquellen; Funktionsgeneratoren.

Belastung von Spannungsquellen; Innenwiderstand; Anpassung; Leerlauf und Kurzschlußbetrieb.

Zusammenschaltung von Gleichspannungs- und Wechselspannungsquellen.

Meßübungen; Fachrechnen.

I. 6 Das elektrische Feld
(ca. 16 Std.)

Feldstärke; Influenz und dielektrische Polarisation.

Energieinhalt des elektrischen Feldes.

Kondensatoren an Gleichspannung; Kapazität; Auf- und Entladung; Reihen- und Parallelschaltung.

Kondensatoren an Wechselspannung; Kapazitiver Blindwiderstand; Phasenverschiebung; Blindleistung, Kondensatorverluste.

Eigenschaften und Kenngrößen von Kondensatoren; Bauarten und Bauformen; Veränderbare Kondensatoren.

Meßübungen, Fachrechnen.

I. 7 Das magnetische Feld
(ca. 20 Std.)

Pole; Feldlinien; Elektrische Durchflutung; Magnetischer Fluß; Flußdichte; Magnetische Feldstärke; Magnetischer Kreis; Remanenz; Koerzitivfeldstärke.

Kraftwirkungen; Elektromagnete; Motorprinzip; Halleffekt.

Induktionsgesetz; Generatorprinzip; Selbstinduktion; Induktivität und Energieinhalt.

Spule an Gleichspannung; Ein- und Ausschaltvorgang.

Spule an Wechselspannung; Induktiver Blindwiderstand; Reihen- und Parallelschaltung; Phasenverschiebung; Verluste, Transformatorprinzip.

Bauarten und Bauformen von Spulen, Transformatoren und Relais.

Meßübungen; Fachrechnen.

I. 8 Zusammenwirken von Wirk- und Blindwiderständen
(ca. 32 Std.)

Mathematische Grundlagen für Zeigerdiagramme; Reihenschaltung von R und C; Zeiger- und Liniendiagramme; Spannungsteiler aus R und C.

Reihenschaltung von R und L; Zeiger- und Liniendiagramme; Spannungsteiler aus R und L.

Verlustfaktor und Spulengüte; Leistungen bei R-C- sowie R-L-Reihenschaltungen.

Parallelschaltungen von R und C sowie R und L; Zeiger- und Liniendiagramme; R-C- sowie R-L-Parallelschaltungen als Stromteiler.

Verlustfaktor und Kondensatorgüte; Leistungen bei R-C- sowie R-L-Parallelschaltungen.

R-C-L-Reihenschaltung; Zeigerdiagramme; Reihenresonanz.

R-C-L-Parallelschaltung; Zeigerdiagramme; Parallelresonanz.

Kompensationsschaltungen; R-C-Phasenschieber.

Vierpole; Grundprinzip; Tief- und Hochpässe; Bandpaß und Bandsperre; T-Glieder; π-Glieder; Impulsformer

Meßübungen; Fachrechnen.

I.9 Meßtechnik

(ca. 12 Std.)

Analoge Meßgeräte; Meßwerke; Eigenverbrauch; Meßfehler; Skalensymbole.

Vielfachmeßgeräte; Spannungs-, Strom- und Widerstandsmeßgeräte.

Analoge und digitale Multimeter.

Meßverfahren. Spannungs- und stromrichtige Messung: Messung von Widerstandswerten, Innenwiderständen, elektrischer Leistung und Arbeit, Kapazitäten und Induktivitäten; RLC-Meßbrücken.

Oszilloskope; Blockschaltbild; Bedienungselemente für Elektronenstrahlröhre, Y-Ablenkung, X-Ablenkung und Triggerung; Zweikanal-Oszilloskope.

Messung von Spannungen, Strömen, Periodendauer, Frequenzen, und Phasenverschiebungen mit dem Oszilloskop.

Elektrische Messung nichtelektrischer Größen.

Meßübungen; Fachrechnen.

I.10 Gefahren des elektrischen Stromes

(ca. 8 Std.)

Zwei- und dreiphasige Wechselstromsysteme; Symmetrisch belastete Drehstromsysteme.

Schutzmaßnahmen in der Elektrotrechnik; Unfallschutz; Schutzmaßnahmen gegen gefährliche Körperströme.

Schutz gegen direktes und bei indirektem Berühren; Schutzarten; Schutzklassen; Schutzkleinspannungen; Schutzleiter; Netzformen; Fehlerstrom-(FI-)Schutzeinrichtungen.

Fachrechnen.

I.11 Abschlußprüfung I

(ca. 6 Std.)

Schriftliche Prüfung (120 Min.); Praktische Prüfung (120 Min.); Abschlußbesprechung.

Erläuterungen zu den Prüfungsaufgaben für den Lehrgang I

Bei den vorliegenden Prüfungsaufgaben handelt es sich um eine Auswahl aus der weit umfangreicheren Zentralkartei von Prüfungsaufgaben zum Abschluß des Lehrganges I »Elektrotechnische Grundlagen der Elektronik«. Diese Zentralkartei des HPI enthält für den Lehrgang I verschiedene Aufgabentypen. Die Aufgaben vom Typ A, Typ B und Typ C werden in der schriftlichen Abschlußprüfung und die Aufgaben vom Typ P in der praktischen Abschlußprüfung eingesetzt.

Aufgaben vom Typ A sind überwiegend Wissensfragen. Sie werden mit 1 Punkt bewertet.

Aufgaben vom Typ B sind überwiegend Verständnisfragen. »Was passiert, wenn . . .?« oder »Wie arbeitet . . .? Sie werden mit 2 Punkten bewertet.

Aufgaben vom Typ C sind Rechenaufgaben. Sie werden mit 3 Punkten bewertet.

Alle Aufgaben vom Typ A, B und C sind programmiert, und zwar nach dem Antwort-Auswahlsystem. Es werden dabei immer 5 mögliche, sinnvolle Antworten zur Auswahl angeboten. **Nur eine von diesen 5 Antworten ist jeweils richtig.**

Die Aufgaben vom Typ A, B und C haben zwei Kennziffern. Sie befinden sich in dem Kästchen oben rechts. Die obere Kennziffer ordnet die Aufgabe einem bestimmten Lehrabschnitt im Rahmenlehrplan zu. So bedeutet z. B. I. 5, daß diese Aufgabe zum Kapitel 5 »Spannungsquellen« des Lehrganges I »Elektrotechnische Grundlagen der Elektronik« gehört. Die untere Kennziffer enthält die Angabe über den Aufgabentyp sowie eine laufende Nummer in der Zentralkartei. Durch diese beiden Kennziffern läßt sich jede Aufgabe schnell identifizieren.

In den Prüfungen muß bei den Aufgaben vom Typ A, B und C die richtige Lösung mit einem Kreuz in dem dafür vorgesehenen Kästchen gekennzeichnet werden. Eine angekreuzte richtige Antwort gibt stets die volle Punktzahl. Wurden eine falsche Antwort, keine Antwort oder mehr als eine Antwort angekreuzt, so gilt sie Aufgabe als nicht gelöst und wird mit 0 Punkten bewertet. Aufgaben, bei denen das Wort RECHNUNG erscheint, gelten nur dann als richtig gelöst, wenn der Zahlenwert angekreuzt **und** auch der Ansatz sowie die schriftliche Rechnung auf dem dafür vorgesehenen Platz durchgeführt wurde.

Für eine **schriftliche Prüfung** zum Abschluß des Lehrganges I werden nach einem bestimmten Code 45 bis 50 Prüfungsaufgaben aus der Zentralkartei ausgewählt. Bei jeder Prüfung ergeben sich stets 100 erreichbare Punkte. Durch die Vielzahl vorhandener Aufgaben und durch die Variationsmöglichkeiten bei der Anwendung des Codes ist die Gewähr gegeben, daß die Zusammenstellungen für die einzelnen Prüfungen sich jeweils unterscheiden, aber stets gleiches Niveau haben.

Für eine **praktische Prüfung** zum Abschluß des Lehrganges I werden aus der Zentralkartei stets vier Aufgaben vom Typ P ausgewählt. Sie sind jeweils mit 25 Punkten bewertet, so daß sich auch hier bei einer Prüfungszusammenstellung immer 100 erreichbare Punkte ergeben. Alle Aufgaben vom Typ P sind sowohl den einzelnen Kapiteln des Lehrplanes als auch bestimmten Prüfungschaltungen zugeordnet. Einige Beispiele für Aufgaben vom Typ P sind in dem Band I »Arbeitsblätter« enthalten.

Die Gesamtpunktzahl – und damit auch die Prüfungsnote – wird aus den in der schriftlichen sowie in der praktischen Prüfung erreichten Punkten mit Hilfe bestimmter Umrechnungsfaktoren ermittelt.

Damit bei den vorliegenden Prüfungsaufgaben ein wiederholtes Durcharbeiten möglich wird, ist es zweckmäßig, die gefundenen richtigen Lösungen nicht sofort in die einzelnen Aufgaben einzutragen. Die Lösungen sollten vielmehr auf einem getrennten Blatt notiert werden.

Das Durcharbeiten der Prüfungsaufgaben dient der Wiederholung und Festigung des im Lehrbuch dargestellten Stoffes. Zur Erleichterung des selbständigen Durcharbeitens sind an der linken oberen Ecke Lösungshinweise angegeben, dabei bedeutet die Angabe Kap. 1.5.2.4, daß der theoretische Hintergrund in Kap. 1 – Abschnitt 1.5.2.4 behandelt wird. Um nach dem selbständigen Durcharbeiten eine Kontrolle zu ermöglichen, sind für alle Aufgaben mit Auswahlantworten in einem Anhang Lösungen angegeben. Eine Angabe des Lösungsweges erfolgt nicht.

Prüfungsaufgaben für die schriftlichen Prüfungen

I.1 Physikalische und mathematische Grundlagen

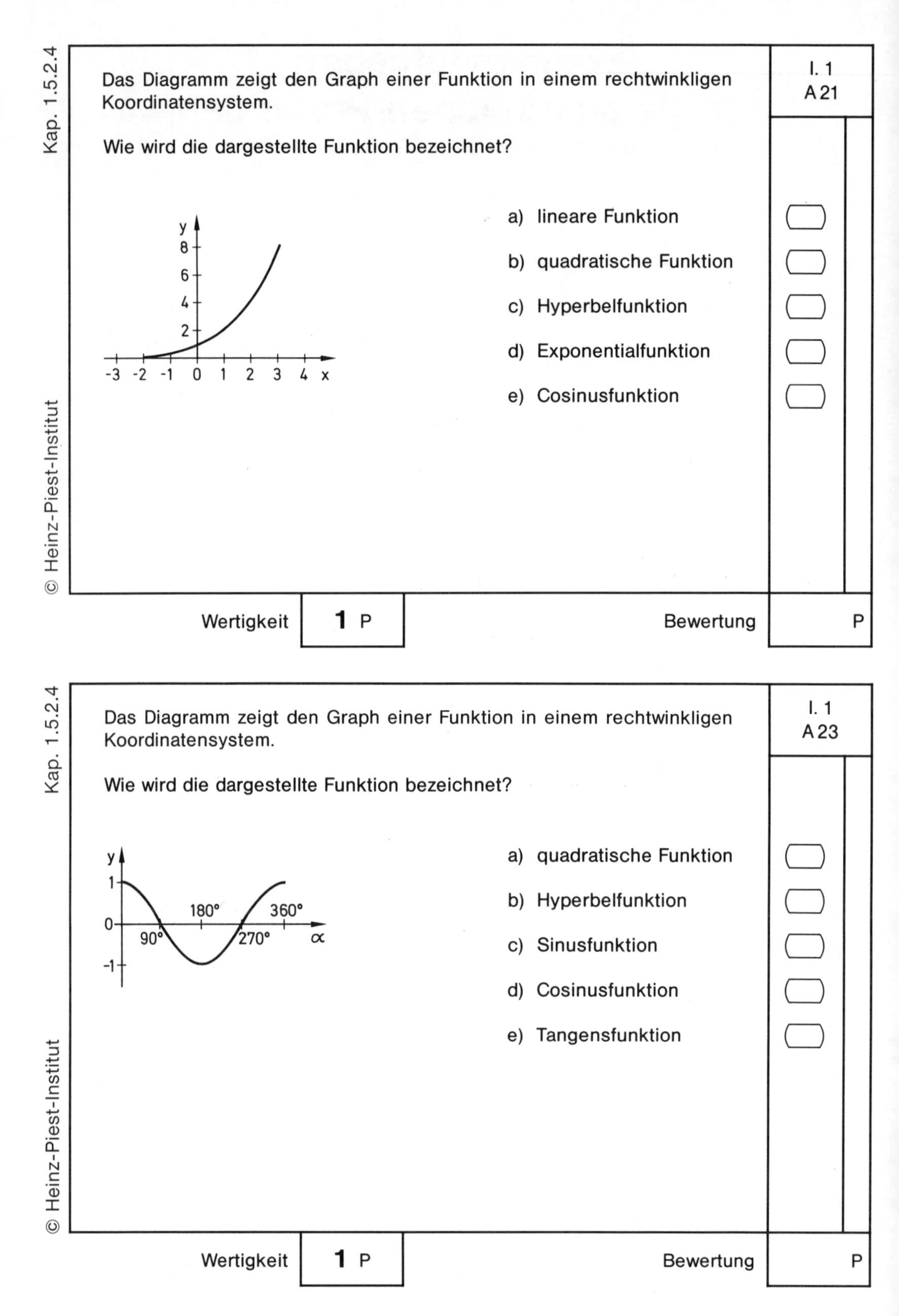

Kap. 1.5.2.4

Das Diagramm zeigt den Graph einer Funktion in einem rechtwinkligen Koordinatensystem.

Wie wird die dargestellte Funktion bezeichnet?

I. 1
A 21

a) lineare Funktion
b) quadratische Funktion
c) Hyperbelfunktion
d) Exponentialfunktion
e) Cosinusfunktion

Wertigkeit **1** P

Bewertung P

Kap. 1.5.2.4

Das Diagramm zeigt den Graph einer Funktion in einem rechtwinkligen Koordinatensystem.

Wie wird die dargestellte Funktion bezeichnet?

I. 1
A 23

a) quadratische Funktion
b) Hyperbelfunktion
c) Sinusfunktion
d) Cosinusfunktion
e) Tangensfunktion

Wertigkeit **1** P

Bewertung P

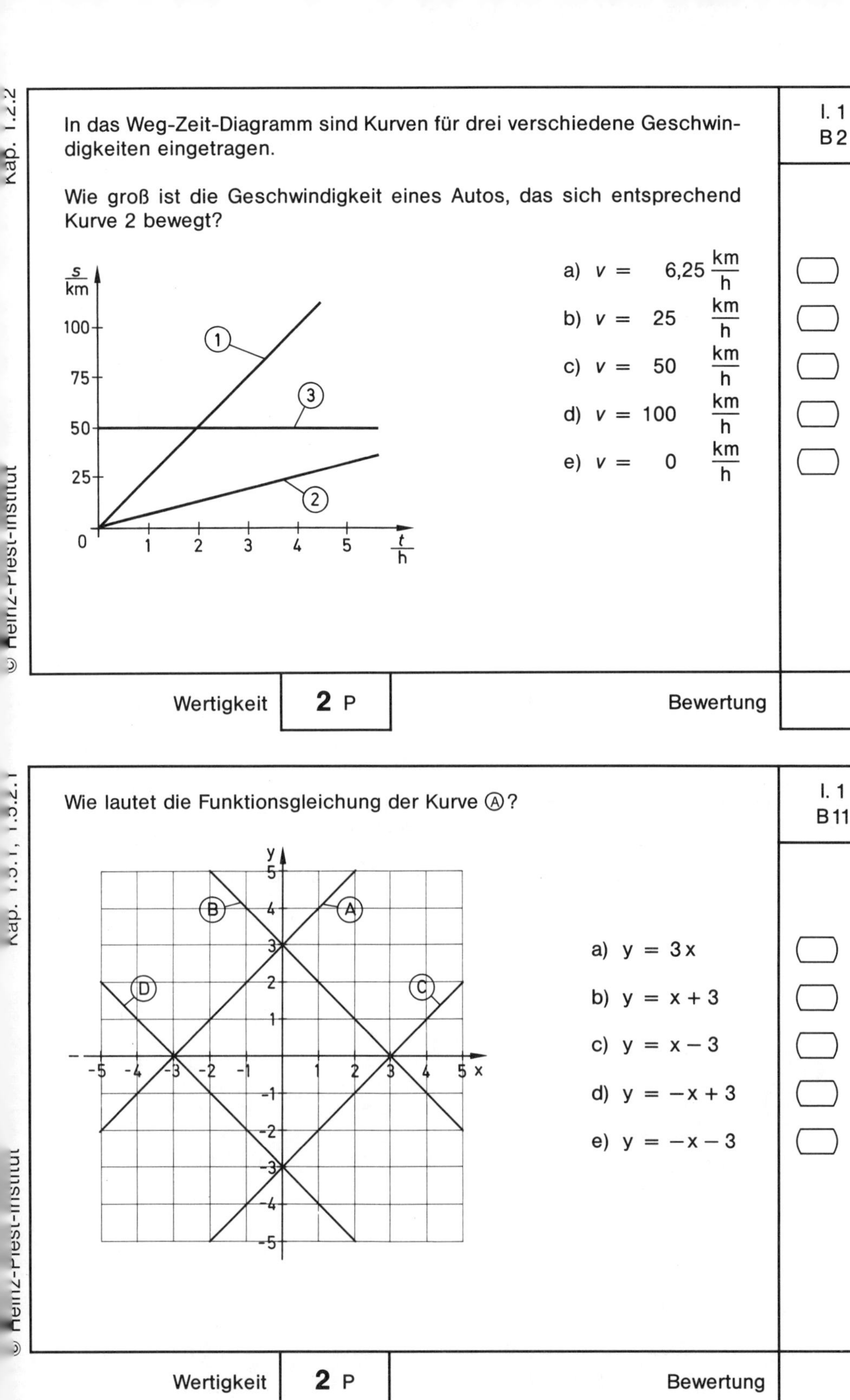

I. 1 B 2

In das Weg-Zeit-Diagramm sind Kurven für drei verschiedene Geschwindigkeiten eingetragen.

Wie groß ist die Geschwindigkeit eines Autos, das sich entsprechend Kurve 2 bewegt?

a) $v = 6{,}25 \frac{km}{h}$

b) $v = 25 \frac{km}{h}$

c) $v = 50 \frac{km}{h}$

d) $v = 100 \frac{km}{h}$

e) $v = 0 \frac{km}{h}$

Wertigkeit **2** P — Bewertung P

I. 1 B 11

Wie lautet die Funktionsgleichung der Kurve Ⓐ?

a) $y = 3x$

b) $y = x + 3$

c) $y = x - 3$

d) $y = -x + 3$

e) $y = -x - 3$

Wertigkeit **2** P — Bewertung P

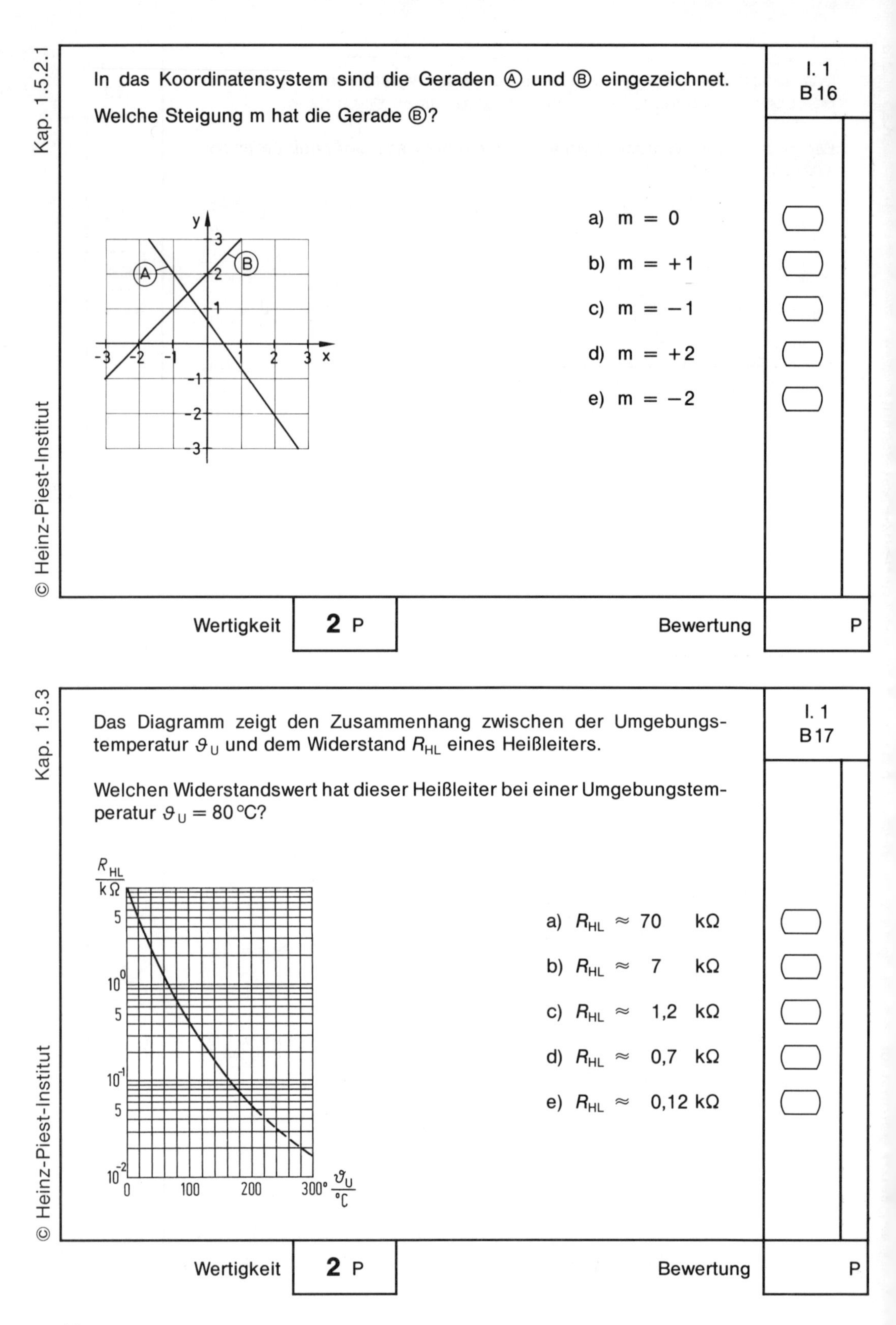

Kap. 1.5.2.1

I. 1
B 16

In das Koordinatensystem sind die Geraden Ⓐ und Ⓑ eingezeichnet.
Welche Steigung m hat die Gerade Ⓑ?

a) $m = 0$

b) $m = +1$

c) $m = -1$

d) $m = +2$

e) $m = -2$

Wertigkeit **2** P Bewertung P

Kap. 1.5.3

I. 1
B17

Das Diagramm zeigt den Zusammenhang zwischen der Umgebungstemperatur ϑ_U und dem Widerstand R_{HL} eines Heißleiters.

Welchen Widerstandswert hat dieser Heißleiter bei einer Umgebungstemperatur $\vartheta_U = 80\,°C$?

a) $R_{HL} \approx 70$ kΩ

b) $R_{HL} \approx 7$ kΩ

c) $R_{HL} \approx 1{,}2$ kΩ

d) $R_{HL} \approx 0{,}7$ kΩ

e) $R_{HL} \approx 0{,}12$ kΩ

Wertigkeit **2** P Bewertung P

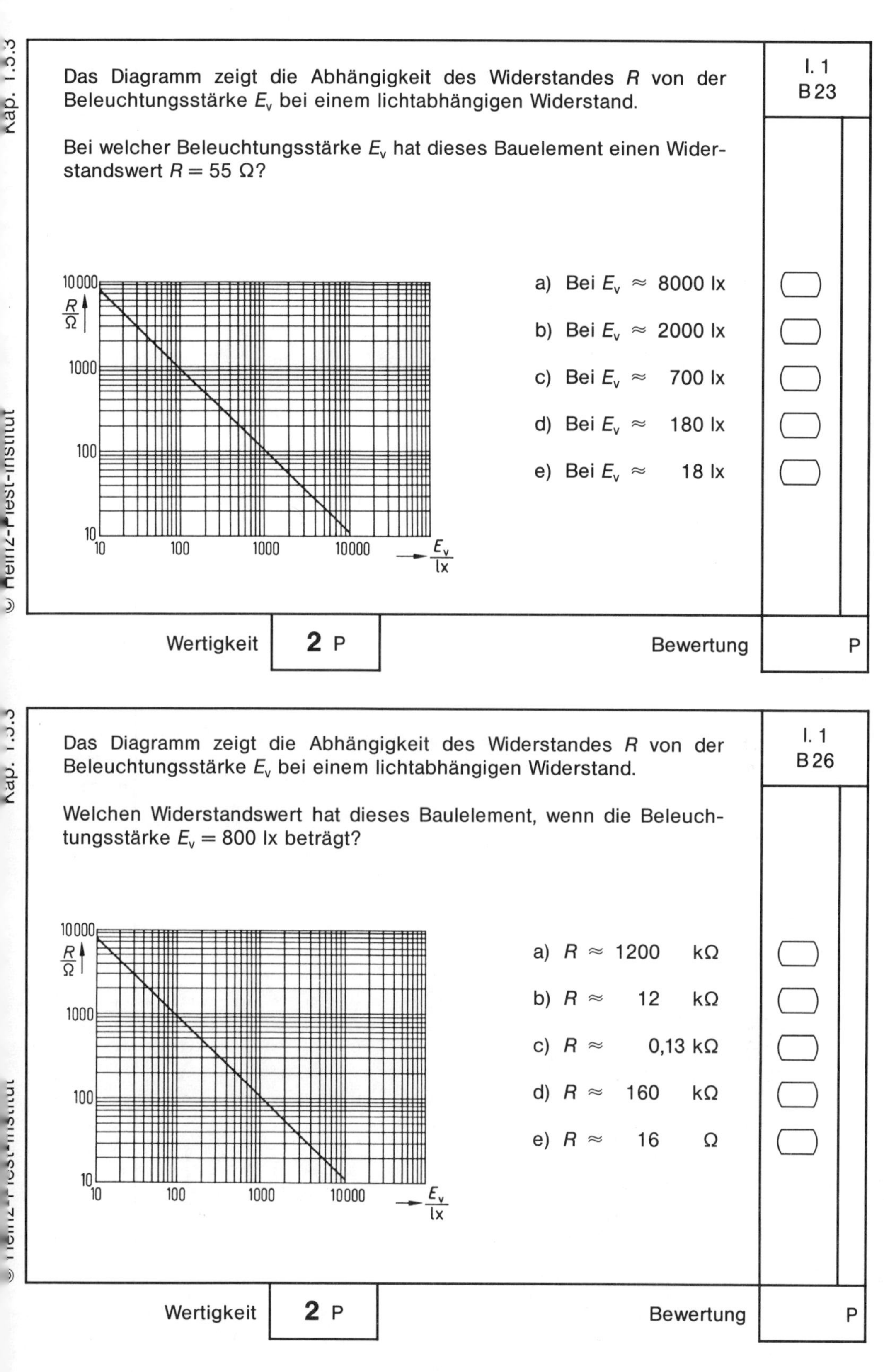

Das Diagramm zeigt die Abhängigkeit des Widerstandes R von der Beleuchtungsstärke E_v bei einem lichtabhängigen Widerstand.

Bei welcher Beleuchtungsstärke E_v hat dieses Bauelement einen Widerstandswert $R = 55\ \Omega$?

a) Bei $E_v \approx$ 8000 lx

b) Bei $E_v \approx$ 2000 lx

c) Bei $E_v \approx$ 700 lx

d) Bei $E_v \approx$ 180 lx

e) Bei $E_v \approx$ 18 lx

I. 1
B23

Wertigkeit **2** P

Bewertung P

Das Diagramm zeigt die Abhängigkeit des Widerstandes R von der Beleuchtungsstärke E_v bei einem lichtabhängigen Widerstand.

Welchen Widerstandswert hat dieses Baulelement, wenn die Beleuchtungsstärke $E_v = 800$ lx beträgt?

a) $R \approx$ 1200 kΩ

b) $R \approx$ 12 kΩ

c) $R \approx$ 0,13 kΩ

d) $R \approx$ 160 kΩ

e) $R \approx$ 16 Ω

I. 1
B26

Wertigkeit **2** P

Bewertung P

Kap. 1.5.4

Das Bild zeigt das Richtdiagramm eines Mikrofons, das bei einer Direktbeschallung (0°) mit einem bestimmten Schalldruck eine Ausgangsspannung $U = 1$ V abgibt.

Welche Ausgangsspannung liefert dieses Mikrofon, wenn bei gleichem Schalldruck der Schall unter einem Winkel von 45° auftritt?

I. 1
B 28

0°
100%
60%
30%
315°
45°
270°
90°
225°
135°
180°

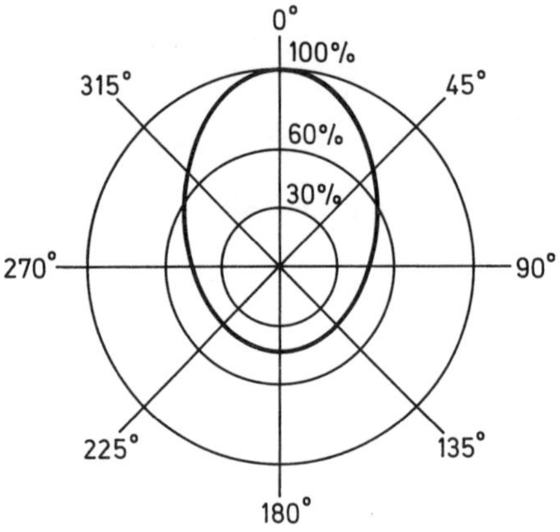

a) $U \approx 0{,}2$ V

b) $U \approx 0{,}3$ V

c) $U \approx 0{,}5$ V

d) $U \approx 0{,}7$ V

e) $U \approx 1$ V

Wertigkeit **2** P

Bewertung P

Kap. 1.5.2.3; 1.5.2.4

Wie lautet die Gleichung der dargestellten mathematischen Funktion?

I. 1
B 31

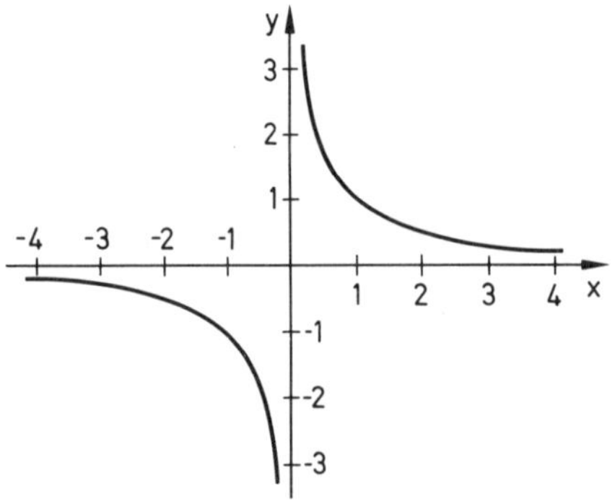

y
3
2
1
-4 -3 -2 -1
1 2 3 4 x
-1
-2
-3

a) $y = \frac{1}{2}x - 4$

b) $y = \frac{1}{2}x^2$

c) $y = \frac{1}{x}$

d) $y = 2x^2 + 4$

e) $y = \frac{1}{2x + 4}$

Wertigkeit **2** P

Bewertung P

Mit welcher der fünf Definitionen ist die Leistung richtig beschrieben?

I. 1
B 35

a) Leistung ist der Quotient aus Arbeit und Zeit

b) Leistung ist das Produkt aus Arbeit und Zeit

c) Leistung ist die Summe aus Arbeit und Zeit

d) Leistung ist das Produkt aus Masse und Hubhöhe

e) Leistung ist der Quotient aus Arbeit und Wirkungsgrad

Wertigkeit **2** P Bewertung P

Mit welcher der fünf Definitionen ist das Watt als Einheit der Leistung richtig beschrieben?

I. 1
B 38

a) Eine Leistung von 1 Watt tritt auf, wenn die Masse 1 kg um 1 Meter bewegt wird

b) Eine Leistung von 1 Watt tritt auf, wenn eine Arbeit von 1 Joule pro Sekunde verrichtet wird

c) Eine Leistung von 1 Watt tritt auf, wenn die Masse 1 kg um 1 Meter hochgehoben wird

d) Eine Leistung von 1 Watt tritt auf, wenn eine Arbeit von 1 Joule während einer Stunde verrichtet wird

e) Eine Leistung von 1 Watt tritt auf, wenn eine Kraft von 1 Newton längs eines Weges von 1 Meter wirkt

Wertigkeit **2** P Bewertung P

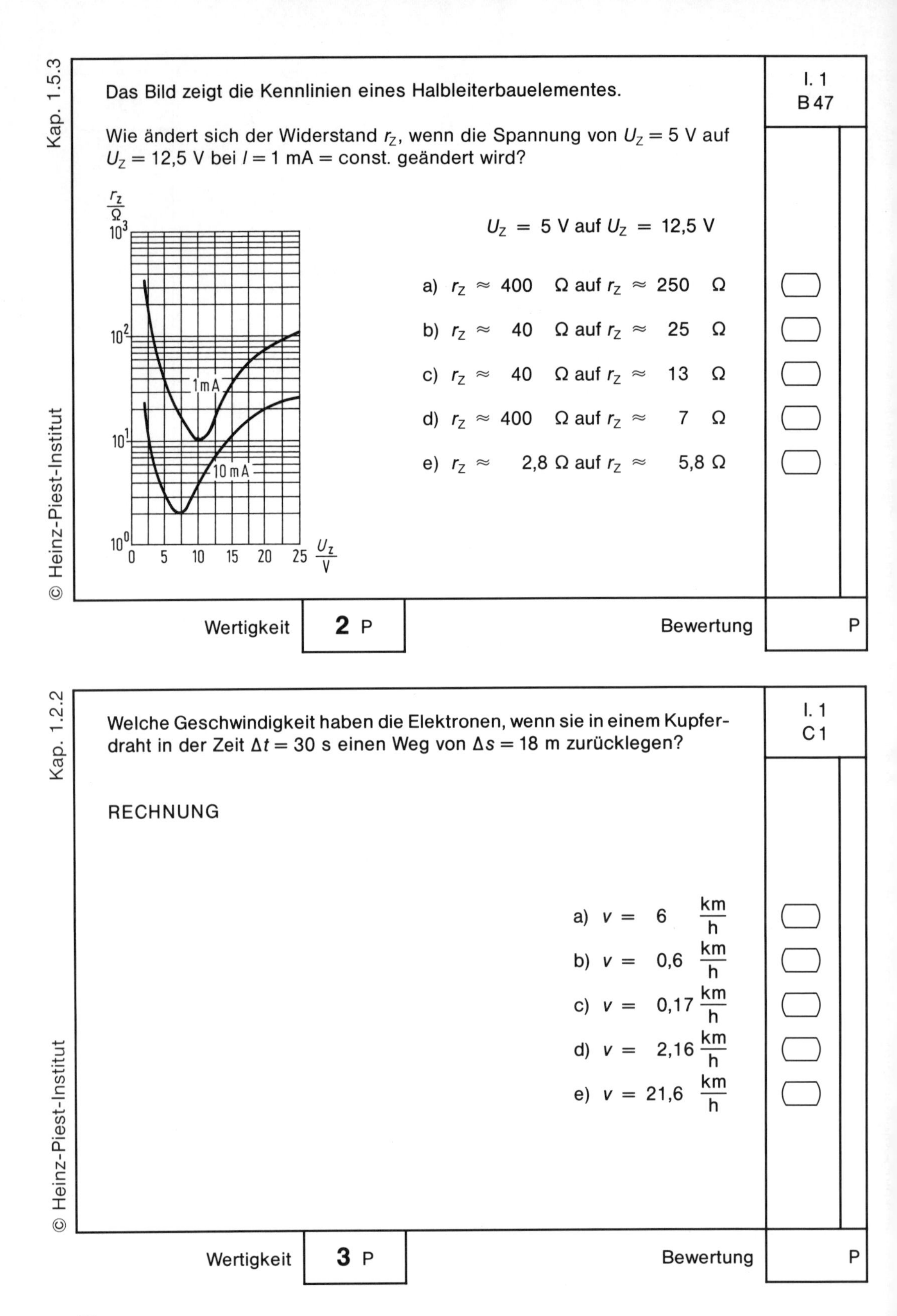

Kap. 1.5.3

I. 1
B 47

Das Bild zeigt die Kennlinien eines Halbleiterbauelementes.

Wie ändert sich der Widerstand r_Z, wenn die Spannung von $U_Z = 5$ V auf $U_Z = 12{,}5$ V bei $I = 1$ mA = const. geändert wird?

$U_Z = 5$ V auf $U_Z = 12{,}5$ V

a) $r_Z \approx 400\ \Omega$ auf $r_Z \approx 250\ \Omega$

b) $r_Z \approx 40\ \Omega$ auf $r_Z \approx 25\ \Omega$

c) $r_Z \approx 40\ \Omega$ auf $r_Z \approx 13\ \Omega$

d) $r_Z \approx 400\ \Omega$ auf $r_Z \approx 7\ \Omega$

e) $r_Z \approx 2{,}8\ \Omega$ auf $r_Z \approx 5{,}8\ \Omega$

Wertigkeit **2** P Bewertung P

Kap. 1.2.2

I. 1
C 1

Welche Geschwindigkeit haben die Elektronen, wenn sie in einem Kupferdraht in der Zeit $\Delta t = 30$ s einen Weg von $\Delta s = 18$ m zurücklegen?

RECHNUNG

a) $v = 6\ \frac{\text{km}}{\text{h}}$

b) $v = 0{,}6\ \frac{\text{km}}{\text{h}}$

c) $v = 0{,}17\ \frac{\text{km}}{\text{h}}$

d) $v = 2{,}16\ \frac{\text{km}}{\text{h}}$

e) $v = 21{,}6\ \frac{\text{km}}{\text{h}}$

Wertigkeit **3** P Bewertung P

 Kap. 1.2.1.2

Eine Maschine nimmt eine Leistung $P = 5$ kW auf. Ihre Verluste betragen $P_v = 800$ W.

Welchen Wirkungsgrad η hat diese Maschine?

I. 1
C 7

RECHNUNG

a) $\eta = 0{,}16$ %

b) $\eta = 1{,}6$ %

c) $\eta = 8{,}4$ %

d) $\eta = 16$ %

e) $\eta = 84$ %

Wertigkeit **3** P

Bewertung P

 Kap. 1.3.2

Wie lautet das Ergebnis der Gleichung?

$$y = \frac{12 \cdot 10^{-3} + 6{,}2 \cdot 10^{-3} + 7{,}3 \cdot 10^{-4}}{81 \cdot 10^{4} \cdot \sqrt{2 \cdot 10^{-8} \cdot 5 \cdot 10^{-6}}}$$

I. 1
C 13

RECHNUNG

a) $y = 0{,}0149$

b) $y = 44{,}75$

c) $y = 2{,}577$

d) $y = 73{,}9 \cdot 10^{-3}$

e) $y = 25{,}7 \cdot 10^{-4}$

Wertigkeit **3** P

Bewertung P

I. 1
C 18

Wie lautet die Gleichung

$$f = \frac{1}{2\pi\sqrt{L \cdot C}},$$

wenn sie nach C aufgelöst wird?

RECHNUNG

a) $C = \frac{1}{4\pi^2 \cdot f^2 \cdot L}$

b) $C = \frac{1}{2\pi f \cdot L}$

c) $C = 2\pi f \cdot L$

d) $C = \frac{2\pi}{f^2} \cdot L$

e) $C = \frac{1}{2\pi \cdot L^2 \cdot f}$

Wertigkeit **3** P

Bewertung P

I. 1
C 20

Wie lautet die Gleichung

$$R_g = \frac{R_1 \cdot R_2}{R_1 + R_2},$$

wenn sie nach R_2 aufgelöst wird?

RECHNUNG

a) $R_2 = \frac{R_g + R_1}{R_g - R_1}$

b) $R_2 = \frac{R_g \cdot R_1}{R_1 - R_g}$

c) $R_2 = R_1 \cdot R_g - R_1$

d) $R_2 = \frac{R_1 - R_g}{R_g \cdot R_1}$

e) $R_2 = \frac{R_g - R_1}{R_1 \cdot R_g}$

Wertigkeit **3** P

Bewertung P

I. 1
C 26

Wie lautet das Ergebnis der Gleichung $x = \frac{\frac{3}{6}}{\frac{4}{8}}$?

RECHNUNG

a) $x = \frac{1}{4}$

b) $x = \frac{1}{64}$

c) $x = 16$

d) $x = 64$

e) $x = \frac{1}{2}$

Wertigkeit **3** P

Bewertung P

I. 1
C 27

Ein Kupferdraht hat den Querschnitt $A = 0{,}785\ \text{mm}^2$.

Wie groß ist der Durchmesser d dieses Drahtes?

RECHNUNG

a) $d = 0{,}89$ mm

b) $d = 1$ mm

c) $d = 0{,}785\ \text{cm}^2$

d) $d = 3{,}14$ mm

e) $d = 1{,}785\ \text{cm}^2$

Wertigkeit **3** P

Bewertung P

Kap. 1.4

Wie lautet die Gleichung

$$U = U_0 - I \cdot R,$$

wenn sie nach R aufgelöst wird?

RECHNUNG

a) $R = (U - U_0) \cdot I$ ☐

b) $R = \frac{U}{I} - U_0$ ☐

c) $R = U_0 + U \cdot I$ ☐

d) $R = \frac{U_0}{I} - U$ ☐

e) $R = \frac{U_0 - U}{I}$ ☐

I. 1
C 31

Wertigkeit **3** P | Bewertung P

Kap. 1.4; 1.5

Wie lautet die Wertetabelle für die Funktionsgleichung $y = -2x^2 - 3$ im Bereich von $x = -2$ bis $x = +2$?

RECHNUNG

	x	−2	−1	0	+1	+2	
a)	y	+5	−1	−3	−1	+5	☐
b)	y	+11	+5	+3	+5	+11	☐
c)	y	−11	−5	−3	−5	−11	☐
d)	y	−5	+1	+3	+1	−5	☐
e)	y	+5	−1	0	−5	+11	☐

I. 1
C 34

Wertigkeit **3** P | Bewertung P

I.2
Elektrotechnische Grundlagen

Kap. 2.2.1

I. 2
A 2

Bestimmte Zustandsformen der Materie werden als Aggregatzustände bezeichnet.

Bei welchem der fünf Begriffe handelt es sich um den Aggregatzustand eines Stoffes?

a) heiß
b) flüssig
c) elektrisch geladen
d) kalt
e) magnetisch

Wertigkeit **1** P   Bewertung P

Kap. 2.2.2

I. 2
A 5

Zur Angabe einer Temperatur werden zwei Maßsysteme verwendet.

Welche Festlegung gilt für die Kelvin-Skala?

a) Gefrierpunkt des Wassers bei 0 K
Siedepunkt des Wassers bei +100 K

b) Absoluter Nullpunkt bei 0 K
Siedepunkt des Wassers bei +273 K

c) Absoluter Nullpunkt bei 0 K
Gefrierpunkt des Wassers bei +273 K

d) Absoluter Nullpunkt bei −273 K
Gefrierpunkt des Wassers bei 0 K

e) Absoluter Nullpunkt bei −273 K
Siedepunkt des Wassers bei +273 K

Wertigkeit **1** P   Bewertung P

Beim Einlöten elektronischer Bauelemente wird die im Lötkolben vorhandene Wärmeenergie durch die direkte Berührung mit der Leiterbahn und dem Lötzinn übertragen.

Wie wird diese Art einer Wärmeübertragung bezeichnet?

I. 2
A 6

a) Wärmeleitung

b) Wärmeströmung

c) Wärmestrahlung

d) Wärmereflektion

e) Konvektion

Wertigkeit **1** P

Bewertung P

Das Bild zeigt die stark vereinfachte Darstellung eines Atoms.

Wie wird das mit einem Pfeil gekennzeichnete Elementarteilchen bezeichnet?

I. 2
A 7

a) Neutron

b) Proton

c) Molekül

d) Elektron

e) Ion

Wertigkeit **1** P

Bewertung P

Kap. 2.3.1; 2.3.2

I. 2
A 12

Elektronen gehören zu den Atombausteinen.

Welche der fünf Definitionen gilt für ein Elektron?

a) Ein Elektron ist das kleinste, auf chemischem Wege nicht mehr weiter zerlegbare Teilchen eines Elementes

b) Ein Elektron ist das kleinste, negativ geladene Elementarteilchen

c) Ein Elektron ist das kleinste, positiv geladene Elementarteilchen

d) Ein Elektron ist das kleinste Elementarteilchen ohne elektrische Ladung

e) Ein Elektron ist das kleinste Teilchen einer chemischen Verbindung

Wertigkeit **1** P

Bewertung P

Kap. 2.3.1; 2.3.4.1

I. 2
A 13

Welche Elektronen eines Atoms werden als Valenzelektronen bezeichnet?

a) Alle Elektronen, die sich auf einer inneren Elektronenschale bewegen

b) Alle Elektronen, die sich auf der äußersten Elektronenschale bewegen

c) Alle Elektronen, die positiv geladen sind

d) Alle Elektronen, die negativ geladen sind

e) Alle Elektronen ohne elektrische Ladung

Wertigkeit **1** P

Bewertung P

 Kap. 2.3.2; 2.3.3; 2.3.4.1

I. 2
A 15

Ein zunächst elektrisch neutrales Atom hat ein Elektron abgegeben.

Welche der angegebenen Änderungen im elektrischen Zustand des Atoms tritt dadurch ein?

a) Das Atom hat eine negative Ladung

b) Das Atom wird zu einem Molekül

c) Das Atom wird zu einem positiven Ion

d) Das Atom wird zu einem negativen Ion

e) Das Atom bleibt elektrisch neutral

Wertigkeit **1** P Bewertung P

 Kap. 2.3.2; 2.3.3; 2.3.4.1

I. 2
A 16

Ein zunächst elektrisch neutrales Atom hat ein zusätzliches Elektron aufgenommen.

Wie wird ein derartiges Atom bezeichnet?

a) Molekül

b) Positives Ion

c) Negatives Ion

d) Neutron

e) Halbleiter

Wertigkeit **1** P Bewertung P

Kap. 2.3.2; 2.3.3

Was ist unter dem Begriff »Ion« zu verstehen?

I. 2
A 20

a) Ein elektrisch geladenes Atom oder Molekül
b) Ein elektrisch geladenes Neutron
c) Ein freies Elektron
d) Ein elektrisch neutrales Atom oder Molekül
e) Ein Atom, dessen Kern nur aus Neutronen besteht

Wertigkeit **1** P — Bewertung P

Kap. 2.3.2; 2.4.3

Welche der angegebenen Wirkungen üben zwei negative Ladungen, die sich in einem bestimmten Abstand gegenüberstehen, aufeinander aus?

I. 2
A 23

a) Die beiden negativen Ladungen stoßen sich ab
b) Die beiden negativen Ladungen ziehen sich an
c) Die beiden negativen Ladungen üben keinerlei Kraftwirkung aufeinander aus
d) Die beiden negativen Ladungen erzeugen eine Spannung
e) Die beiden negativen Ladungen verlieren ihre Ladung

Wertigkeit **1** P — Bewertung P

Das Bild zeigt die schematische Darstellung einer Strommessung beim Ladungsausgleich.

Was gibt der Zählpfeil der physikalischen Größe I in diesem Beispiel an?

I. 2
A 25

a) Die Elektronenstromrichtung

b) Die technische Stromrichtung

c) Die elektrische Feldstärke

d) Die magnetische Feldstärke

e) Eine elektrische Feldlinie

Wertigkeit **1** P

Bewertung P

Das Bild zeigt eine schematische Darstellung des Atomaufbaues.

Wie wird ein derartiges Atom bezeichnet?

I. 2
B 2

a) positives Ion

b) negatives Ion

c) neutrales Ion

d) Molekül

e) Neutron

Wertigkeit **2** P

Bewertung P

Kap. 2.3.3

Das Bild zeigt eine schematische Darstellung des Atomaufbaues.	I. 2 B3

Wie wird ein derartiges Atom bezeichnet?

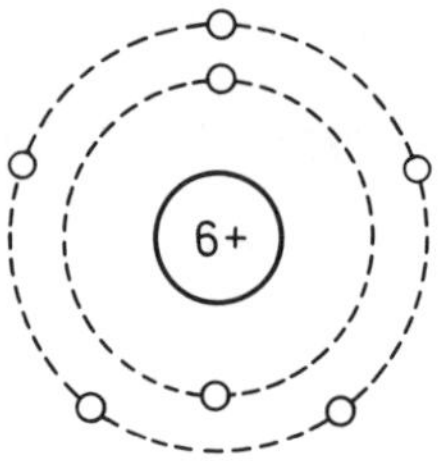

a) positives Ion

b) negatives Ion

c) neutrales Ion

d) Molekül

e) Neutron

Wertigkeit **2** P

Bewertung P

Kap. 2.3.1; 2.3.4.1

Wieviele Valenzelektronen besitzt das dargestellte Siliziumatom?	I. 2 B4

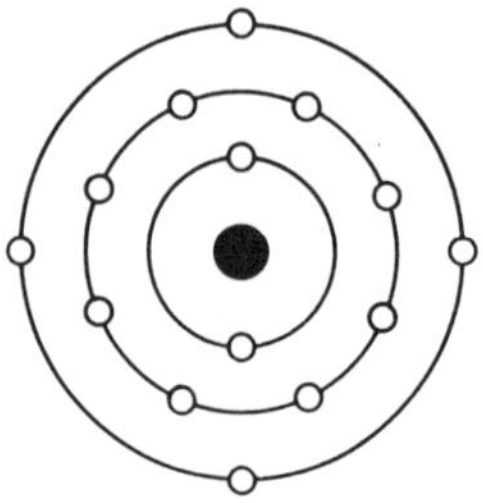

a) 14 Valenzelektronen

b) 10 Valenzelektronen

c) 8 Valenzelektronen

d) 4 Valenzelektronen

e) keine Valenzelektronen

Wertigkeit **2** P

Bewertung P

In dem Bild sind die Zusammenhänge zwischen elektrischen Potentialen und Spannungen an einem Beispiel dargestellt.

I. 2
B 6

Wie groß ist die Spannung U_{AE}?

a) $U_{AE} = -3 \text{ V}$

b) $U_{AE} = +3 \text{ V}$

c) $U_{AE} = 0 \text{ V}$

d) $U_{AE} = +1{,}5 \text{ V}$

e) $U_{AE} = -1{,}5 \text{ V}$

Wertigkeit **2** P

Bewertung P

Mit welcher der fünf Gleichungen läßt sich aus dem dargestellten Spannungsverlauf der Spannungswert u_{SS} ermitteln?

I. 2
B 12

a) $u_{SS} = u_{max} - U_{\_}$

b) $u_{SS} = U_{\_} - u_{min}$

c) $u_{SS} = u_{max} - u_{min}$

d) $u_{SS} = 2\,(u_{max} - u_{min})$

e) $u_{SS} = u_{max}$

Wertigkeit **2** P

Bewertung P

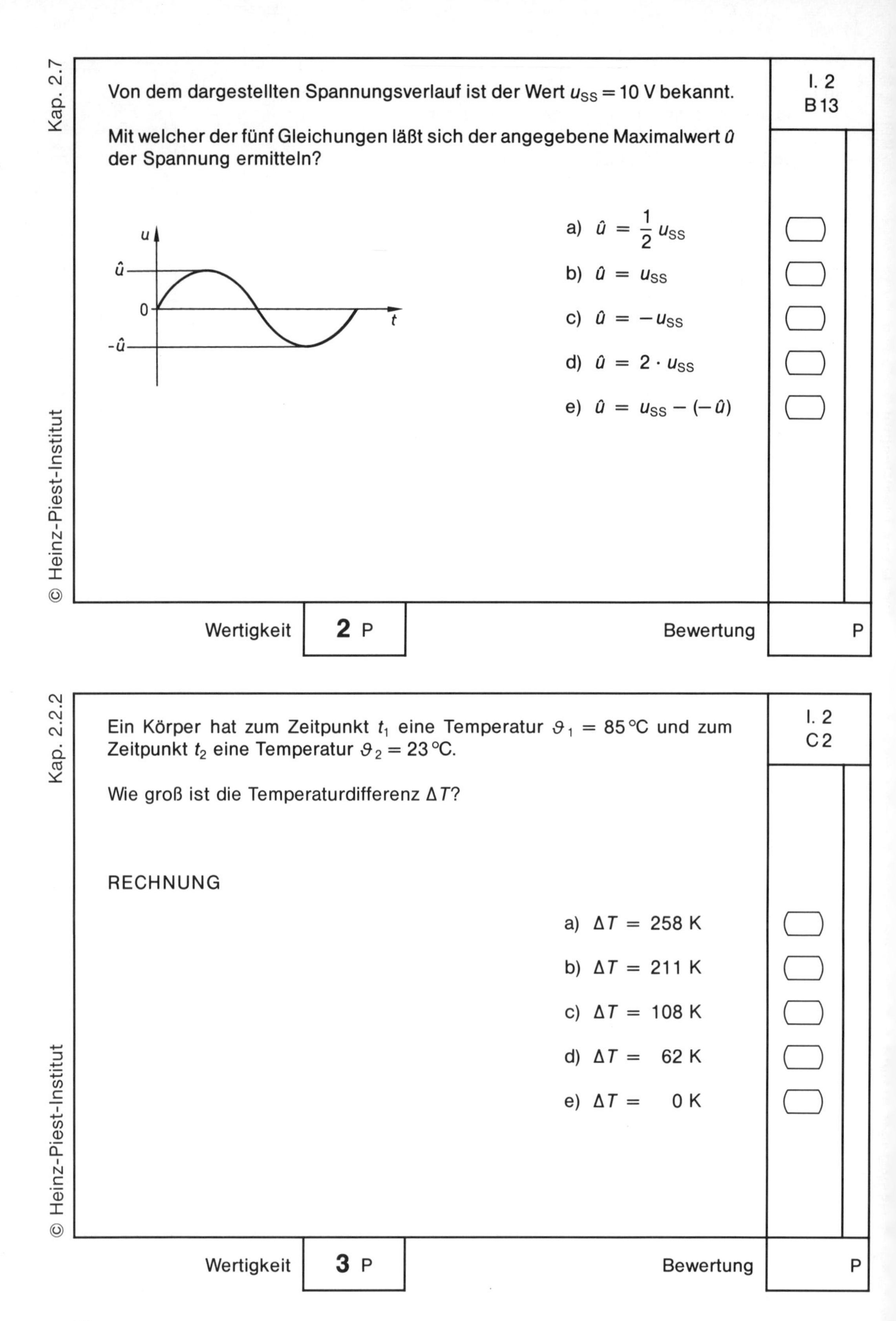

Kap. 2.7

Von dem dargestellten Spannungsverlauf ist der Wert $u_{SS} = 10$ V bekannt.

Mit welcher der fünf Gleichungen läßt sich der angegebene Maximalwert $\hat{u}$ der Spannung ermitteln?

a) $\hat{u} = \frac{1}{2} u_{SS}$

b) $\hat{u} = u_{SS}$

c) $\hat{u} = -u_{SS}$

d) $\hat{u} = 2 \cdot u_{SS}$

e) $\hat{u} = u_{SS} - (-\hat{u})$

I. 2
B 13

Wertigkeit **2** P Bewertung P

Kap. 2.2.2

Ein Körper hat zum Zeitpunkt t_1 eine Temperatur $\vartheta_1 = 85\,°C$ und zum Zeitpunkt t_2 eine Temperatur $\vartheta_2 = 23\,°C$.

Wie groß ist die Temperaturdifferenz ΔT?

RECHNUNG

a) $\Delta T = 258$ K

b) $\Delta T = 211$ K

c) $\Delta T = 108$ K

d) $\Delta T = 62$ K

e) $\Delta T = 0$ K

I. 2
C 2

Wertigkeit **3** P Bewertung P

Kap. 2.2.2

© Heinz-Piest-Institut

In einem Bauelement wird eine Verlustleistung von $P_V = 20$ W in Wärme umgesetzt. Infolge einer Temperaturdifferenz von $\Delta T = 70$ K wird diese an die Umgebungsluft abgegeben.

Welchen Wert hat der vorhandene Wärmewiderstand R_{th}?

I. 2
C 3

RECHNUNG

Wärmequelle
P_V
ϑ_1

Wärme-
widerstand
R_{th}

Umgebungsluft
ϑ_2

a) $R_{th} = 0{,}29 \frac{K}{W}$

b) $R_{th} = 3{,}5 \frac{K}{W}$

c) $R_{th} = 29 \frac{K}{W}$

d) $R_{th} = 35 \frac{K}{W}$

e) $R_{th} = 140 \frac{K}{W}$

Wertigkeit **3** P

Bewertung P

Kap. 2.2.2

© Heinz-Piest-Institut

Ein Kühlblech aus Kupfer wird von $\vartheta_1 = 20\,°C$ auf $\vartheta_2 = 60\,°C$ erwärmt.

Wie groß ist die zugeführte Wärmemenge Q, wenn das Blech die Masse $m = 220$ g und das verwendete Kupfer eine spez. Wärmekapazität von $c_{Cu} = 386 \frac{J}{kg \cdot K}$ hat?

I. 2
C 4

RECHNUNG

a) $Q = 3{,}4$ kJ

b) $Q = 8{,}8$ kJ

c) $Q = 15{,}4$ kJ

d) $Q = 34$ kJ

e) $Q = 40$ kJ

Wertigkeit **3** P

Bewertung P

Die Frequenz der dargestellten sinusförmigen Wechselspannung beträgt $f = 300$ Hz.

I. 2
C 5

Wie groß ist die Periodendauer T?

RECHNUNG

a) $T =$ 0,33 ms

b) $T =$ 3,3 ms

c) $T =$ 30 ms

d) $T =$ 33 ms

e) $T =$ 300 ms

Wertigkeit **3** P

Bewertung P

Eine sägezahnförmige Spannung hat eine Periodendauer $T = 2{,}5$ ms.

I. 2
C 6

Wie groß ist die Frequenz dieser Spannung?

RECHNUNG

a) $f =$ 0,4 Hz

b) $f =$ 2,5 Hz

c) $f =$ 25 Hz

d) $f =$ 40 Hz

e) $f =$ 400 Hz

Wertigkeit **3** P

Bewertung P

I. 2
C 7

Von der dargestellten Mischspannung sind die Werte u_{SS} = 20 V und U_{-} = 20 V bekannt.

Wie groß ist der Maximalwert u_{max} dieser Spannung?

RECHNUNG

a) u_{max} = 40 V

b) u_{max} = 30 V

c) u_{max} = 28,2 V

d) u_{max} = 20 V

e) u_{max} = 10 V

Wertigkeit **3** P Bewertung P

Kap. 2.7

© Heinz-Piest-Institut

I. 2
C 8

Die Amplitude eines sinusförmigen Wechselstromes beträgt $\hat{i}$ = 200 mA.

Wie groß ist der Spitze-Spitze-Wert i_{SS}?

RECHNUNG

a) i_{SS} = 100 mA

b) i_{SS} = 50 mA

c) i_{SS} = 200 mA

d) i_{SS} = 70 mA

e) i_{SS} = 400 mA

Wertigkeit **3** P Bewertung P

Kap. 2.4.3

I. 2
C 9

Zwischen zwei Elektroden liegt eine Gleichspannung $U = 800$ V.

Wie groß ist die wirksame elektrische Feldstärke E, wenn der Abstand der Elektroden $l = 4$ mm beträgt?

RECHNUNG

$U = 800$ V

l

a) $E = 20 \frac{V}{cm}$

b) $E = 200 \frac{V}{cm}$

c) $E = 2 \frac{kV}{m}$

d) $E = 20 \frac{kV}{m}$

e) $E = 200 \frac{kV}{m}$

Wertigkeit **3** P

Bewertung P

Kap. 2.4.3

I. 2
C 10

Zwischen zwei Elektroden liegt eine Gleichspannung $U = 300$ V.

Wie groß ist die wirksame elektrische Feldstärke E, wenn der Abstand der Elektroden $l = 0{,}1$ mm beträgt?

RECHNUNG

$U = 300$ V

l

a) $E = 300 \frac{V}{mm}$

b) $E = 300 \frac{V}{cm}$

c) $E = 3000 \frac{V}{cm}$

d) $E = 30 \frac{kV}{cm}$

e) $E = 300 \frac{kV}{cm}$

Wertigkeit **3** P

Bewertung P

I.3
Der einfache Stromkreis

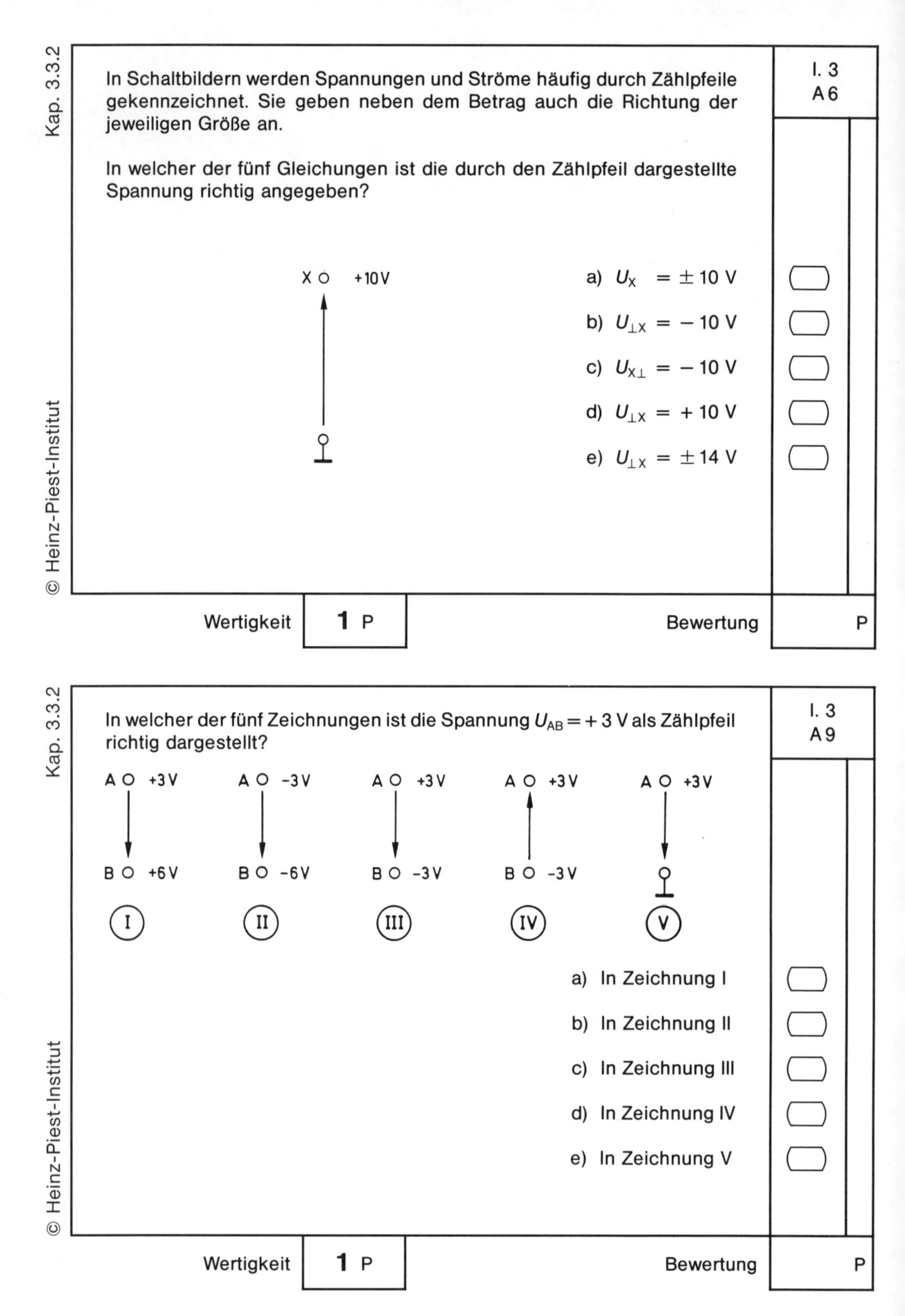

Kap. 3.3.2

I. 3
A 6

In Schaltbildern werden Spannungen und Ströme häufig durch Zählpfeile gekennzeichnet. Sie geben neben dem Betrag auch die Richtung der jeweiligen Größe an.

In welcher der fünf Gleichungen ist die durch den Zählpfeil dargestellte Spannung richtig angegeben?

a) $U_{X} = \pm 10\ V$

b) $U_{\perp X} = -10\ V$

c) $U_{X\perp} = -10\ V$

d) $U_{\perp X} = +10\ V$

e) $U_{\perp X} = \pm 14\ V$

Wertigkeit **1** P — Bewertung P

Kap. 3.3.2

I. 3
A 9

In welcher der fünf Zeichnungen ist die Spannung $U_{AB} = +3\ V$ als Zählpfeil richtig dargestellt?

a) In Zeichnung I

b) In Zeichnung II

c) In Zeichnung III

d) In Zeichnung IV

e) In Zeichnung V

Wertigkeit **1** P — Bewertung P

I. 3
A 14

In einer elektronischen Schaltung wird mit einem Vielfachmeßinstrument zwischen den Punkten H und K eine Gleichspannung von −9 V gemessen.

Wie wird diese Spannung richtig bezeichnet, wenn dabei die Plusklemme des Instrumentes mit Punkt K verbunden ist?

a) $U_{HK} = -9\ V$

b) $U_{KH} = -9\ V$

c) $U_{K} = +9\ V$

d) $U_{K} = -9\ V$

e) $U_{KH} = \pm 9\ V$

Wertigkeit **1** P Bewertung P

Kap. 3.3.1; 3.3.2

I. 3
A 15

In einer elektronischen Schaltung wird mit einem Vielfachmeßinstrument zwischen den Punkten L und S eine Gleichspannung von 600 mV gemessen.

Wie wird diese Spannung richtig bezeichnet, wenn dabei die Minusklemme (⊥) des Instrumentes mit Punkt S verbunden ist?

a) $U_{LS} = -600\ mV$

b) $U_{LS} = \pm 600\ mV$

c) $U_{SL} = +600\ mV$

d) $U_{SL} = \pm 600\ mV$

e) $U_{LS} = +600\ mV$

© Heinz-Piest-Institut

Wertigkeit **1** P Bewertung P

Kap. 3.4.1

In dem dargestellten Stromkreis soll die Spannung U_{R1} aus den gegebenen Größen berechnet werden.

Welche der fünf Gleichungen ist anzuwenden?

I. 3
A 18

I

G

$\simeq$

U_{R1}

R1

a) $U_{R1} = \frac{I}{R_1}$

b) $U_{R1} = \frac{R_1}{I}$

c) $U_{R1} = I^2 \cdot R_1$

d) $U_{R1} = \frac{I^2}{R_1}$

e) $U_{R1} = I \cdot R_1$

Wertigkeit **1** P

Bewertung P

Kap. 3.6.1

Der Widerstand eines Leiters ist nicht nur von seiner Länge und seinem Querschnitt, sondern auch von der elektrischen Eigenschaft (Spez. Widerstand ρ bzw. Leitfähigkeit $\varkappa$) des Leiterwerkstoffes abhängig.

Welcher der fünf genannten Leiterwerkstoffe hat den *kleinsten* spezifischen Widerstand ρ?

I. 3
A 20

a) Silizium

b) Kupfer

c) Konstantan

d) Kohle

e) Silber

Wertigkeit **1** P

Bewertung P

Der Widerstandswert eines Leiters ist nicht nur von seiner Länge und seinem Querschnitt, sondern auch von der elektrischen Eigenschaft (Spez. Widerstand ρ bzw. Leitfähigkeit $\varkappa$) des Leiterwerkstoffes abhängig.	I. 3 A 21

Welcher der fünf genannten Leiterwerkstoffe hat die *größte* Leitfähigkeit $\varkappa$?

a) Kohle ▭

b) Silizium ▭

c) Silber ▭

d) Kupfer ▭

e) Konstantan ▭

Wertigkeit **1** P — Bewertung P

Wie lautet die Definition des spezifischen Widerstandes ρ eines Leiterwerkstoffes?	I. 3 A 22

a) Der spezifische Widerstand ist der Widerstandswert eines Leiters mit $l = 1$ cm und $A = 1\ \text{mm}^2$ bei $\vartheta = 0\,°\text{C}$ ▭

b) Der spezifische Widerstand ist der Widerstandswert eines Leiters mit $l = 1$ cm und $A = 1\ \text{mm}^2$ bei $\vartheta = 20\,°\text{C}$ ▭

c) Der spezifische Widerstand ist der Widerstandswert eines Leiters mit $l = 1$ m und $A = 1\ \text{mm}^2$ bei $\vartheta = 0\,°\text{C}$ ▭

d) Der spezifische Widerstand ist der Widerstandswert eines Leiters mit $l = 1$ m und $A = 1\ \text{mm}^2$ bei $\vartheta = 20\,°\text{C}$ ▭

e) Der spezifische Widerstand ist der Widerstandswert eines Leiters mit $l = 1$ m und $A = 1\ \text{cm}^2$ bei $\vartheta = 20\,°\text{C}$ ▭

Wertigkeit **1** P — Bewertung P

Kap. 3.6.2

I. 3
A 25

Die maximal zulässige Stromdichte S von Leitungen ist teilweise in den VDE-Bestimmungen festgelegt.

Wie lautet die Definition der Stromdichte S?

a) Die Stromdichte S ist das Verhältnis zwischen dem Strom I in Ampere und dem Querschnitt A in mm^2

b) Die Stromdichte S ist das Verhältnis zwischen der Spannung U in Volt und dem Querschnitt A in mm^2

c) Die Stromdichte S ist das Verhältnis zwischen dem Widerstand R in Ohm und dem Strom I in Ampere

d) Die Stromdichte S ist das Produkt von Strom I und Spannung U bei Wechselspannung

e) Die Stromdichte S ist die Geschwindigkeit der Elektronen in einem Leiter mit dem Querschnitt A in mm^2

Wertigkeit **1** P | Bewertung P

Kap. 3.4.2

I. 3
A 29

Die Kennlinien von ohmschen Widerständen werden üblicherweise in *I-U*-Diagrammen mit linearen Achsenteilungen dargestellt.

Welche der fünf Aussagen gilt für die grafische Darstellung von ohmschen Widerständen in *I-U*-Diagrammen?

a) Die Kennlinien verlaufen stets nach einer Hyperbelfunktion

b) Die Steigung der Kennlinien ist grundsätzlich negativ

c) Die Steigung $\frac{\Delta I}{\Delta U}$ liefert den Wert des ohmschen Widerstandes

d) Die Steigung $\frac{\Delta I}{\Delta U}$ liefert den Wert des Leitwertes G

e) Die Steigung $\frac{\Delta I}{\Delta U}$ liefert den Wert der Verlustleistung P_V

Wertigkeit **1** P | Bewertung P

I. 3
A 30

Die Kennlinien von ohmschen Widerständen werden üblicherweise in *I*-*U*-Diagrammen mit linearen Achsenteilungen dargestellt.

Welche der fünf Aussagen gilt für die grafische Darstellung von ohmschen Widerständen in *I*-*U*-Diagrammen?

a) Die Kennlinien schneiden die *U*-Achse stets außerhalb des Nullpunktes

b) Die Kennlinien ohmscher Widerstände haben stets einen quadratischen Verlauf

c) Die Kennlinien ohmscher Widerstände haben stets einen linearen Verlauf

d) Aus der Steigung der Kennlinien kann die Toleranz ermittelt werden

e) Die Steigung $\frac{\Delta I}{\Delta U}$ liefert den Wert des ohmschen Widerstandes

Wertigkeit **1** P | Bewertung P

I. 3
A 31

Die Änderung des Widerstandswertes eines elektrischen Leiters infolge Temperaturänderung wird durch den Temperaturkoeffizienten α bestimmt.

Für welchen der angegebenen Werkstoffe ist der Temperaturkoeffzient α angenähert gleich Null?

a) Silber

b) Kupfer

c) Wolfram

d) Konstantan

e) Kohle

Wertigkeit **1** P | Bewertung P

Kap. 3.6.3

Die Änderung des Widerstandswertes eines elektrischen Leiters infolge Temperaturänderung wird durch den Temperaturkoeffizienten α bestimmt. Der Temperaturkoeffizient α kann je nach verwendetem Material positiv oder negativ sein.

Welcher der angegebenen Werkstoffe hat einen negativen Temperaturkoeffizienten α?

I. 3
A 32

a) Silber

b) Kupfer

c) Wolfram

d) Eisen

e) Kohle

Wertigkeit | **1** P | Bewertung | P

Kap. 3.6.3

Das Diagramm zeigt die Temperaturabhängigkeit der Widerstände R1 und R2.

Welche der fünf Aussagen gilt für den Widerstand R1?

I. 3
A 33

a) R1 hat einen negativen TK, d. h. sein Widerstandswert wird mit steigender Temperatur größer

b) R1 hat einen positiven TK, d. h. sein Widerstandswert wird mit steigender Temperatur größer

c) R1 hat einen positiven TK, d. h. sein Widerstandswert wird mit steigender Temperatur kleiner

d) R1 hat einen negativen TK, d. h. sein Widerstandswert wird mit sinkender Temperatur größer

e) R1 hat einen positiven TK, d. h. sein Widerstandswert wird mit sinkender Temperatur größer

Wertigkeit | **1** P | Bewertung | P

In einem Gleichstromkreis wird die Spannung zwischen den Punkten Ⓐ und Ⓑ zu $-U_{AB} = 2{,}4$ V errechnet.

In welcher der fünf Aussagen ist diese Spannung richtig beschrieben?

I. 3
B 3

a) Der Punkt Ⓐ hat gegenüber dem Punkt Ⓑ ein um 2,4 V positiveres Potential

b) Der Punkt Ⓑ hat gegenüber dem Punkt Ⓐ ein um 2,4 V positiveres Potential

c) Der Punkt Ⓑ hat gegenüber dem Punkt Ⓐ ein um 2,4 V negativeres Potential

d) Der Punkt Ⓑ hat ein Potential von 2,4 V

e) Der Punkt Ⓐ hat ein Potential von −2,4 V

Wertigkeit **2** P Bewertung P

Welcher Zusammenhang besteht zwischen dem ohmschen Widerstand R und seinem Leitwert G?

I. 3
B 5

a) Ohmscher Widerstand R und Leitwert G sind direkt proportional zueinander

b) Ohmscher Widerstand R und Leitwert G stehen in einem quadratischen Zusammenhang

c) Ohmscher Widerstand R und Leitwert G sind umgekehrt proportional zueinander

d) Der Leitwert G ist um die spezifische Leitfähigkeit $\varkappa$ größer als der ohmsche Widerstand R

e) Der ohmsche Widerstand R ist um den spezifischen Widerstand ρ kleiner als der Leitwert G

Wertigkeit **2** P Bewertung P

Kap. 3.4.1

I. 3
B 6

Welcher Zusammenhang besteht zwischen dem ohmschen Widerstand R und seinem Leitwert G?

a) Ohmscher Widerstand R und Leitwert G stehen in keinem Zusammenhang zueinander

b) Der Leitwert G ist ein konstanter Faktor zur Ermittlung der Temperaturabhängigkeit des ohmschen Widerstandes R

c) Der Leitwert G und der ohmsche Widerstand R sind direkt proportional zueinander

d) Zwischen Leitwert G und ohmschem Widerstand R besteht ein sinusförmiger Zusammenhang

e) Der Leitwert G und der ohmsche Widerstand R sind umgekehrt proportional zueinander

Wertigkeit **2** P

Bewertung P

Kap. 3.4.2

I. 3
B 8

Die grafische Darstellung von Funktionen erfolgt häufig in Form von Diagrammen.

Wie lautet die mathematische Bezeichnung der im I-U-Diagramm dargestellten Funktion?

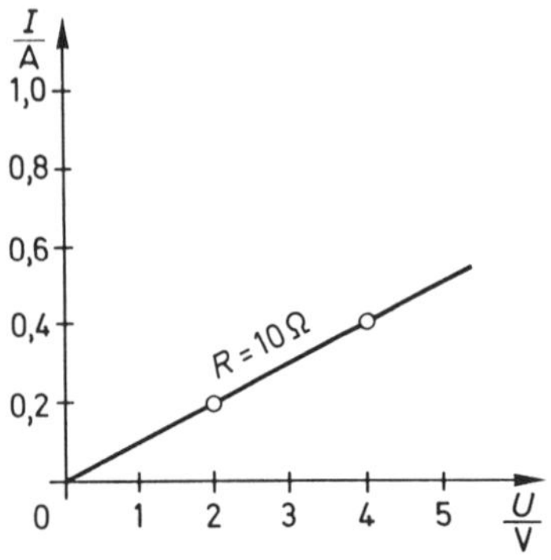

a) $I = f(R)$ für $U = \text{const.}$

b) $R = f(I, U)$

c) $I = f(U)$ für $R = \text{const.}$

d) $R = f(I)$ für $U = \text{const.}$

e) $R = \frac{U}{I} = \text{const.}$

Wertigkeit **2** P

Bewertung P

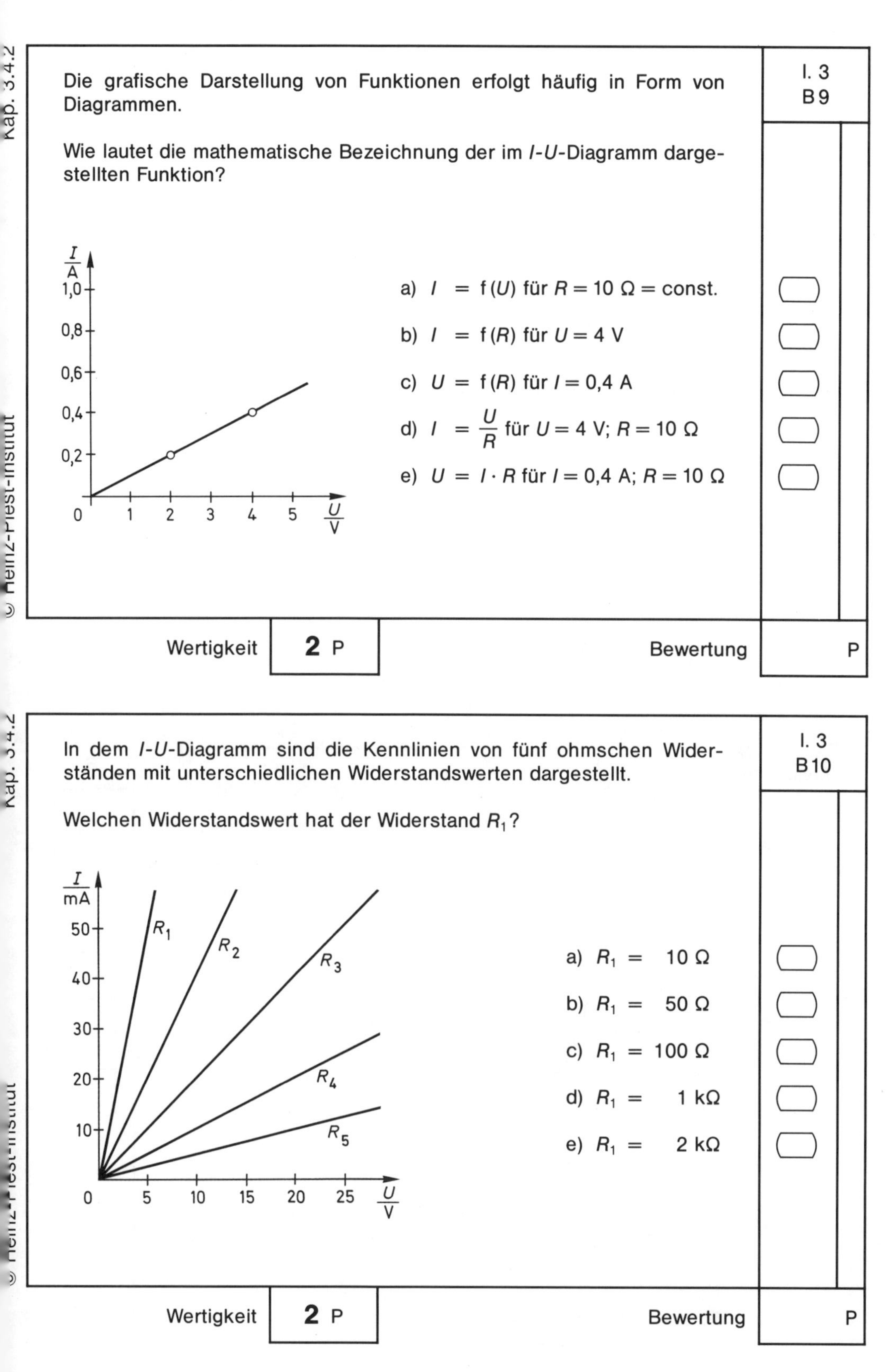

Die grafische Darstellung von Funktionen erfolgt häufig in Form von Diagrammen.

Wie lautet die mathematische Bezeichnung der im *I*-*U*-Diagramm dargestellten Funktion?

a) $I = f(U)$ für $R = 10\ \Omega = \text{const.}$

b) $I = f(R)$ für $U = 4$ V

c) $U = f(R)$ für $I = 0{,}4$ A

d) $I = \dfrac{U}{R}$ für $U = 4$ V; $R = 10\ \Omega$

e) $U = I \cdot R$ für $I = 0{,}4$ A; $R = 10\ \Omega$

I. 3
B 9

Wertigkeit **2** P

Bewertung P

In dem *I*-*U*-Diagramm sind die Kennlinien von fünf ohmschen Widerständen mit unterschiedlichen Widerstandswerten dargestellt.

Welchen Widerstandswert hat der Widerstand R_1?

a) $R_1 = 10\ \Omega$

b) $R_1 = 50\ \Omega$

c) $R_1 = 100\ \Omega$

d) $R_1 = 1\ \text{k}\Omega$

e) $R_1 = 2\ \text{k}\Omega$

I. 3
B 10

Wertigkeit **2** P

Bewertung P

Kap. 3.5.4

Bei Wechselspannungen wird zwischen Momentanwerten und Effektivwerten unterschieden.

Wie ist der Effektivwert einer periodischen Wechselspannung definiert?

I. 3
B16

a) Der Effektivwert einer Wechselspannung ist nur für Netz-Wechselspannungen definiert und beträgt 220 V

b) Der Effektivwert einer Wechselspannung entspricht derjenigen Spannung, die an einem Widerstand die gleiche Leistung erzeugt wie eine entsprechend große Gleichspannung

c) Der Effektivwert ist immer um den Faktor 0,707 kleiner als der Spitzenwert der Wechselspannung

d) Der Effektivwert einer zu Null symmetrischen Wechselspannung ist Null

e) Der Effektivwert ist eine Hilfsgröße der Wechselspannung, die nur bei Anschluß eines ohmschen Verbrauchers Bedeutung hat

Wertigkeit **2** P

Bewertung P

Kap. 3.5.4

Wie groß ist der Effektivwert der dargestellten sinusförmigen Wechselspannung?

I. 3
B17

a) U = 17,7 V

b) U = 14,1 V

c) U = 10 V

d) U = 7,1 V

e) U = 5 V

Wertigkeit **2** P

Bewertung P

Kap. 3.5.4

I. 3
B18

Wie groß ist der Effektivwert der dargestellten sinusförmigen Wechselspannung?

a) $U \approx$ 310 V

b) $U \approx$ 155 V

c) $U \approx$ 50 V

d) $U \approx$ 220 V

e) $U \approx$ 0 V

Wertigkeit **2** P | Bewertung P

Kap. 3.7.1

I. 3
B20

Ohmsche Widerstände werden bezüglich der Widerstandswerte in Normreihen zusammengefaßt. Diese Normreihen werden mit E6, E12, E24, E48 und E96 bezeichnet.

Was besagt die Ziffer 12 bei der Normreihe E12?

a) Die Ziffer 12 gibt an, daß Widerstände dieser Normreihe 12 % Toleranz aufweisen dürfen

b) Die Ziffer 12 gibt an, daß innerhalb einer Dekade 12 verschiedene Widerstandswerte auftreten

c) Die Ziffer 12 gibt an, daß jeweils zum nächsten Widerstandswert eine Differenz von 1,2 Ω, 12 Ω, 120 Ω, 1,2 kΩ usw. innerhalb einer Dekade besteht

d) Die Ziffer 12 gibt an, daß jeder Widerstandswert eine konstante Toleranz von ± 1,2 Ω, ± 12 Ω, ± 120 Ω, ± 1,2 kΩ usw. innerhalb einer Dekade hat

e) Die Ziffer 12 gibt an, daß 12 Baugrößen mit unterschiedlicher Belastbarkeit zur Verfügung stehen

Wertigkeit **2** P | Bewertung P

Kap. 3.7.1

I. 3
B 22

Ohmsche Widerstände werden bezüglich der Widerstandswerte in Normreihen zusammengefaßt. Diese Normreihen werden mit E6, E12, E24, E48 und E96 bezeichnet.

Was besagt die Ziffer 48 bei der Normreihe E48?

a) Die Ziffer 48 gibt an, daß 48 Baugrößen mit unterschiedlichen Belastbarkeiten zur Verfügung stehen

b) Die Ziffer 48 gibt an, daß Widerstände dieser Normreihe 4,8 % Toleranz aufweisen dürfen

c) Die Ziffer 48 gibt an, daß innerhalb einer Dekade 48 verschiedene Widerstandswerte auftreten

d) Die Ziffer 48 gibt an, daß der Unterschied zwischen zwei Widerstandswerten stets 48 Ω beträgt

e) Die Ziffer 48 gibt an, daß innerhalb dieser Normreihe insgesamt 48 verschiedene Widerstandswerte zur Verfügung stehen

Wertigkeit **2** P | Bewertung P

Kap. 3.7.1

I. 3
B 23

Für einen Widerstand $R = 1{,}8\ \text{k}\Omega$ aus der Normreihe E12 ist eine Toleranz von $\pm$ 10 % angegeben.

In welchem Bereich können die tatsächlichen Widerstandswerte dieses Widerstandes liegen?

a) $1{,}98\ \text{k}\Omega \leqq R \leqq 1{,}62\ \text{k}\Omega$

b) $1{,}89\ \text{k}\Omega \leqq R \leqq 1{,}71\ \text{k}\Omega$

c) $1{,}71\ \text{k}\Omega \leqq R \leqq 1{,}89\ \text{k}\Omega$

d) $1{,}62\ \text{k}\Omega \leqq R \leqq 1{,}98\ \text{k}\Omega$

e) $1{,}78\ \text{k}\Omega \leqq R \leqq 1{,}82\ \text{k}\Omega$

Wertigkeit **2** P | Bewertung P

Für einen Widerstand $R = 22\ \text{k}\Omega$ aus der Normreihe E6 ist eine Toleranz von $\pm 20\,\%$ angegeben.

In welchem Bereich können die tatsächlichen Widerstandswerte dieses Widerstandes liegen?

I. 3
B 24

a) $17{,}6\ \text{k}\Omega \leqq R \leqq 26{,}4\ \text{k}\Omega$

b) $26{,}4\ \text{k}\Omega \leqq R \leqq 17{,}6\ \text{k}\Omega$

c) $26{,}4\ \text{k}\Omega \leqq R \leqq 19{,}8\ \text{k}\Omega$

d) $17{,}6\ \text{k}\Omega \leqq R \leqq 24{,}2\ \text{k}\Omega$

e) $19{,}8\ \text{k}\Omega \leqq R \leqq 24{,}2\ \text{k}\Omega$

Wertigkeit **2** P

Bewertung P

Die Belastbarkeit eines Widerstandes hängt von der Umgebungstemperatur ab. Durch die Lastminderungskurve wird der Zusammenhang zwischen der relativen Belastbarkeit und der Umgebungstemperatur angegeben.

Auf wieviel Prozent sinkt die Belastbarkeit eines Widerstandes bei einer Temperatur $\vartheta_u = 110\ °\text{C}$?

I. 3
B 27

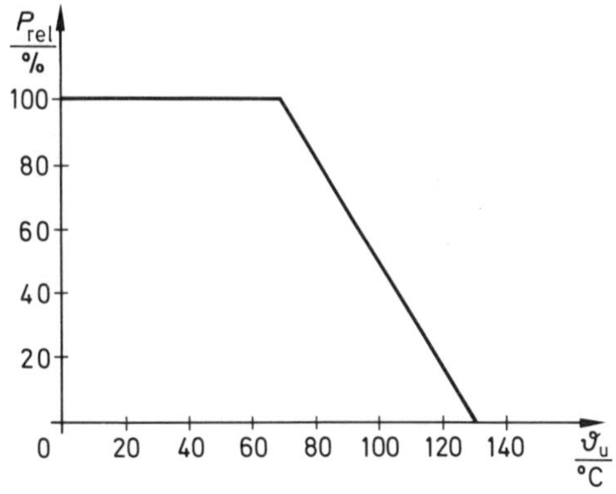

$\frac{P_{rel}}{\%}$
100
80
60
40
20
0 20 40 60 80 100 120 140 $\frac{\vartheta_u}{°\text{C}}$

a) $P_{rel} \approx 30\,\%$

b) $P_{rel} \approx 25\,\%$

c) $P_{rel} \approx 70\,\%$

d) $P_{rel} \approx 65\,\%$

e) $P_{rel} > 100\,\%$

Wertigkeit **2** P

Bewertung P

Kap. 3.6.3; 3.7.1

I. 3
B 29

Bei einem Festwiderstand ist als Temperaturkoeffizient $TK = 50 \cdot 10^{-6} \frac{1}{K}$ angegeben.

Welche Information über die Temperaturabhängigkeit des Widerstandswertes kann dem *TK*-Wert entnommen werden?

a) Der Festwiderstand ändert seinen Normwert bis $50 \cdot 10^{-6}$ °C nicht nennenswert

b) Der Festwiderstand ändert seinen Normwert erst bei Temperaturen ab 50 °C

c) Der Widerstandswert des Festwiderstandes erhöht sich je Kelvin Temperaturerhöhung um $50 \cdot 10^{-6}\ \Omega$

d) Bei Temperaturerhöhung erhöht sich der Widerstandswert des Festwiderstandes um das Produkt aus R_{20}, TK und ΔT

e) Bei Temperaturerhöhung verringert sich der Widerstandswert des Festwiderstandes um das Produkt aus R_{20}, TK und ΔT

Wertigkeit **2** P   Bewertung   P

Kap. 3.7.3.1

I. 3
B 31

Die Kennzeichnung von Widerstandswerten aus den Normreihen erfolgt häufig nach dem internationalen Farbcode. In Abhängigkeit von den Normreihen wird dabei mit zwei oder drei zählenden Ziffern gearbeitet.

Welchen Wert hat der dargestellte Widerstand, wenn er nach dem internationalen Farbcode bezeichnet ist?

grün
blau
rot
silber

a) $R = 56\ \Omega \pm 10\%$

b) $R = 5{,}6\ k\Omega \pm 10\%$

c) $R = 56\ k\Omega \pm 10\%$

d) $R = 5{,}6\ k\Omega \pm 5\%$

e) $R = 6{,}5\ k\Omega \pm 10\%$

Wertigkeit **2** P   Bewertung   P

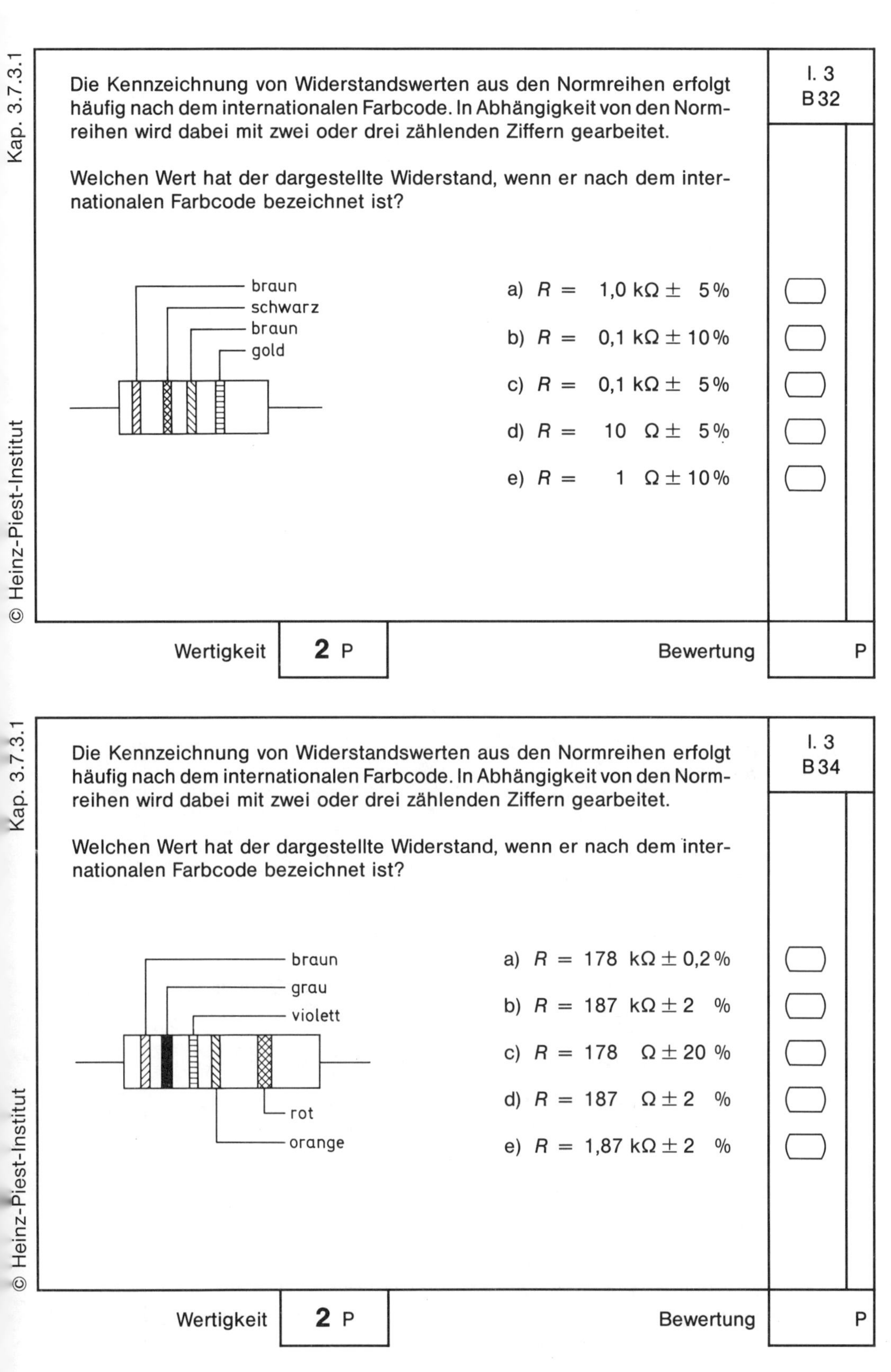

Kap. 3.7.3.1

I. 3
B 32

Die Kennzeichnung von Widerstandswerten aus den Normreihen erfolgt häufig nach dem internationalen Farbcode. In Abhängigkeit von den Normreihen wird dabei mit zwei oder drei zählenden Ziffern gearbeitet.

Welchen Wert hat der dargestellte Widerstand, wenn er nach dem internationalen Farbcode bezeichnet ist?

a) $R = 1{,}0\ \mathrm{k\Omega} \pm 5\,\%$

b) $R = 0{,}1\ \mathrm{k\Omega} \pm 10\,\%$

c) $R = 0{,}1\ \mathrm{k\Omega} \pm 5\,\%$

d) $R = 10\ \Omega \pm 5\,\%$

e) $R = 1\ \Omega \pm 10\,\%$

Wertigkeit **2** P | Bewertung P

Kap. 3.7.3.1

I. 3
B 34

Die Kennzeichnung von Widerstandswerten aus den Normreihen erfolgt häufig nach dem internationalen Farbcode. In Abhängigkeit von den Normreihen wird dabei mit zwei oder drei zählenden Ziffern gearbeitet.

Welchen Wert hat der dargestellte Widerstand, wenn er nach dem internationalen Farbcode bezeichnet ist?

a) $R = 178\ \mathrm{k\Omega} \pm 0{,}2\,\%$

b) $R = 187\ \mathrm{k\Omega} \pm 2\,\%$

c) $R = 178\ \Omega \pm 20\,\%$

d) $R = 187\ \Omega \pm 2\,\%$

e) $R = 1{,}87\ \mathrm{k\Omega} \pm 2\,\%$

Wertigkeit **2** P | Bewertung P

Kap. 3.7.4.3

© Heinz-Piest-Institut

Wann werden zweckmäßigerweise Drahtwiderstände eingesetzt?

I. 3
B 39

a) Wenn eine geringe Belastbarkeit verlangt wird

b) Wenn eine große Widerstandsänderung in Abhängigkeit von der Spannung verlangt wird

c) Wenn im Widerstand eine relativ große Leistung umgesetzt werden muß

d) Wenn eine große Widerstandsänderung in Abhängigkeit von der Temperatur verlangt wird

e) Wenn besonders preisgünstige Widerstände in großen Stückzahlen benötigt werden

Wertigkeit **2** P

Bewertung P

Kap. 3.7.4.2

© Heinz-Piest-Institut

Welche der genannten Eigenschaften ist charakteristisch für Metallschicht-Widerstände?

I. 3
B 40

a) Große Spannungsabhängigkeit

b) Großer Temperaturbeiwert

c) Geringere Belastbarkeit und höhere Spannungsfestigkeit als Kohleschicht-Widerstände

d) Nur verwendbar bei Betriebstemperatur $< 30\,°C$

e) Höhere Belastbarkeit und geringere Toleranzen als bei Kohleschicht-Widerständen

Wertigkeit **2** P

Bewertung P

Kap. 3.7.4.1

© Heinz-Piest-Institut

I. 3
B 41

Welche der genannten Eigenschaften ist charakteristisch für Kohleschicht-Widerstände?

a) Kohleschicht-Widerstände haben besonders kleine Toleranzen und werden daher überwiegend als Meßwiderstände eingesetzt

b) Kohleschicht-Widerstände lassen sich besonders preisgünstig fertigen und werden daher besonders häufig in elektronischen Schaltungen verwendet

c) Kohleschicht-Widerstände haben eine große Belastbarkeit und werden daher nur für Leistungen größer 3 Watt gefertigt

d) Kohleschicht-Widerstände werden wegen ihres hohen Preises nur in der Hochfrequenztechnik eingesetzt

e) Kohleschicht-Widerstände haben einen so kleinen Temperaturkoeffizienten, daß sie zur Temperaturmessung verwendet werden können

Wertigkeit **2** P

Bewertung P

Kap. 3.4.1

© Heinz-Piest-Institut

I. 3
C 1

Durch einen ohmschen Widerstand $R = 1{,}2\ \text{k}\Omega$ fließt ein Strom $I = 17\ \text{mA}$.

Wie groß ist die Spannung U_R am Widerstand R?

RECHNUNG

a) $U_R = 7{,}06\ \text{V}$

b) $U_R = 20{,}4\ \text{V}$

c) $U_R = 2{,}04\ \text{V}$

d) $U_R = 204\ \text{V}$

e) $U_R = 0{,}71\ \text{V}$

Wertigkeit **3** P

Bewertung P

Kap. 3.3.2; 3.4.1

I. 3
C 4

In einem Stromkreis fließt ein Strom $I = -0{,}5$ A in der dargestellten Richtung durch den Widerstand $R = 10\ \Omega$.

Wie groß ist die Spannung U_{AB} am Widerstand R?

RECHNUNG

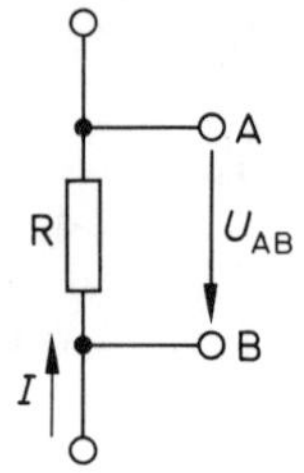

A
R
U_{AB}
B
I

a) $U_{AB} = +5$ V

b) $U_{AB} = +2{,}5$ V

c) $U_{AB} = -5$ V

d) $U_{AB} = -2{,}5$ V

e) $U_{AB} = +25$ mV

Wertigkeit **3** P

Bewertung P

Kap. 3.4.1; 3.5.4

I. 3
C 6

Ein Funktionsgenerator ist mit einem ohmschen Widerstand $R = 12$ kΩ belastet.

Welchen Strom I muß der Generator liefern, damit die mit einem Oszilloskop gemessene Ausgangsspannung $u_{A\,SS} = 12$ V beträgt?

RECHNUNG

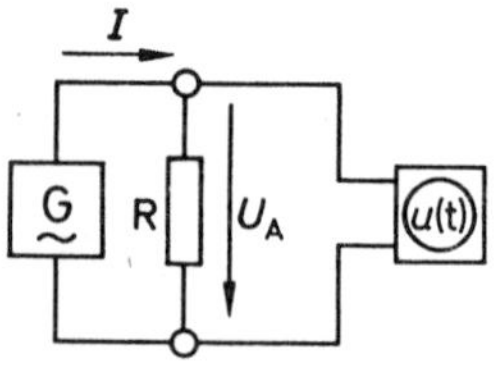

I
G
R
U_A
$u(t)$

a) $I =$ 144 mA

b) $I =$ 0,71 mA

c) $I =$ 1 mA

d) $I =$ 0,35 mA

e) $I =$ 35,4 μA

Wertigkeit **3** P

Bewertung P

Ein Funktionsgenerator ist mit einem ohmschen Widerstand $R = 6{,}8\ \text{k}\Omega$ belastet.

Welchen Strom I muß der Generator liefern, damit die mit einem Oszilloskop gemessene Ausgangsspannung $u_{A\,SS} = 30$ V beträgt?

RECHNUNG

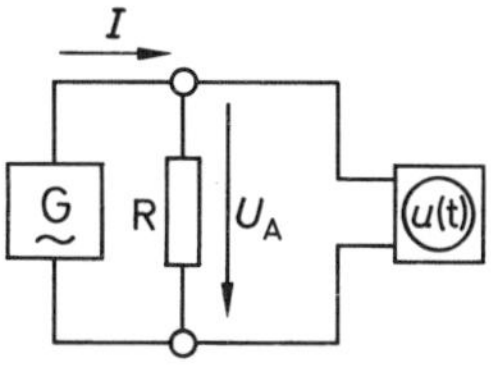

I. 3
C 8

a) $I = 1560\ \mu\text{A}$

b) $I = 3120\ \mu\text{A}$

c) $I = 4412\ \mu\text{A}$

d) $I = 8824\ \mu\text{A}$

e) $I = 17647\ \mu\text{A}$

Wertigkeit **3** P

Bewertung P

Mit der angegebenen Schaltung soll der Widerstandswert des unbekannten Widerstandes R_x ermittelt werden.

Welchen Widerstandswert hat R_x, wenn bei einer konstanten Batteriespannung $U_B = 4{,}5$ V ein Strom $I = 3$ mA gemessen wird?

RECHNUNG

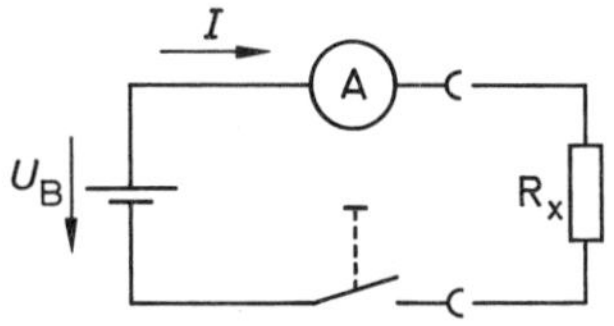

I. 3
C 9

a) $R_x = 1{,}5\ \Omega$

b) $R_x = 15\ \Omega$

c) $R_x = 150\ \Omega$

d) $R_x = 1{,}5\ \text{k}\Omega$

e) $R_x = 15\ \text{k}\Omega$

Wertigkeit **3** P

Bewertung P

Kap. 3.5.1

Ein elektrischer Warmwasserbereiter nimmt bei Betrieb an der Netzspannung $U = 230$ V einen Strom $I = 8{,}2$ A auf.

Welche elektrische Arbeit wird verrichtet, wenn das Gerät 4 Stunden 36 Minuten in Betrieb ist?

I. 3
C 12

RECHNUNG

a) $W \approx$ 8,3 kWh

b) $W \approx$ 8,7 kWh

c) $W \approx$ 7,9 kWh

d) $W \approx$ 870 Wh

e) $W \approx$ 0,4 kWh

Wertigkeit **3** P

Bewertung P

Kap. 3.5.1

Ein elektrischer Warmwasserbereiter nimmt bei Betrieb an der Netzspannung $U = 230$ V einen Strom $I = 6$ A auf.

Welche elektrische Arbeit wird verrichtet, wenn das Gerät 2 Stunden 18 Minuten in Betrieb ist?

I. 3
C 13

RECHNUNG

a) $W \approx$ 84 Wh

b) $W \approx$ 304 Wh

c) $W \approx$ 190 440 Wh

d) $W \approx$ 3008 Wh

e) $W \approx$ 3174 Wh

Wertigkeit **3** P

Bewertung P

Ein elektronisches Blitzlichtgerät kann eine maximale Energie von 2850 Ws speichern. Der wiederaufladbare Akku hat eine Spannung $U = 6$ V und wird mit dem konstanten Strom $I = 11$ mA geladen.

I. 3
C15

Welche Ladezeit t ist erforderlich, wenn die maximale Energie nachgeladen werden soll? (Verluste vernachlässigbar).

RECHNUNG

a) $t =$ 12 h

b) $t =$ 1,2 h

c) $t =$ 120 min

d) $t =$ 43 min

e) $t =$ 43 h

Wertigkeit **3** P

Bewertung P

Durch einen ohmschen Widerstand $R = 0{,}82$ MΩ fließt ein Strom $I = 28$ µA.

I. 3
C17

Welche Leistung P wird im Widerstand umgesetzt?

RECHNUNG

a) $P =$ 643 mW

b) $P =$ 643 µW

c) $P =$ 23 mW

d) $P =$ 23 µW

e) $P =$ 230 µW

Wertigkeit **3** P

Bewertung P

Kap. 3.4.1; 3.5.2

Eine Signallampe hat bei einer Betriebsspannung $U_B = 12$ V eine Leistungsaufnahme von $P = 0{,}3$ W.

Welche Stromaufnahme hat diese Signallampe, wenn sie mit $U_B = 9$ V betrieben wird und sich ihr Widerstand nicht ändert?

I. 3
C 18

RECHNUNG

a) $I =$ 25 mA

b) $I =$ 33,33 mA

c) $I =$ 18,75 mA

d) $I =$ 225 mA

e) $I =$ 187,5 mA

Wertigkeit **3** P

Bewertung P

Kap. 3.4.1; 3.5.2

Eine Signallampe hat bei einer Betriebsspannung $U_B = 18$ V eine Leistungsaufnahme von $P = 375$ mW.

Welche Stromaufnahme hat diese Signallampe, wenn sie mit $U_B = 15$ V betrieben wird und sich ihr Widerstand nicht ändert?

I. 3
C 19

RECHNUNG

a) $I =$ 17,4 mA

b) $I =$ 20,8 mA

c) $I =$ 25 mA

d) $I =$ 174 μA

e) $I =$ 208 μA

Wertigkeit **3** P

Bewertung P

Ein Leistungsgenerator liefert eine sinusförmige Wechselspannung $u_{G\,SS} = 45$ V/1 kHz. Diese Spannung wird einem Verbraucher zugeführt, der mit einem Wirkungsgrad $\eta = 0{,}68$ die vom Generator gelieferte Leistung in Nutzleistung umsetzt. Durch Messung wurde festgestellt, daß der Widerstandswert des Verbrauchers $R = 50\ \Omega$ beträgt.

Wie groß sind die im Widerstand R umgesetzte Nutzleistung P_{ab}, die vom Generator abgegebene Leistung P_{zu} sowie die Stromaufnahme I des Verbrauchers?

I. 3
C 20

RECHNUNG

	P_{zu}	P_{ab}	I
a)	5,1 W	1,6 W	0,32 A
b)	40,5 W	27,5 W	0,9 A
c)	3,5 W	1,6 W	0,9 A
d)	5,1 W	3,4 W	0,32 A
c)	40,5 W	13 W	0,9 A

Wertigkeit **3** P

Bewertung P

Ein Leistungsgenerator liefert eine sinusförmige Wechselspannung $u_{G\,SS} = 30$ V/100 Hz. Diese Spannung wird einem Verbraucher zugeführt, der mit einem Wirkungsgrad $\eta = 75\,\%$ die vom Generator gelieferte Leistung in Nutzleistung umsetzt. Durch Messung wurde festgestellt, daß der Widerstandswert des Verbrauchers $R = 16\ \Omega$ beträgt.

Wie groß sind die im Widerstand R umgesetzte Nutzleistung P_{ab}, die vom Generator abgegebene Leistung P_{zu} sowie die Stromaufnahme I des Verbrauchers?

I. 3
C 21

RECHNUNG

	P_{zu}	P_{ab}	I
a)	57 W	42,8 W	1,9 A
b)	57 W	14,25 W	1,9 A
c)	7 W	5,25 W	0,66 A
d)	7 W	1,75 W	0,66 A
c)	27,6 W	20,7 W	1,3 A

Wertigkeit **3** P

Bewertung P

Kap. 3.4.1; 3.5.2

I. 3
C 22

Auf dem Typenschild eines Verbrauchers steht die Angabe: 230 V/3 A.

Um wieviel Prozent ändert sich die Leistungsaufnahme dieses Verbrauchers (R = const.), wenn die Betriebsspannung 10 % kleiner als die Nennspannung ist?

RECHNUNG

a) $\Delta P \approx$ 66 W ≙ 10 %

b) $\Delta P \approx$ 66 W ≙ 90 %

c) $\Delta P \approx$ 131 W ≙ 19 %

d) $\Delta P \approx$ 535 W ≙ 81 %

e) $\Delta P \approx$ 594 W ≙ 90 %

Wertigkeit **3** P

Bewertung P

Kap. 3.6.1

I. 3
C 25

Zur Herstellung eines elektrischen Kontaktes wird ein zylindrisches Stück Kohle $\left(\varkappa = 0{,}05 \frac{\text{m}}{\Omega\,\text{mm}^2}\right)$ mit einem Durchmesser $d = 7$ mm und einer Länge $l_1 = 25$ mm verwendet.

Welchen Widerstand hat das Kontaktstück bei voller Länge und nach entsprechender Abnutzung bei einer Länge von $l_2 = 5$ mm?

RECHNUNG

	R_1 $l_1 = 25$ mm	R_2 $l_2 = 5$ mm
a)	2,6 mΩ	13 mΩ
b)	13 mΩ	2,6 mΩ
c)	13 Ω	2,6 Ω
d)	1,3 Ω	0,26 Ω
e)	13 mΩ	26 mΩ

Wertigkeit **3** P

Bewertung P

Kap. 3.6.1

An einem Meßwiderstand muß eine Spannung $U_R = 3{,}15$ V auftreten, wenn ein Strom $I = 820$ mA fließt. Verwendet werden soll ein Konstantandraht $\left(\rho = 0{,}5 \frac{\Omega\,\text{mm}^2}{\text{m}}\right)$ mit einem Durchmesser $d = 0{,}75$ mm.	I. 3 C28

Welche Länge l muß der Draht haben?

RECHNUNG

a) $l = 3{,}26$ m ▢

b) $l = 0{,}144$ m ▢

c) $l = 1{,}44$ m ▢

d) $l = 0{,}34$ m ▢

e) $l = 3{,}4$ m ▢

Wertigkeit **3** P — Bewertung P

Kap. 3.6.3

Ein Leiter aus Kupfer $\left(\alpha = +0{,}0039 \frac{1}{\text{K}}\right)$ hat bei einer Temperatur von $\vartheta_1 = 20\,°\text{C}$ einen Widerstand von $R = 10\,\Omega$. Infolge der Erwärmung durch den fließenden Strom erhöhte sich die Temperatur des Leiters auf $\vartheta_2 = 70\,°\text{C}$.	I. 3 C29

Um wieviel Ohm ändert sich der Widerstandswert des Leiters bei der Temperaturerhöhung von $\vartheta_1 = 20\,°\text{C}$ auf $\vartheta_2 = 70\,°\text{C}$?

RECHNUNG

a) $\Delta R = 11{,}95\ \Omega$ ▢

b) $\Delta R = 1{,}95\ \Omega$ ▢

c) $\Delta R = 0{,}195\ \Omega$ ▢

d) $\Delta R = 2{,}73\ \Omega$ ▢

e) $\Delta R = 12{,}73\ \Omega$ ▢

Wertigkeit **3** P — Bewertung P

Kap. 3.6.3

Durch einen Meßwiderstand aus Konstantan $\left(\alpha = +0{,}00001 \frac{1}{K}\right)$ mit einem Widerstandswert $R_{20} = 0{,}19\ \Omega$ fließt ein Strom $I = 80$ A. Infolge der Erwärmung durch den fließenden Strom ändert sich der Widerstand auf $R_\vartheta = 0{,}191\ \Omega$.

Auf welchen Wert ist die Temperatur ϑ des Meßwiderstandes angestiegen?

I. 3
C 31

RECHNUNG

a) $\vartheta = 546$ °C

b) $\vartheta = 526$ °C

c) $\vartheta = 506$ °C

d) $\vartheta = 52{,}6$ °C

e) $\vartheta = 54{,}6$ °C

Wertigkeit **3** P

Bewertung P

Kap. 3.5.2

Die Belastbarkeit eines ohmschen Widerstandes ist mit $P = 5$ W angegeben. Der Widerstand soll an eine sinusförmige Wechselspannung $U = 25$ V/100 Hz angeschlossen werden.

Welcher Strom I darf maximal durch den Widerstand fließen, damit dieser nicht überbelastet wird?

I. 3
C 33

RECHNUNG

a) $I_{max} = 5$ A

b) $I_{max} = 200$ mA

c) $I_{max} = 0{,}02$ A

d) $I_{max} = 0{,}2$ mA

e) $I_{max} = 0{,}5$ A

Wertigkeit **3** P

Bewertung P

I. 3
C34

Die Belastbarkeit eines ohmschen Widerstandes ist mit $P = 0{,}33$ W angegeben. Der Widerstand soll an eine sinusförmige Wechselspannung $u_{SS} = 800$ mV/100 Hz angeschlossen werden.

Welcher Strom I darf maximal durch den Widerstand fließen, damit dieser nicht überbelastet wird?

RECHNUNG

a) $I_{max} = 117$ mA

b) $I_{max} = 0{,}41$ A

c) $I_{max} = 0{,}58$ A

d) $I_{max} = 0{,}83$ A

e) $I_{max} = 1{,}17$ A

Wertigkeit **3** P

Bewertung P

I. 3
C36

Ein Widerstand soll aus Kupferdraht $\left(\rho = 0{,}0176 \frac{\Omega\,\text{mm}^2}{\text{m}}\right)$ gewickelt werden. Der Draht hat einen Querschnitt von $A = 1$ mm².

Welche Drahtlänge l ist erforderlich, um einen Widerstand $R = 1{,}76\ \Omega$ herzustellen?

RECHNUNG

a) $l =$ 176 m

b) $l =$ 100 m

c) $l =$ 17,6 m

d) $l =$ 10 m

e) $l =$ 1,76 m

Wertigkeit **3** P

Bewertung P

Kap. 3.5.3

I. 3
C 38

Ein Motor hat eine Leistungsaufnahme von 1750 W. 76,5 % dieser Leistung wird als Nutzleistung an die Motorwelle abgegeben.

Wie groß ist die Verlustleistung P_V, die in Wärme umgewandelt wird?

RECHNUNG

a) $P_V = 1708{,}9$ W

b) $P_V = 1338{,}75$ W

c) $P_V = 76{,}5$ W

d) $P_V = 411{,}25$ W

e) $P_V = 41{,}1$ W

Wertigkeit **3** P

Bewertung P

Kap. 3.5.3

I. 3
C 39

Ein ohmscher Verbraucher hat eine Leistungsaufnahme von 128 W. 92,35 % dieser Leistung wird in Wärme umgewandelt.

Wie groß ist die Leistung P_V, die in eine andere Energieform umgewandelt wird?

RECHNUNG

a) $P_V = 7{,}65$ W

b) $P_V = 9{,}8$ W

c) $P_V = 35{,}65$ W

d) $P_V = 76{,}5$ W

e) $P_V = 98$ W

Wertigkeit **3** P

Bewertung P

I. 4
Der erweiterte Stromkreis

Kap. 4.2.3

Welche der fünf Aussagen gilt entsprechend dem 1. Kirchhoffschen Gesetz für einen Stromverzweigungspunkt?

I. 4
A 1

a) Die Summe der zufließenden Ströme ist gleich der Differenz der abfließenden Ströme

b) Die Summe der zufließenden Ströme ist gleich dem Produkt der abfließenden Ströme

c) Die Summe der zufließenden Ströme ist gleich der Summe der abfließenden Ströme

d) Die Summe aller Spannungen von Spannungsquellen ist gleich der Summe aller Spannungsabfälle an den Verbrauchern

e) Die Summe aller Spannungen von Spannungsquellen ist gleich der Differenz aller Spannungsabfälle an den Verbrauchern

Wertigkeit **1** P — Bewertung P

Kap. 4.3.3

Welche der fünf Aussagen gilt entsprechend dem 2. Kirchhoffschen Gesetz für einen geschlossenen Stromkreis?

I. 4
A 2

a) Die Summe der zufließenden Ströme ist gleich der Differenz der abfließenden Ströme

b) Die Summe der zufließenden Ströme ist gleich dem Produkt der abfließenden Ströme

c) Die Summe der zufließenden Ströme ist gleich der Summe der abfließenden Ströme

d) Die Summe aller Spannungen von Spannungsquellen ist gleich der Summe aller Spannungsabfälle an den Verbrauchern

e) Die Summe aller Spannungen von Spannungsquellen ist gleich der Differenz aller Spannungsabfälle an den Verbrauchern

Wertigkeit **1** P — Bewertung P

I. 4
A 6

Zwei Widerstände sind parallelgeschaltet und an eine Spannungsquelle angeschlossen.

Welche der fünf Aussagen gilt für den Gesamtwiderstand R_{ges} in einem derartigen Stromkreis?

a) R_{ges} ist die Summe aus den Widerstandswerten R_1 und R_2

b) R_{ges} ist das Produkt aus den Widerstandswerten R_1 und R_2

c) R_{ges} ist der Kehrwert aus der Summe der Widerstandswerte R_1 und R_2

d) R_{ges} ist der Quotient aus den Widerstandswerten R_1 und R_2

e) Der Kehrwert von R_{ges} ist gleich der Summe der Kehrwerte aus den Widerstandswerten R_1 und R_2

Wertigkeit **1** P Bewertung P

I. 4
A 10

Welches der fünf Gesetze liefert direkt eine Aussage über die Ströme in einem Stromverzweigungspunkt?

a) Das Ohmsche Gesetz

b) Das Gesetz über die Erhaltung der Energie

c) Das Gesetz über die Stromdichte in elektrischen Leitern

d) Das 1. Kirchhoffsche Gesetz

e) Das 2. Kirchhoffsche Gesetz

Wertigkeit **1** P Bewertung P

Kap. 4.5.3

I. 4
A 12

Das Bild zeigt eine Brückenschaltung.

In welchem der genannten Zustände wird diese Brücke als abgeglichen bezeichnet?

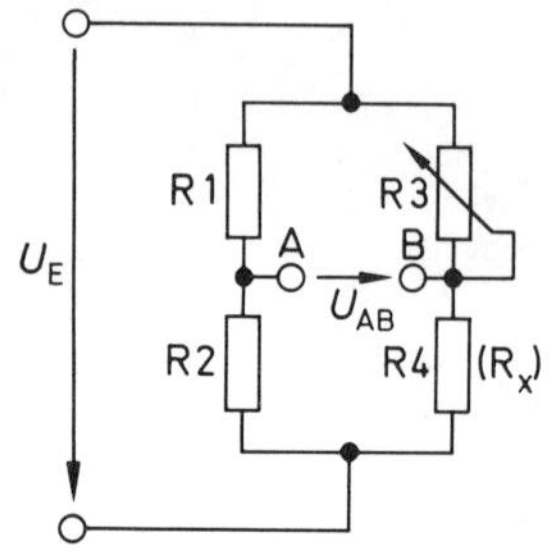

a) Wenn U_{AB} positiv ist

b) Wenn U_{AB} negativ ist

c) Wenn $U_{AB} = 0$ V beträgt

d) Wenn $R_1 = R_4$ und $R_2 = R_3$ sind

e) Wenn die Umgebungstemperatur $\vartheta_U = 20\,°C$ beträgt

Wertigkeit **1** P — Bewertung P

Kap. 4.5.3

I. 4
A 15

Das Bild zeigt eine Brückenschaltung. Die Eingangsspannung beträgt $U_E = 10$ V.

Welche der angegebenen Änderungen trifft zu, wenn nach einem Abgleich durch R3 anstelle der Gleichspannung eine Wechselspannung $U_E = 10$ V/1 kHz angelegt wird?

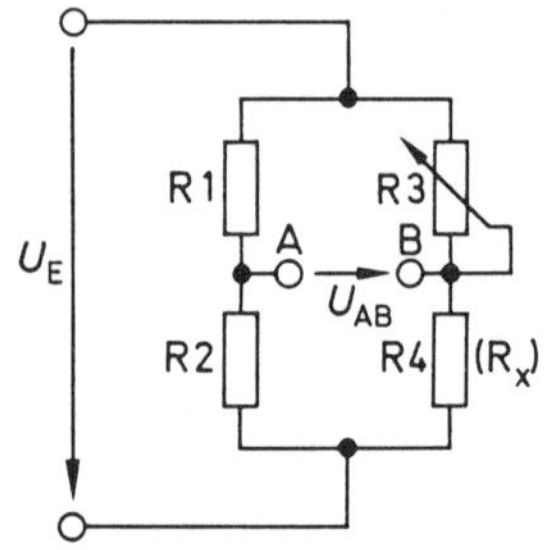

a) U_{AB} wird positiv

b) U_{AB} wird negativ

c) Die Verlustleistung der einzelnen Widerstände wird größer

d) Die Verlustleistung der einzelnen Widerstände wird kleiner

e) $U_{AB} = 0$ V bleibt unverändert

Wertigkeit **1** P — Bewertung P

Kap. 4.2.3

I. 4
B 2

Entsprechend dem 1. Kirchhoffschen Gesetz ist in einem Stromverzweigungspunkt die Summe der zufließenden Ströme gleich der Summe der abfließenden Ströme.

Welche der fünf angegebenen Gleichungen gilt für den dargestellten Stromverzweigungspunkt?

I, I_5, I_1, I_2, I_3, I_4

a) $I + I_1 + I_2 - I_3 + I_4 + I_5 = 0$ A

b) $I - I_1 + I_2 + I_3 + I_4 + I_5 = 0$ A

c) $I + I_1 + I_2 + I_3 - I_4 - I_5 = 0$ A

d) $I + I_1 + I_2 - I_3 - I_4 + I_5 = 0$ A

e) $I - I_1 - I_2 + I_3 - I_4 - I_5 = 0$ A

Wertigkeit **2** P

Bewertung P

Kap. 4.2.2; 4.2.3

I. 4
B 3

Die dargestellte Parallelschaltung von vier Widerständen wird an einer Gleichspannung betrieben.

Mit welcher der angegebenen Gleichungen läßt sich der Strom I_3 bestimmen?

I, G, R1, R2, R3, R4, I_1, I_2, I_3, I_4

a) $I_3 = -I - I_1 - I_2 + I_4$

b) $I_3 = I - I_1 - I_2 + I_4$

c) $I_3 = I + I_1 + I_2 + I_4$

d) $I_3 = I - I_1 - I_2 - I_4$

e) $I_3 = -I + I_1 + I_2 + I_4$

Wertigkeit **2** P

Bewertung P

Kap. 4.2.3; 4.5.1

I. 4
B5

Das dargestellte Widerstandsnetz wird an einer Gleichspannung betrieben.

Mit welcher der angegebenen Gleichungen läßt sich der Strom I_2 bestimmen?

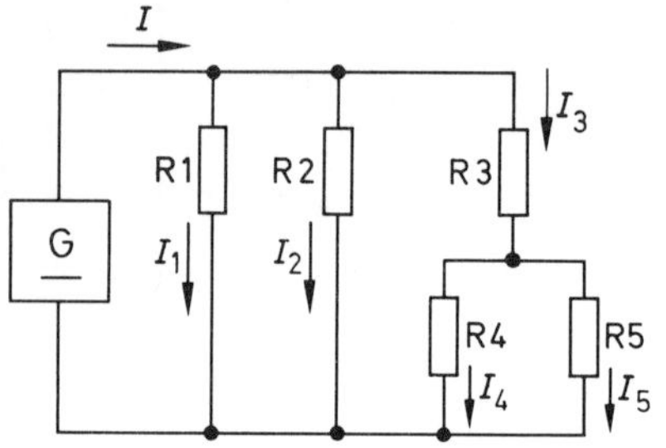

a) $I_2 = I - I_1 - I_4 - I_5$

b) $I_2 = -I + I_1 - I_4 - I_5$

c) $I_2 = I - I_1 + I_4 + I_5$

d) $I_2 = I - I_1 + I_4 - I_5$

e) $I_2 = I + I_1 - I_4 - I_5$

Wertigkeit **2** P

Bewertung P

Kap. 4.2.2

I. 4
B7

Entsprechend dem Schaltbild sind die drei Widerstände $R_1 = R_2 = R_3 = 1\,k\Omega$ an eine Gleichspannungsquelle angeschlossen, deren Innenwiderstand R_i vernachlässigbar klein ist. Bei offenem Schalter S fließt ein Strom $I_3 = 12$ mA durch den Widerstand R3.

Wie ändert sich der Strom I_3, wenn der Schalter S geschlossen wird?

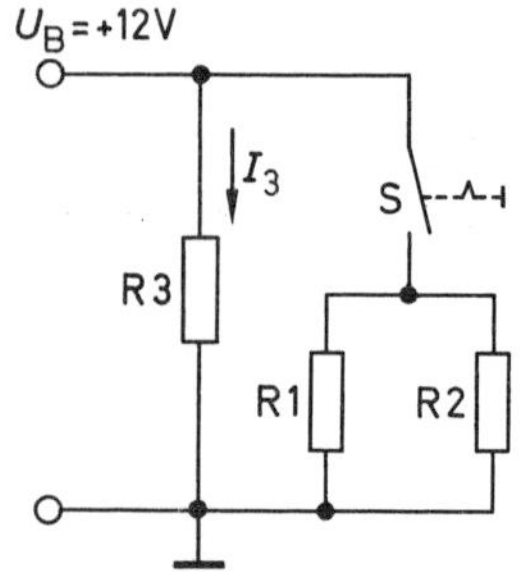

a) I_3 sinkt auf 4 mA

b) I_3 sinkt auf 6 mA

c) I_3 ändert sich nicht

d) I_3 steigt auf 24 mA

e) I_3 steigt auf 36 mA

Wertigkeit **2** P

Bewertung P

I. 4
B 9

Die drei Widerstände $R_1 = R_2 = R_3 = 3{,}3\ \text{k}\Omega$ sind in der angegebenen Weise an einer Gleichspannungsquelle $U_B = 16{,}5$ V mit $R_i = 0\ \Omega$ angeschlossen. Dabei fließt ein Gesamtstrom $I_g = 15$ mA.

Wie ändert sich der Strom I_3 durch den Widerstand R3, wenn der Schalter S geöffnet wird?

U_B = +16,5V

S

I_3

R1 3,3k

R2 3,3k

R3 3,3k

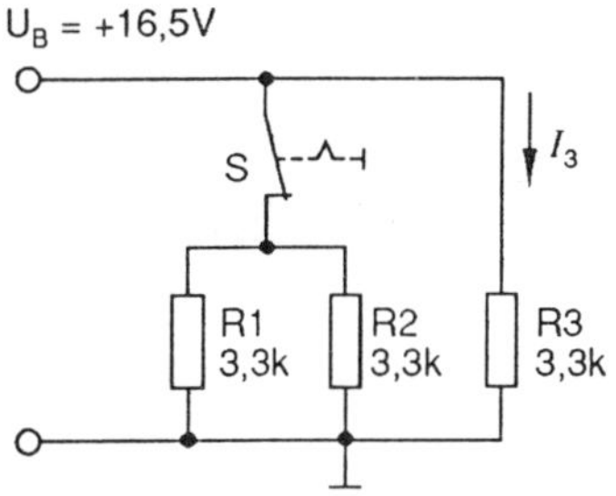

a) I_3 sinkt auf 3 mA

b) I_3 sinkt auf 10 mA

c) I_3 steigt auf 15 mA

d) I_3 steigt auf 30 mA

e) I_3 bleibt unverändert

Wertigkeit **2** P Bewertung P

I. 4
B 11

Das Bild zeigt einen stufenweisen einstellbaren Widerstand, der an eine Spannungsquelle mit $U_B = 24$ V und $R_i \approx 0\ \Omega$ angeschlossen ist.

Bei welcher Stellung des Umschalters S wird der Spannungsquelle die kleinste Leistung entnommen?

U_B=+24V

R

6 5 4 3 2 1

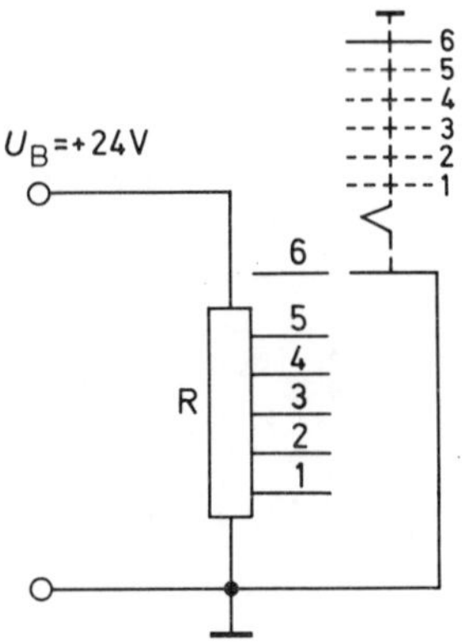

a) Bei Schalterstellung 1

b) Bei Schalterstellung 2

c) Bei Schalterstellung 3

d) Bei Schalterstellung 4

c) Bei Schalterstellung 5

Wertigkeit **2** P Bewertung P

Kap. 4.2.2

I. 4
B13

Die angegebene Schaltung wird an einer Wechselspannung U = 12 V/f = 1 kHz betrieben. Dabei fließt ein Strom I_{g1} = 36 mA.

Welcher Gesamtstrom I_{g2} stellt sich ein, wenn der Schalter S geöffnet wird?

I_{g1} · S · U · R1 1k · R2 1k · R3 1k

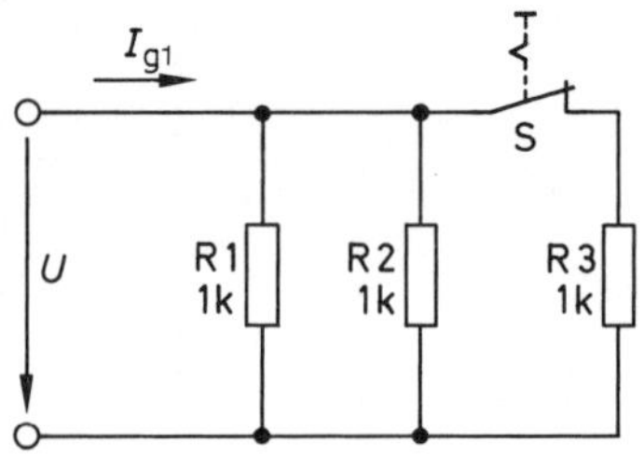

a) $I_{g2} = \frac{1}{3} I_{g1}$

b) $I_{g2} = \frac{2}{3} I_{g1}$

c) $I_{g2} = \frac{4}{3} I_{g1}$

d) $I_{g2} = \frac{5}{3} I_{g1}$

e) $I_{g2} = I_{g1}$

Wertigkeit **2** P Bewertung P

Kap. 4.2.1

I. 4
B17

Die Widerstände R1 und R2 sind an eine Gleichspannungsquelle mit der Spannung U angeschlossen.

In welchem Verhältnis stehen ihre Leistungen P_{R2} und P_{R1} zueinander?

U · R1 1k · R2 100Ω · I_1 · I_2

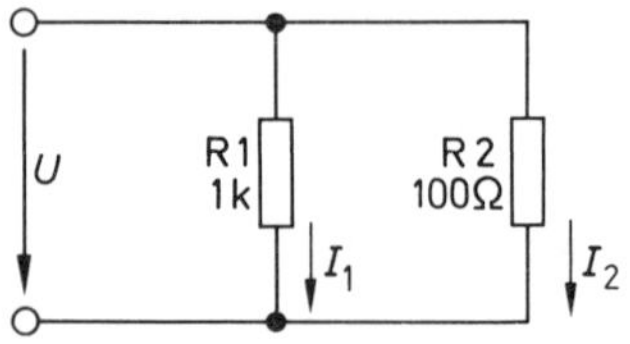

a) $P_{R2} : P_{R1}$ = 10 : 1

b) $P_{R2} : P_{R1}$ = 100 : 1

c) $P_{R2} : P_{R1}$ = 1 : 1

d) $P_{R2} : P_{R1}$ = 1 : 10

e) $P_{R2} : P_{R1}$ = 1 : 100

Wertigkeit **2** P Bewertung P

I. 4
B19

Die Widerstände R1 und R2 sind an eine Wechselspannung 230 V/50 Hz angeschlossen.

In welchem Verhältnis stehen ihre Leistungen P_{R1} und P_{R2} zueinander?

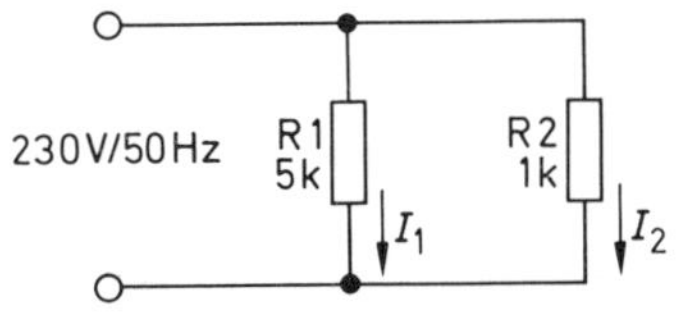

230V/50Hz R1 5k I_1 R2 1k I_2

a) $P_{R1} : P_{R2} = 25 : 1$

b) $P_{R1} : P_{R2} = 5 : 1$

c) $P_{R1} : P_{R2} = 1 : 1$

d) $P_{R1} : P_{R2} = 1 : 5$

e) $P_{R1} : P_{R2} = 1 : 25$

Wertigkeit **2** P — Bewertung P

I. 4
B21

Die Widerstände R1 und R2 sind an eine Wechselspannung 20 V/100 Hz angeschlossen.

In welchem Verhältnis stehen die Ströme I_1 und I_2 zueinander?

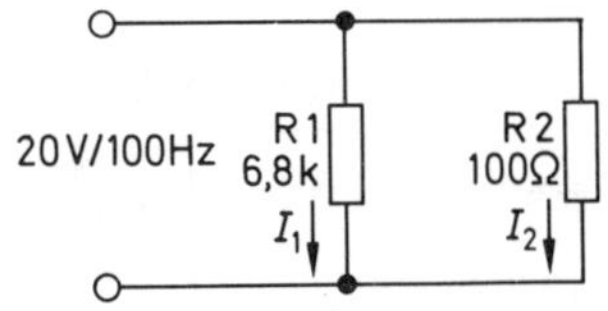

20V/100Hz R1 6,8k I_1 R2 100Ω I_2

a) $I_1 : I_2 = 68 : 1$

b) $I_1 : I_2 = 6{,}8 : 1$

c) $I_1 : I_2 = 1 : 1$

d) $I_1 : I_2 = 1 : 6{,}8$

e) $I_1 : I_2 = 1 : 68$

Wertigkeit **2** P — Bewertung P

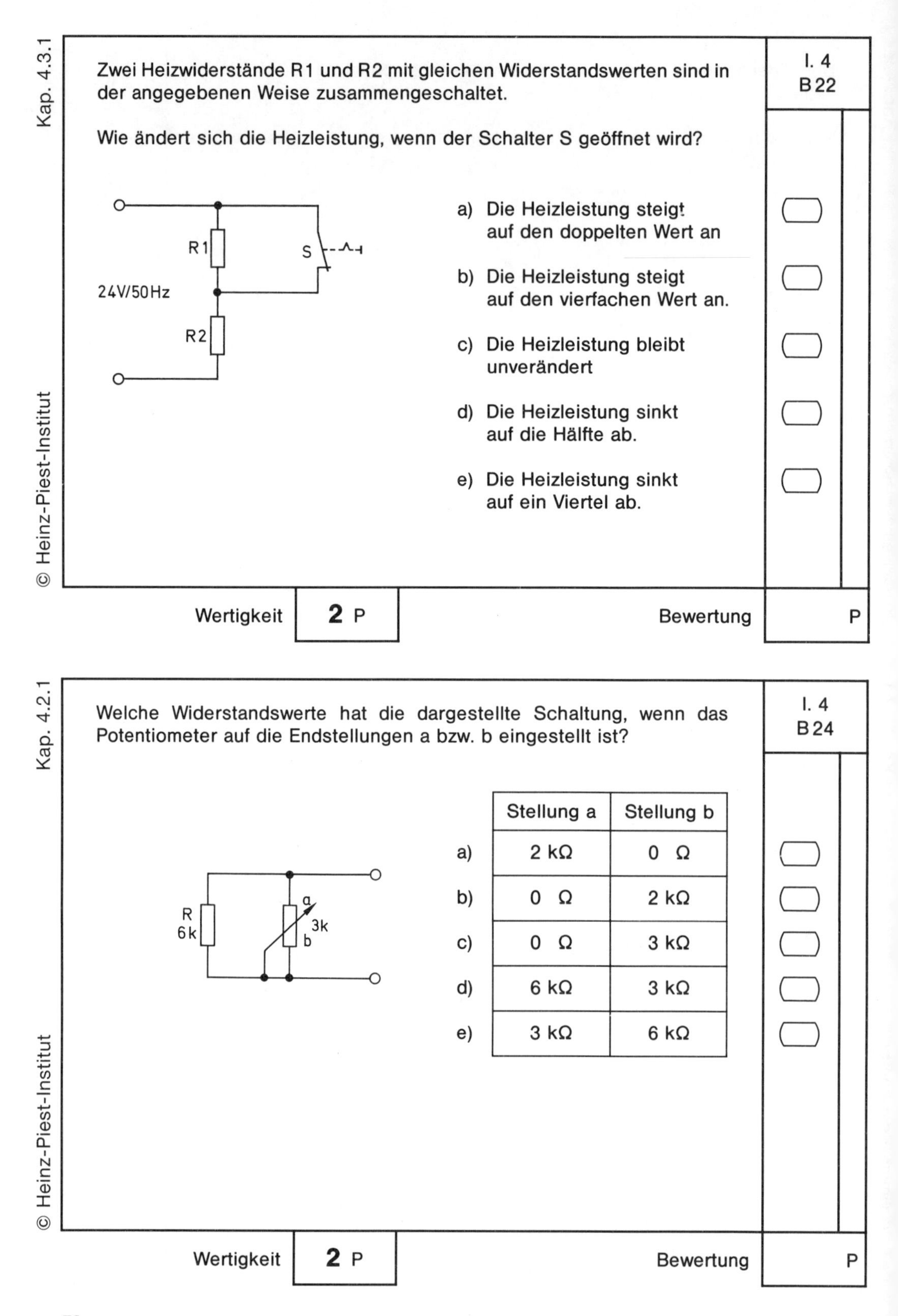

Kap. 4.3.1

I. 4
B 22

Zwei Heizwiderstände R1 und R2 mit gleichen Widerstandswerten sind in der angegebenen Weise zusammengeschaltet.

Wie ändert sich die Heizleistung, wenn der Schalter S geöffnet wird?

a) Die Heizleistung steigt auf den doppelten Wert an

b) Die Heizleistung steigt auf den vierfachen Wert an.

c) Die Heizleistung bleibt unverändert

d) Die Heizleistung sinkt auf die Hälfte ab.

e) Die Heizleistung sinkt auf ein Viertel ab.

Wertigkeit **2** P Bewertung P

Kap. 4.2.1

I. 4
B 24

Welche Widerstandswerte hat die dargestellte Schaltung, wenn das Potentiometer auf die Endstellungen a bzw. b eingestellt ist?

	Stellung a	Stellung b
a)	2 kΩ	0 Ω
b)	0 Ω	2 kΩ
c)	0 Ω	3 kΩ
d)	6 kΩ	3 kΩ
e)	3 kΩ	6 kΩ

Wertigkeit **2** P Bewertung P

Kap. 4.4.1.1

Das Bild zeigt einen Spannungsteiler mit den Widerständen R1 und R2.

In welchem Verhältnis stehen die Spannungen U_1 und U_2 zueinander?

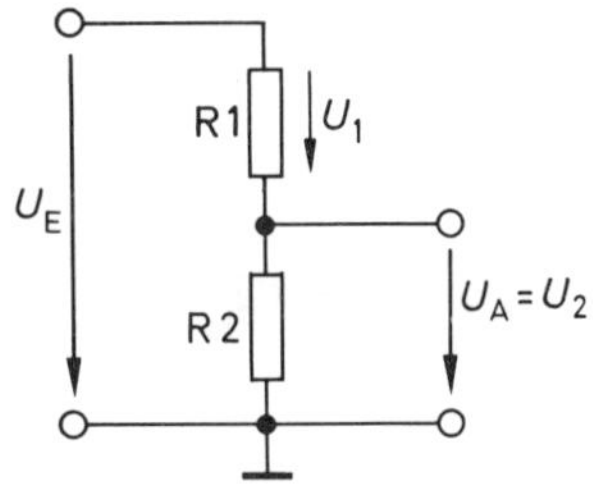

I. 4
B26

a) $\frac{U_1}{U_2} = \frac{U_E}{U_A}$

b) $\frac{U_1}{U_2} = \frac{R_1}{R_2}$

c) $\frac{U_1}{U_2} = \frac{R_2}{R_1}$

d) $\frac{U_1}{U_2} = \frac{R_1 + R_2}{R_2}$

e) $\frac{U_1}{U_2} = \frac{R_1 \cdot R_2}{R_1 + R_2}$

Wertigkeit **2** P

Bewertung P

Kap. 4.4.1.1

Die Abbildung zeigt eine Zusammenschaltung von vier Widerständen $R_1 = R_2 = R_3 = R_4 = 30$ kΩ und zwei Schaltern S1 und S2.

Wie ändert sich die Spannung U_{BD}, wenn die Schalter S1 und S2 geschlossen werden?

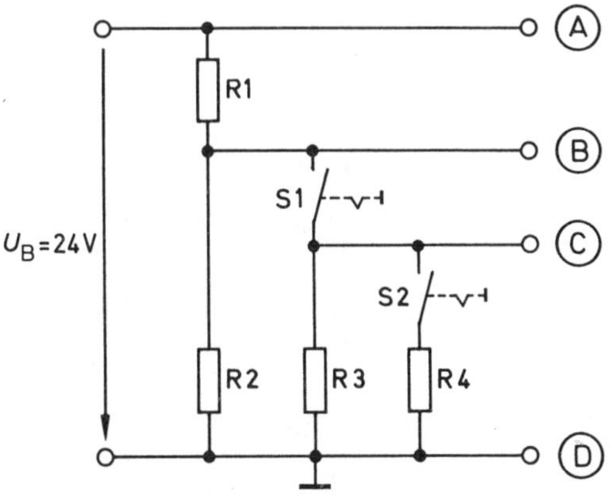

I. 4
B29

a) Die Spannung U_{BD} steigt von 12 V auf 16 V an

b) Die Spannung U_{BD} sinkt von 12 V auf 8 V ab

c) Die Spannung U_{BD} bleibt unverändert

d) Die Spannung U_{BD} sinkt von 12 V auf 6 V ab

e) Die Spannung U_{BD} steigt von 12 V auf 18 V an

Wertigkeit **2** P

Bewertung P

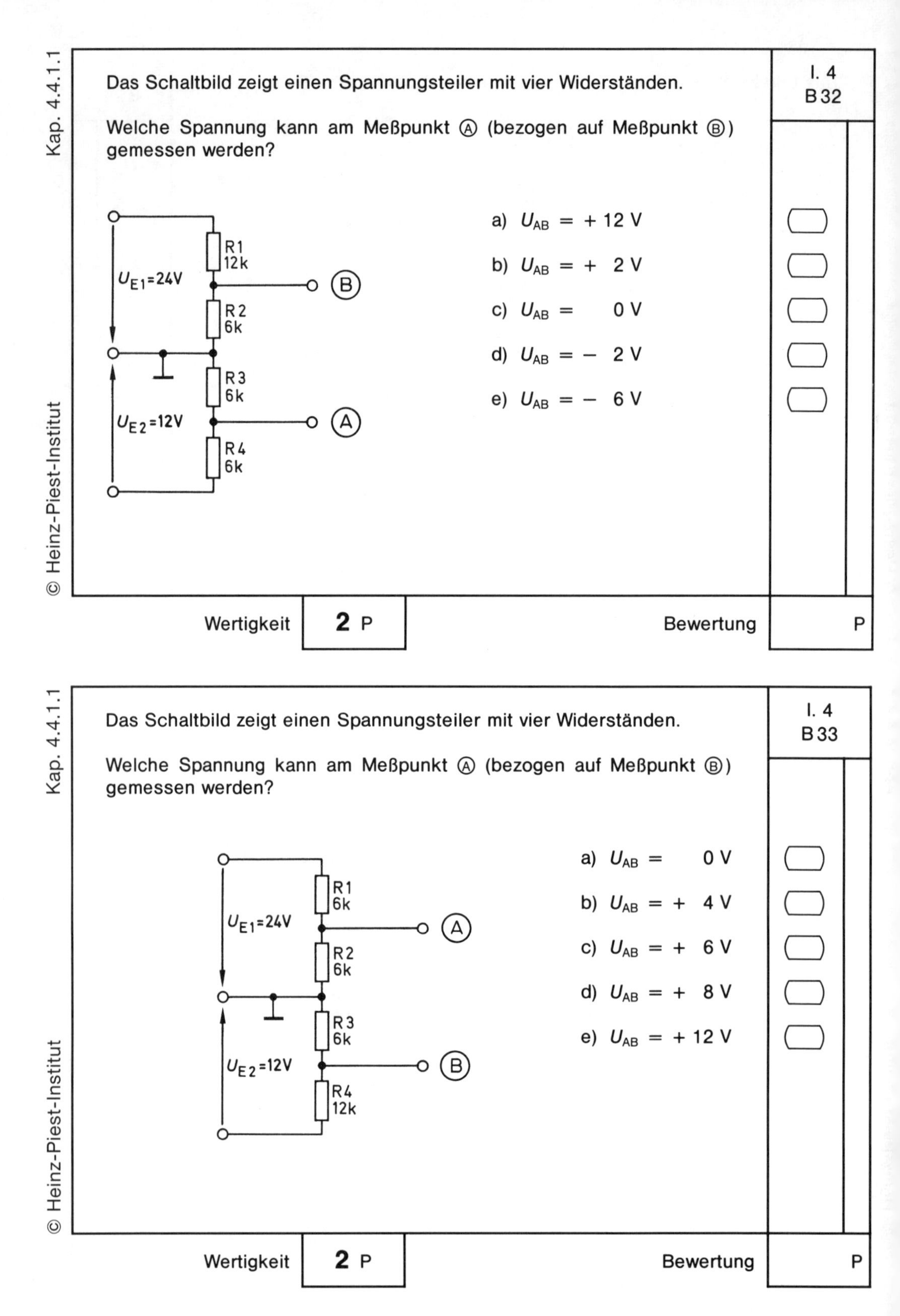

I. 4
B 32

Das Schaltbild zeigt einen Spannungsteiler mit vier Widerständen.

Welche Spannung kann am Meßpunkt Ⓐ (bezogen auf Meßpunkt Ⓑ) gemessen werden?

a) $U_{AB} = +12$ V

b) $U_{AB} = +\ 2$ V

c) $U_{AB} =\ 0$ V

d) $U_{AB} = -\ 2$ V

e) $U_{AB} = -\ 6$ V

Wertigkeit **2** P | Bewertung P

I. 4
B 33

Das Schaltbild zeigt einen Spannungsteiler mit vier Widerständen.

Welche Spannung kann am Meßpunkt Ⓐ (bezogen auf Meßpunkt Ⓑ) gemessen werden?

a) $U_{AB} =\ 0$ V

b) $U_{AB} = +\ 4$ V

c) $U_{AB} = +\ 6$ V

d) $U_{AB} = +\ 8$ V

e) $U_{AB} = +12$ V

Wertigkeit **2** P | Bewertung P

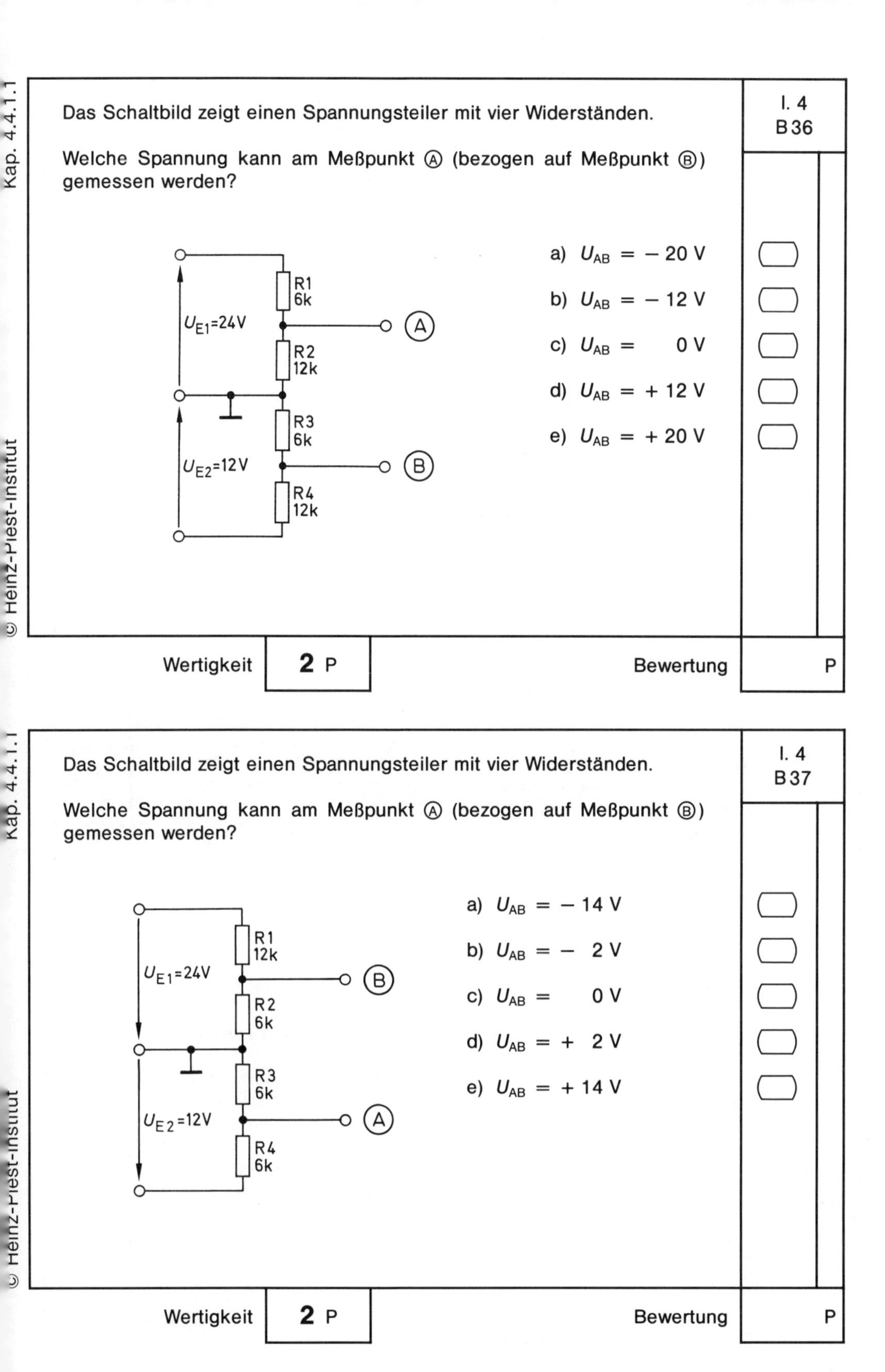

Kap. 4.4.1.1

I. 4
B 36

Das Schaltbild zeigt einen Spannungsteiler mit vier Widerständen.

Welche Spannung kann am Meßpunkt Ⓐ (bezogen auf Meßpunkt Ⓑ) gemessen werden?

a) $U_{AB} = -20$ V

b) $U_{AB} = -12$ V

c) $U_{AB} = 0$ V

d) $U_{AB} = +12$ V

e) $U_{AB} = +20$ V

Wertigkeit **2** P

Bewertung P

Kap. 4.4.1.1

I. 4
B 37

Das Schaltbild zeigt einen Spannungsteiler mit vier Widerständen.

Welche Spannung kann am Meßpunkt Ⓐ (bezogen auf Meßpunkt Ⓑ) gemessen werden?

a) $U_{AB} = -14$ V

b) $U_{AB} = -\ 2$ V

c) $U_{AB} = 0$ V

d) $U_{AB} = +\ 2$ V

e) $U_{AB} = +14$ V

Wertigkeit **2** P

Bewertung P

Kap. 4.2.1

In der angegebenen Schaltung wird in dem Heizwiderstand R1 elektrische Energie in Wärmeenergie umgewandelt.

Nach welcher der angegebenen Gleichungen läßt sich in diesem Fall die in R1 umgesetzte Energie (el. Arbeit) W_1 berechnen?

I. 4
B 38

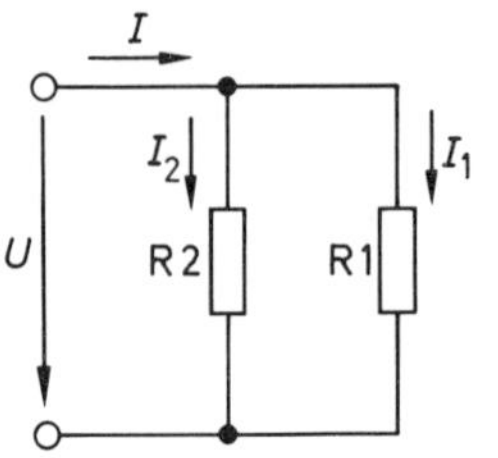

a) $W_1 = U \cdot (I - I_1 - I_2) \cdot t$

b) $W_1 = U \cdot I \cdot t$

c) $W_1 = U \cdot (I - I_2) \cdot t$

d) $W_1 = U \cdot I_2 \cdot t$

e) $W_1 = U \cdot (I + I_2) \cdot t$

Wertigkeit 2 P Bewertung P

Kap. 4.4.3.1; 4.5.1

Bei der dargestellten gemischten Schaltung von Widerständen entsteht nach zunächst einwandfreiem Betrieb eine Unterbrechung in der Widerstandsbahn des Widerstandes R3 ($R_3 = \infty\ \Omega$).

Welche der angegebenen Änderungen tritt dadurch ein?

I. 4
B 40

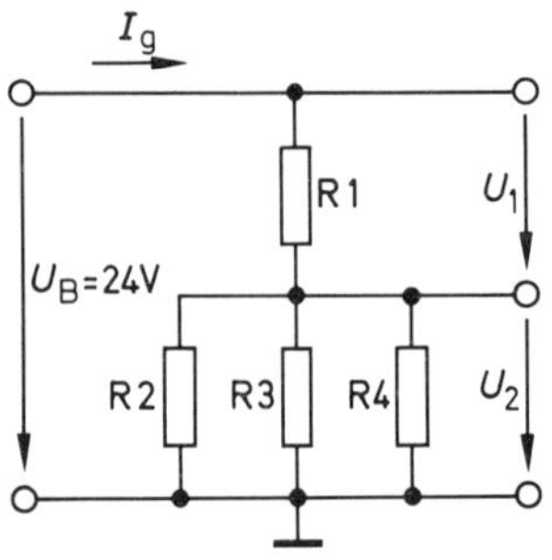

$U_B = 24V$

a) Der Gesamtwiderstand der Schaltung wird kleiner.

b) Der Strom I_g wird größer.

c) Die Spannung U_1 wird größer.

d) Die Spannung U_2 wird kleiner.

e) Die in R1 umgesetzte Leistung wird kleiner.

Wertigkeit 2 P Bewertung P

I. 4
B 44

In der angegebenen Schaltung sind vier Widerstände mit den Widerstandswerten $R_1 = R_2 = R_3 = R_4 = 1\ \text{k}\Omega$ zusammengeschaltet.

Wie groß ist der Gesamtwiderstand R_{ges} dieser Schaltung?

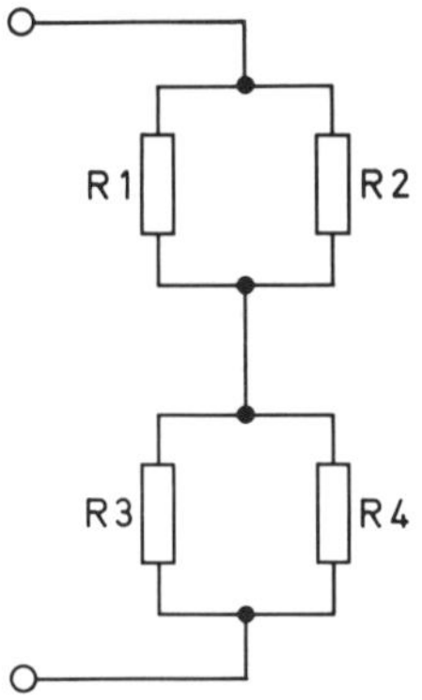

R1 R2 R3 R4

a) $R_{ges} = 0{,}25\ \text{k}\Omega$

b) $R_{ges} = 0{,}5\ \text{k}\Omega$

c) $R_{ges} = 1\ \text{k}\Omega$

d) $R_{ges} = 2\ \text{k}\Omega$

e) $R_{ges} = 4\ \text{k}\Omega$

Wertigkeit **2** P | Bewertung P

I. 4
B 49

Die Widerstände $R_1 = R_2 = R_3 = R_4 = R_5 = 3{,}3\ \text{k}\Omega$ sind in der angegebenen Weise zusammengeschaltet.

Wie groß ist der Gesamtwiderstand R_{ges} dieser Kombination?

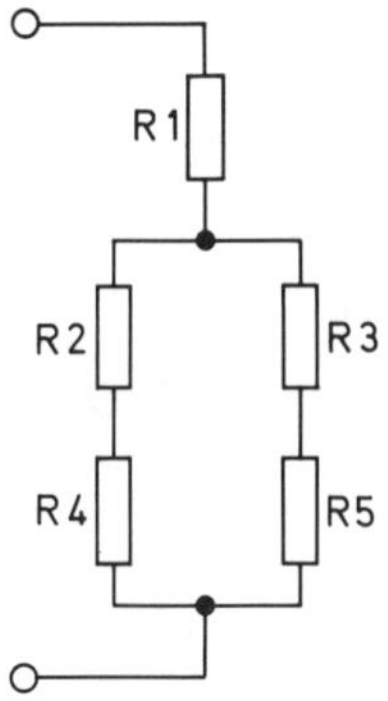

R1 R2 R3 R4 R5

a) $R_{ges} = 4{,}45\ \text{k}\Omega$

b) $R_{ges} = 3{,}3\ \text{k}\Omega$

c) $R_{ges} = 1{,}1\ \text{k}\Omega$

d) $R_{ges} = 6{,}6\ \text{k}\Omega$

e) $R_{ges} = 9{,}9\ \text{k}\Omega$

Wertigkeit **2** P | Bewertung P

Kap. 4.4.3.1

I. 4
B 52

Das Schaltbild zeigt einen Spannungsteiler mit den angeschlossenen Lastwiderständen R3 und R4.

Welche der angegebenen Änderungen tritt ein, wenn nach zunächst einwandfreier Funktion eine Unterbrechung in der Zuleitung des Widerstandes R3 auftritt?

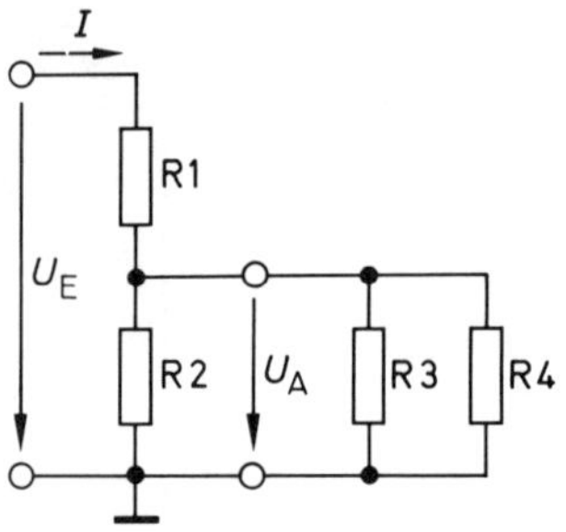

a) Der Ersatzwiderstand des Netzwerkes wird kleiner.

b) Der Strom I wird größer.

c) Die Spannung U_A wird größer.

d) Die Spannung U_A wird kleiner.

e) Die der Spannungsquelle entnommene Gesamtleistung P_{ges} wird größer.

Wertigkeit **2** P

Bewertung P

Kap. 4.4.1.1

I. 4
B 54

Das Schaltbild zeigt einen Spannungsteiler. Die Betriebsspannung beträgt $U_B = 12$ V/50 Hz.

Welchen Wert hat die Ausgangsspannung U_A, wenn sie mit einem sehr hochohmigen Meßinstrument gemessen wird?

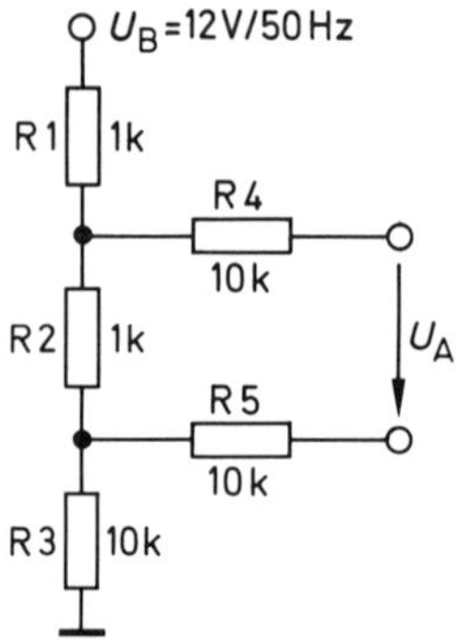

a) U_A = 1 V

b) U_A = 2 V

c) U_A = 4 V

d) U_A = 10 V

e) U_A = 12 V

Wertigkeit **2** P

Bewertung P

I. 4
B56

Das Bild zeigt einen Spannungsteiler, der an einer konstanten Betriebsspannung $U_E = 24$ V liegt.

Wie ändern sich die Ausgangsspannung U_A und der Strom I, wenn der Schleifer des Trimmers von seiner Mittelstellung ausgehend in Richtung des Anschlages a verstellt wird?

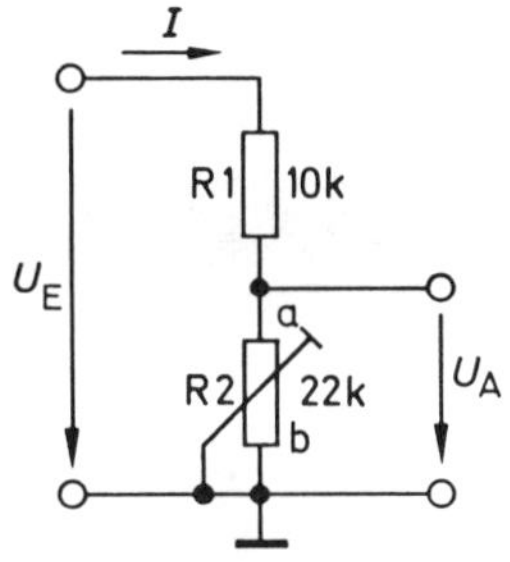

I R1 10k U_E a R2 22k b U_A

a) U_A wird kleiner
I wird größer

b) U_A wird kleiner
I bleibt konstant

c) U_A bleibt konstant
I wird kleiner

d) U_A wird größer
I wird kleiner

e) U_A wird größer
I wird größer

Wertigkeit **2** P

Bewertung P

I. 4
B58

Das Bild zeigt einen Spannungsteiler, der an einer konstanten Betriebsspannung $U_E = 24$ V liegt.

Wie ändern sich die Ausgangsspannung U_A und der Strom I, wenn der Schleifer des Trimmers von seiner Mittelstellung ausgehend in Richtung des Anschlages a verstellt wird?

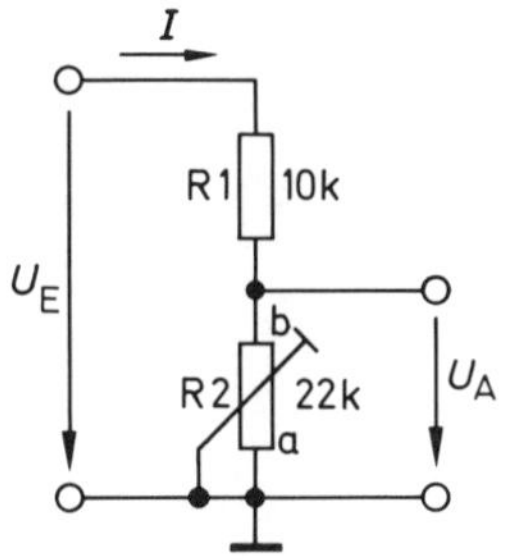

I R1 10k U_E b R2 22k a U_A

a) U_A wird kleiner
I wird größer

b) U_A wird kleiner
I bleibt konstant

c) U_A bleibt konstant
I wird kleiner

d) U_A wird größer
I wird kleiner

e) U_A wird größer
I wird größer

Wertigkeit **2** P

Bewertung P

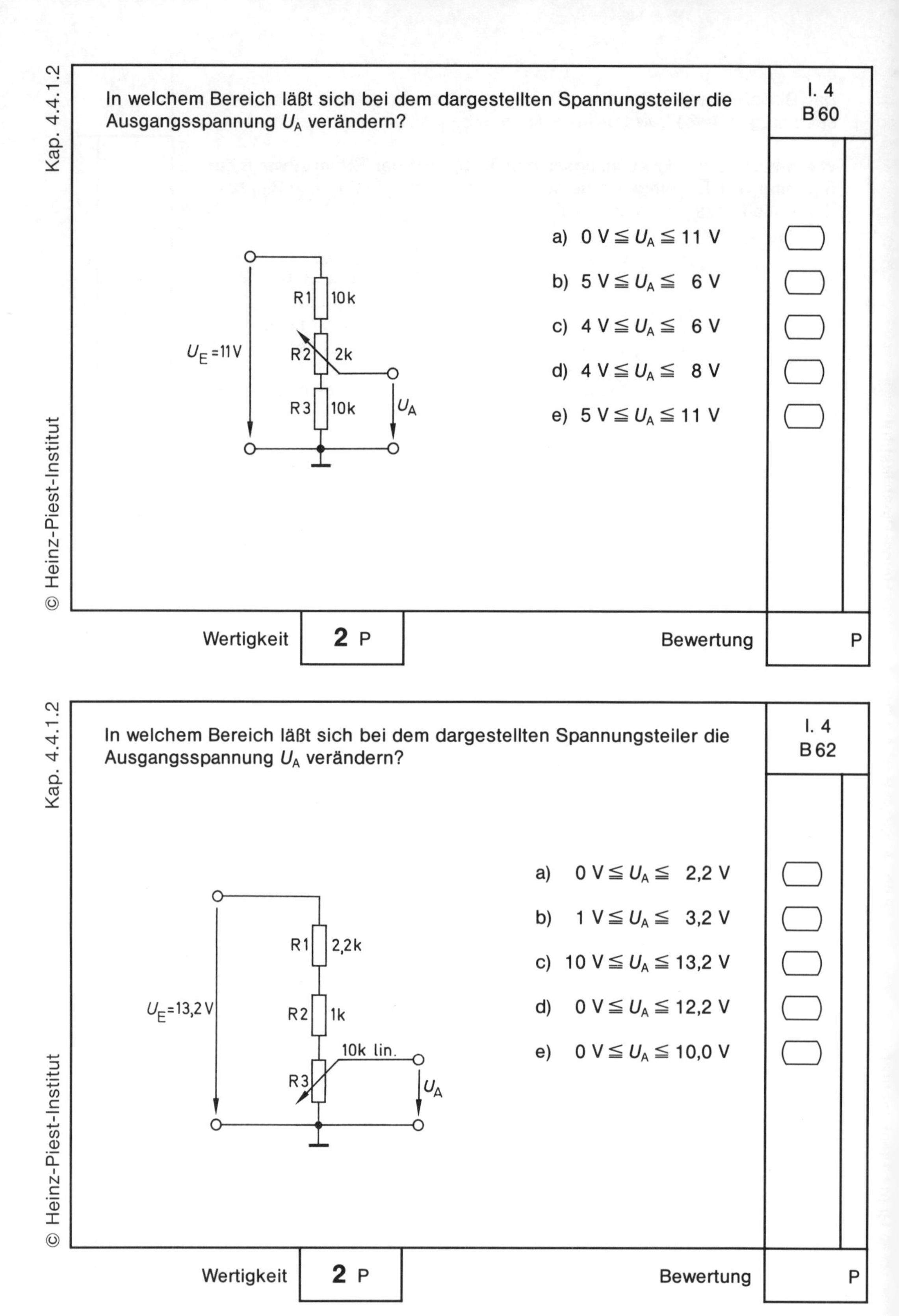

Kap. 4.4.1.2

In welchem Bereich läßt sich bei dem dargestellten Spannungsteiler die Ausgangsspannung U_A verändern?

I. 4
B 60

a) $0\ V \leqq U_A \leqq 11\ V$

b) $5\ V \leqq U_A \leqq 6\ V$

c) $4\ V \leqq U_A \leqq 6\ V$

d) $4\ V \leqq U_A \leqq 8\ V$

e) $5\ V \leqq U_A \leqq 11\ V$

© Heinz-Piest-Institut

Wertigkeit	**2** P	Bewertung	P

Kap. 4.4.1.2

In welchem Bereich läßt sich bei dem dargestellten Spannungsteiler die Ausgangsspannung U_A verändern?

I. 4
B 62

a) $0\ V \leqq U_A \leqq 2{,}2\ V$

b) $1\ V \leqq U_A \leqq 3{,}2\ V$

c) $10\ V \leqq U_A \leqq 13{,}2\ V$

d) $0\ V \leqq U_A \leqq 12{,}2\ V$

e) $0\ V \leqq U_A \leqq 10{,}0\ V$

© Heinz-Piest-Institut

Wertigkeit	**2** P	Bewertung	P

I. 4
B 63

Bei der dargestellten Schaltung beträgt die Spannung $U_3 = 4$ V, wenn sich der Schleifer des Potentiometers R2 in Mittelstellung befindet.

Wie ändern sich die Spannungen U_1 und U_3, wenn der Schleifer von R2 in Richtung des Anschlages a verstellt wird?

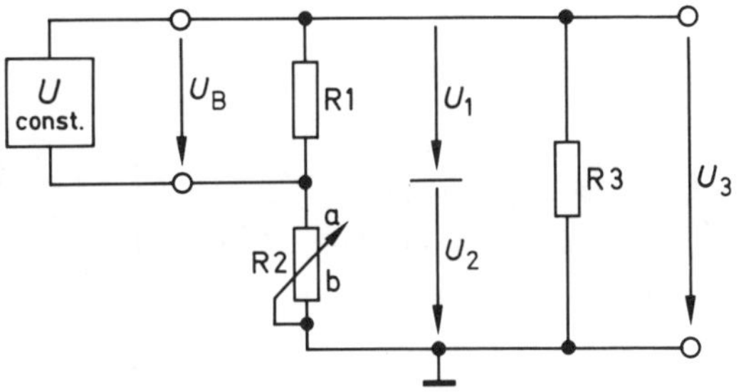

a) U_1 bleibt konstant
U_3 wird größer

b) U_1 bleibt konstant
U_3 wird kleiner

c) U_1 wird kleiner
U_3 bleibt konstant

d) U_1 wird größer
U_3 bleibt konstant

e) U_1 bleibt konstant
U_3 bleibt konstant

Wertigkeit **2** P

Bewertung P

I. 4
B 66

Bei der dargestellten Schaltung ist der Schleifer von R2 so eingestellt, daß bei $U_B = 12$ V eine Spannung $U_3 = 4$ V auftritt.

Wie ändern sich die Spannungen U_2 und U_3, wenn die Betriebsspannung auf $U_B = 10$ V verringert wird?

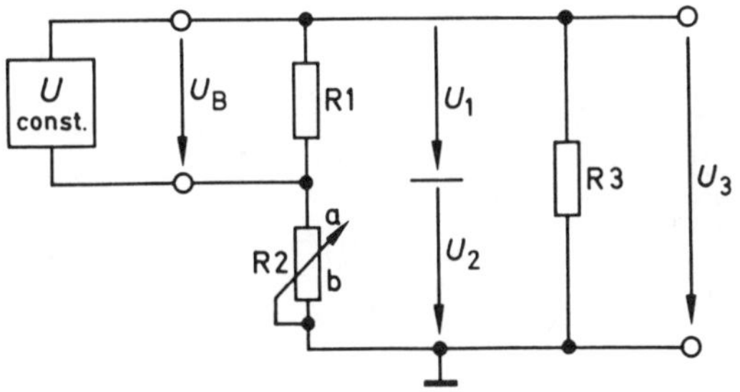

a) U_2 wird größer
U_3 wird kleiner

b) U_2 wird kleiner
U_3 wird kleiner

c) U_2 wird kleiner
U_3 wird größer

d) U_2 wird größer
U_3 bleibt konstant

e) U_2 wird größer
U_3 wird größer

Wertigkeit **2** P

Bewertung P

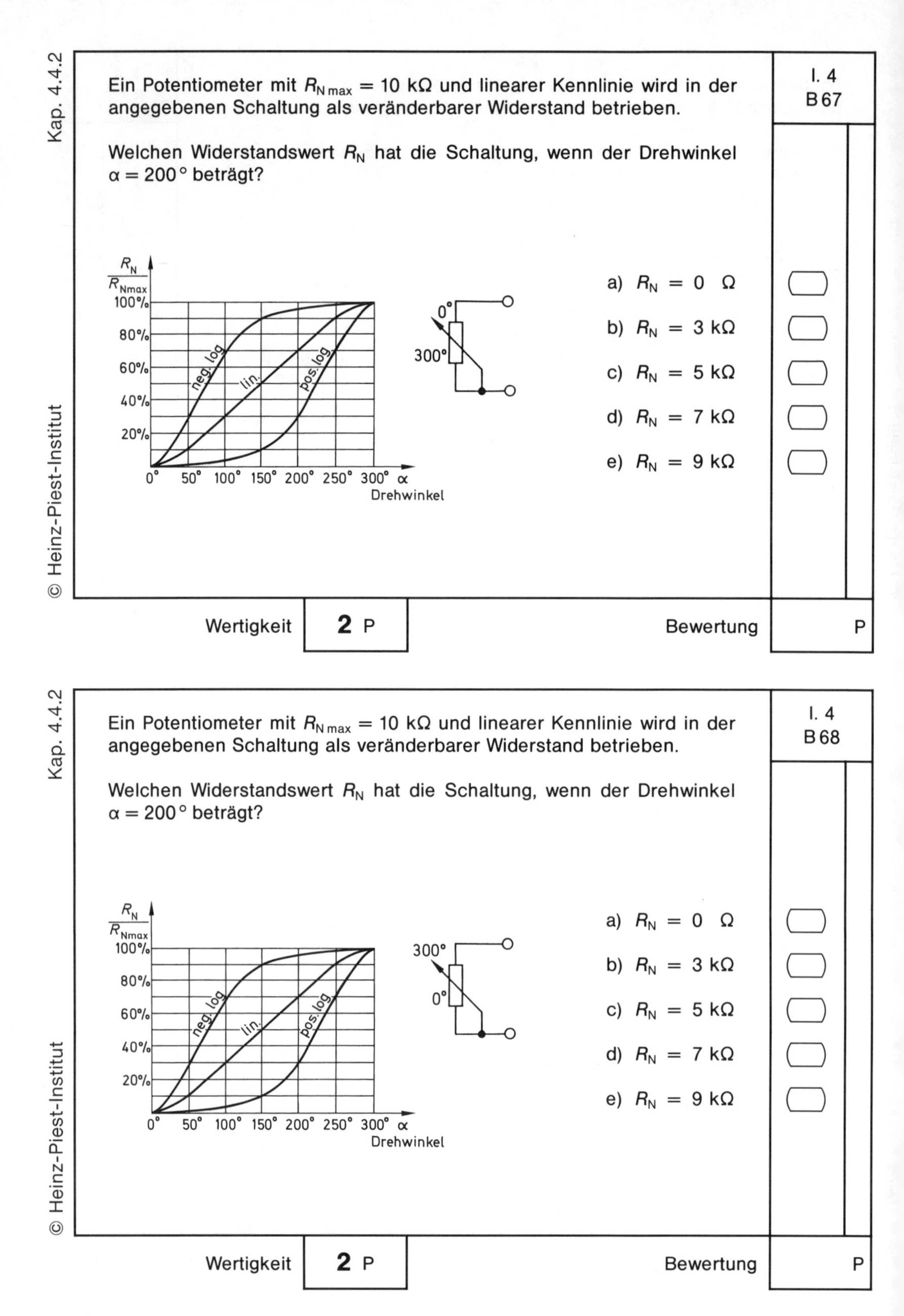

Kap. 4.4.2

I. 4
B 67

Ein Potentiometer mit $R_{N\,max} = 10\ k\Omega$ und linearer Kennlinie wird in der angegebenen Schaltung als veränderbarer Widerstand betrieben.

Welchen Widerstandswert R_N hat die Schaltung, wenn der Drehwinkel $\alpha = 200°$ beträgt?

a) $R_N = 0\ \Omega$

b) $R_N = 3\ k\Omega$

c) $R_N = 5\ k\Omega$

d) $R_N = 7\ k\Omega$

e) $R_N = 9\ k\Omega$

© Heinz-Piest-Institut

Wertigkeit **2** P

Bewertung P

Kap. 4.4.2

I. 4
B 68

Ein Potentiometer mit $R_{N\,max} = 10\ k\Omega$ und linearer Kennlinie wird in der angegebenen Schaltung als veränderbarer Widerstand betrieben.

Welchen Widerstandswert R_N hat die Schaltung, wenn der Drehwinkel $\alpha = 200°$ beträgt?

a) $R_N = 0\ \Omega$

b) $R_N = 3\ k\Omega$

c) $R_N = 5\ k\Omega$

d) $R_N = 7\ k\Omega$

e) $R_N = 9\ k\Omega$

© Heinz-Piest-Institut

Wertigkeit **2** P

Bewertung P

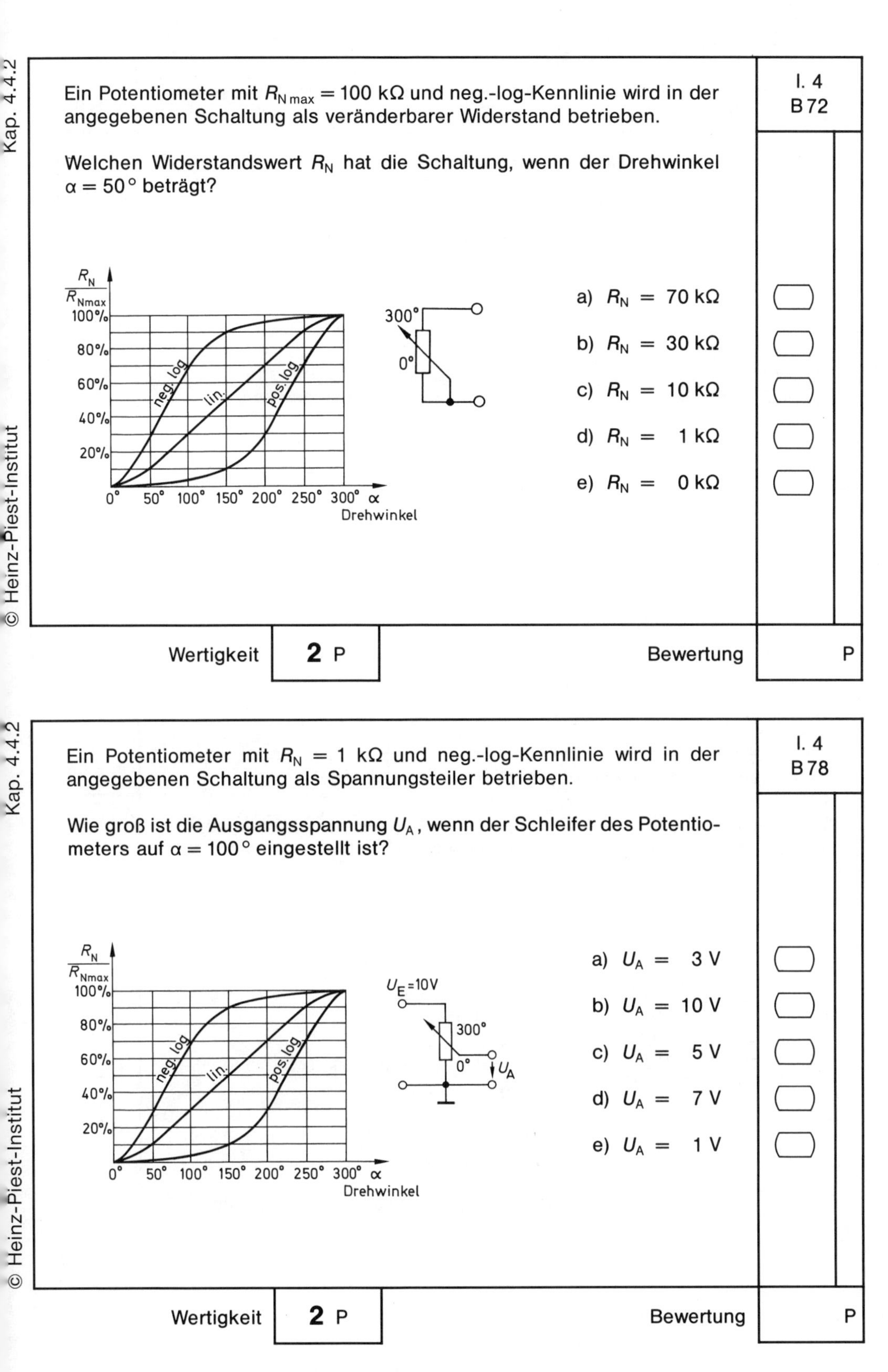

Kap. 4.4.2

© Heinz-Piest-Institut

I. 4
B 72

Ein Potentiometer mit $R_{N\,max} = 100\ k\Omega$ und neg.-log-Kennlinie wird in der angegebenen Schaltung als veränderbarer Widerstand betrieben.

Welchen Widerstandswert R_N hat die Schaltung, wenn der Drehwinkel $\alpha = 50°$ beträgt?

a) $R_N = 70\ k\Omega$

b) $R_N = 30\ k\Omega$

c) $R_N = 10\ k\Omega$

d) $R_N = 1\ k\Omega$

e) $R_N = 0\ k\Omega$

Wertigkeit **2** P

Bewertung P

Kap. 4.4.2

© Heinz-Piest-Institut

I. 4
B 78

Ein Potentiometer mit $R_N = 1\ k\Omega$ und neg.-log-Kennlinie wird in der angegebenen Schaltung als Spannungsteiler betrieben.

Wie groß ist die Ausgangsspannung U_A, wenn der Schleifer des Potentiometers auf $\alpha = 100°$ eingestellt ist?

a) $U_A = 3\ V$

b) $U_A = 10\ V$

c) $U_A = 5\ V$

d) $U_A = 7\ V$

e) $U_A = 1\ V$

Wertigkeit **2** P

Bewertung P

Kap. 4.5.2

Das Bild zeigt die Schalterstellung sowie die zugehörige Zusammenschaltung der drei Heizwicklungen bei einer Kochplatte mit 7-Takt-Schalter.

Wie sind die drei Heizwicklungen zusammengeschaltet?

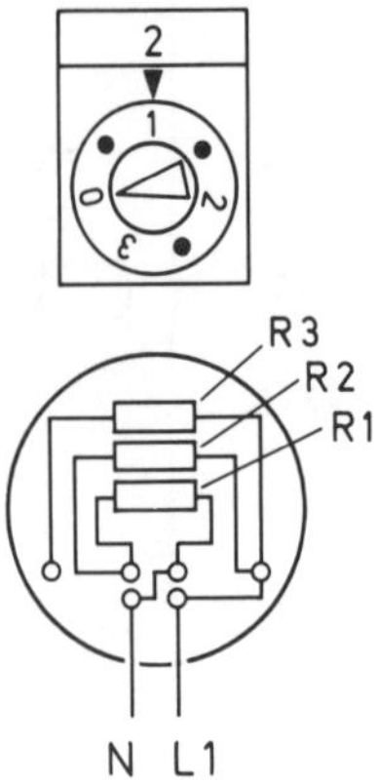

I. 4 B 80

a) Nur R1 liegt an Netzspannung

b) R1 und R2 sind parallelgeschaltet

c) Nur R2 liegt an Netzspannung

d) R1, R2 und R3 liegen in Reihenschaltung an Netzspannung

e) Nur R1 und R2 liegen in Reihenschaltung an Netzspannung

Wertigkeit **2** P Bewertung P

Kap. 4.5.3

Das Schaltbild zeigt eine Brückenschaltung. Die Brücke ist abgeglichen, wenn sich der Schleifer von R3 in Mittelstellung befindet.

Welche der angegebenen Änderungen tritt ein, wenn der Schleifer von R3 von seiner Mittelstellung aus in Richtung des Anschlages a verstellt wird?

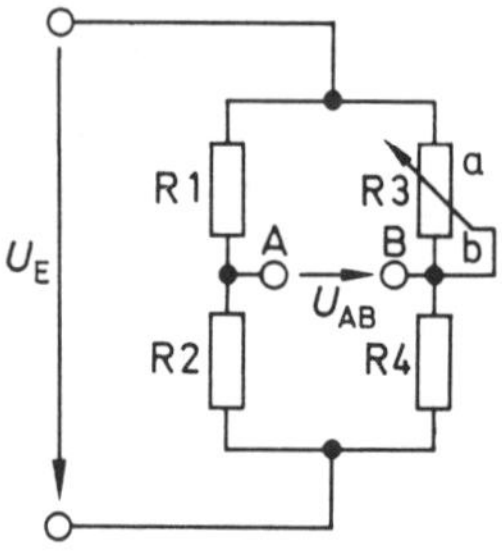

I. 4 B 85

a) Der Widerstandswert von R3 wird kleiner U_{AB} wird positiv

b) Der Widerstandswert von R3 wird größer U_{AB} wird positiv

c) Der Widerstandswert von R3 wird kleiner U_{AB} wird negativ

d) Der Widerstandswert von R3 wird größer U_{AB} wird negativ

e) Der Widerstandswert von R3 wird kleiner U_{AB} bleibt konstant

Wertigkeit **2** P Bewertung P

I. 4 B 88

Das Schaltbild zeigt eine Brückenschaltung. Die Brücke ist abgeglichen, wenn sich der Schleifer von R3 in Mittelstellung befindet.

Welche der angegebenen Änderungen tritt ein, wenn der Schleifer von R3 von seiner Mittelstellung aus in Richtung des Anschlages b verstellt wird?

a) Der Widerstandswert von R3 wird kleiner U_{AB} wird positiv

b) Der Widerstandswert von R3 wird größer U_{AB} wird positiv

c) Der Widerstandswert von R3 wird kleiner U_{AB} wird negativ

d) Der Widerstandswert von R3 wird größer U_{AB} wird negativ

e) Der Widerstandswert von R3 wird kleiner U_{AB} bleibt konstant

Wertigkeit **2** P Bewertung P

I. 4 B 89

Bei der dargestellten Brückenschaltung kann eine veränderbare Spannung U_A gegen Masse abgegriffen werden.

In welchem der fünf angegebenen Bereiche läßt sich die Spannung U_A verändern?

a) Im Bereich: – 6 V bis – 12 V

b) Im Bereich: – 6 V bis + 6 V

c) Im Bereich: 0 V bis + 12 V

d) Im Bereich: 0 V bis – 12 V

e) Im Bereich: + 6 V bis + 18 V

Wertigkeit **2** P Bewertung P

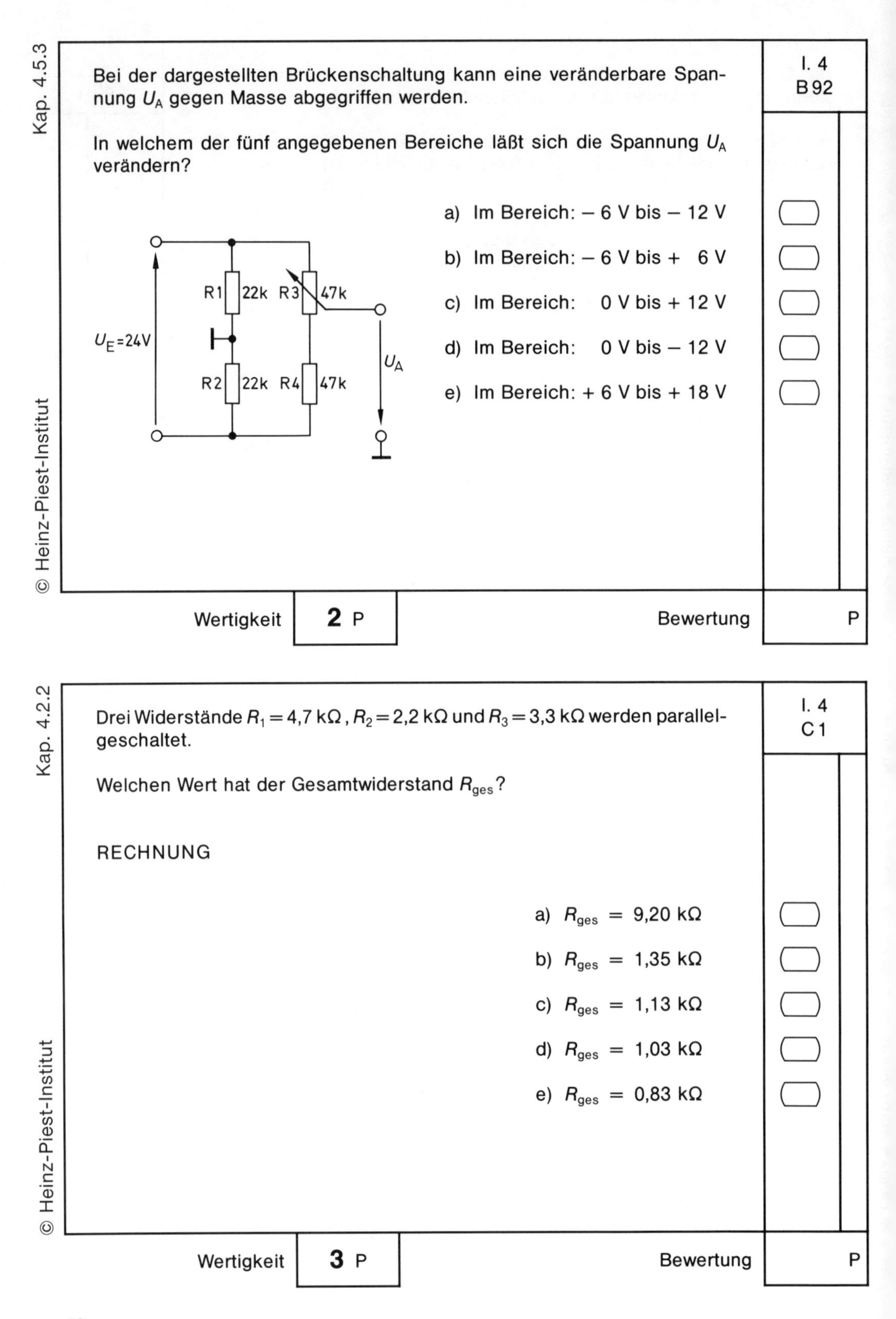

Kap. 4.5.3

I. 4 B 92

Bei der dargestellten Brückenschaltung kann eine veränderbare Spannung U_A gegen Masse abgegriffen werden.

In welchem der fünf angegebenen Bereiche läßt sich die Spannung U_A verändern?

a) Im Bereich: – 6 V bis – 12 V

b) Im Bereich: – 6 V bis + 6 V

c) Im Bereich: 0 V bis + 12 V

d) Im Bereich: 0 V bis – 12 V

e) Im Bereich: + 6 V bis + 18 V

Wertigkeit **2** P Bewertung P

Kap. 4.2.2

I. 4 C 1

Drei Widerstände $R_1 = 4{,}7\ \text{k}\Omega$, $R_2 = 2{,}2\ \text{k}\Omega$ und $R_3 = 3{,}3\ \text{k}\Omega$ werden parallelgeschaltet.

Welchen Wert hat der Gesamtwiderstand R_{ges}?

RECHNUNG

a) $R_{ges} = 9{,}20\ \text{k}\Omega$

b) $R_{ges} = 1{,}35\ \text{k}\Omega$

c) $R_{ges} = 1{,}13\ \text{k}\Omega$

d) $R_{ges} = 1{,}03\ \text{k}\Omega$

e) $R_{ges} = 0{,}83\ \text{k}\Omega$

Wertigkeit **3** P Bewertung P

Welchen Gesamtleitwert G_{ges} hat die Parallelschaltung der drei Widerstände $R_1 = 10\ k\Omega$, $R_2 = 22\ k\Omega$ und $R_3 = 33\ k\Omega$?	I. 4 C4

RECHNUNG

a) G_{ges} = 15,3 mS

b) G_{ges} = 1,75 mS

c) G_{ges} = 17,5 mS

d) G_{ges} = 0,175 S

e) G_{ges} = 0,175 mS

Wertigkeit **3** P

Bewertung P

Die vier Widerstände $R_1 = 1\ k\Omega$, $R_2 = 1{,}5\ k\Omega$, $R_3 = 6{,}8\ k\Omega$ und $R_4 = 10\ k\Omega$ sind parallelgeschaltet und an eine Gleichspannung U = 10 V angeschlossen.	I. 4 C5

Wie groß ist die in der Schaltung umgesetzte Gesamtleistung P_{ges}?

RECHNUNG

U R1 R2 R3 R4

a) P_{ges} = 0,005 W

b) P_{ges} = 0,010 W

c) P_{ges} = 0,077 W

d) P_{ges} = 0,083 W

e) P_{ges} = 0,192 W

Wertigkeit **3** P

Bewertung P

Kap. 4.2.1

I. 4
C 9

In der angegebenen Schaltung haben die beiden Widerstände R1 und R2 die Leitwerte $G_1 = 100\ \mu S$ und $G_2 = 300\ \mu S$.

Wie groß ist der Strom I, wenn an der Parallelschaltung eine Betriebsspannung $U_B = 100\ V$ liegt?

RECHNUNG

U_B=100V R1 R2

a) $I =$ 0,3 mA

b) $I =$ 3 mA

c) $I =$ 4 mA

d) $I =$ 30 mA

e) $I =$ 40 mA

Wertigkeit **3** P

Bewertung P

Kap. 4.2.1

I. 4
C 10

Die Parallelschaltung der beiden Widerstände R1 und R2 ergibt einen Gesamtleitwert $G_{ges} = 40\ \mu S$.

Wie groß ist der Leitwert G_1 des Widerstandes R1, wenn der Widerstandswert $R_2 = 100\ k\Omega$ beträgt?

RECHNUNG

U R1 R2

a) G_1 = 9960 µS

b) G_1 = 390 µS

c) G_1 = 300 µS

d) G_1 = 39 µS

e) G_1 = 30 µS

Wertigkeit **3** P

Bewertung P

In der dargestellten Schaltung haben die Widerstände die Werte $R_1 = 3{,}3\ \text{k}\Omega$, $R_2 = 6{,}8\ \text{k}\Omega$ und $R_3 = 8{,}2\ \text{k}\Omega$. Es fließt ein Strom $I_{ges} = 33$ mA.

Wie groß ist die Betriebsspannung U_B?

I. 4
C 13

RECHNUNG

I_{ges} U_B R1 R2 R3

a) U_B = 57,7 V

b) U_B = 60,4 V

c) U_B = 5,77 V

d) U_B = 577 V

e) U_B = 604 V

Wertigkeit **3** P

Bewertung P

In dem dargestellten Stromkreis sind die fünf Widerstände $R_1 = 5\ \text{k}\Omega$, $R_2 = 1{,}2\ \text{k}\Omega$, $R_3 = 2{,}7\ \text{k}\Omega$, $R_4 = 680\ \Omega$ und $R_5 = 470\ \text{k}\Omega$ zusammengeschaltet. Der Gesamtstrom beträgt $I_{ges} = 488$ mA.

Wie groß ist der Strom I_4?

I. 4
C 17

RECHNUNG

I_{ges} G U_{ges} R1 R2 R3 R4 R5 I_1 I_2 I_3 I_4 I_5

a) I_4 = 8,3 mA

b) I_4 = 83,3 mA

c) I_4 = 34 mA

d) I_4 = 147 mA

e) I_4 = 249,5 mA

Wertigkeit **3** P

Bewertung P

Kap. 4.3.1

I. 4
C 20

Eine Signallampe L1 (12 V; 0,1 A) soll an einer Wechselspannung $U = 24$ V betrieben werden.

Welchen Wert muß der Vorwiderstand R_V haben und welche Leistung P wird in ihm umgesetzt?

RECHNUNG

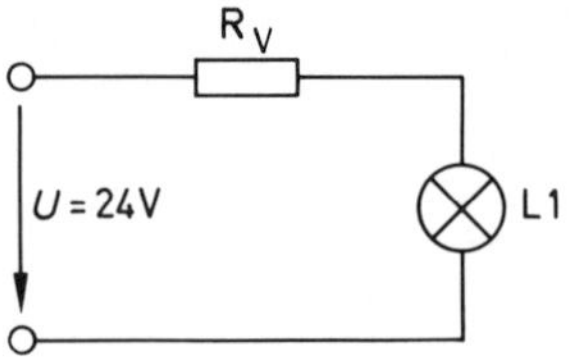

R_V

$U = 24$V

L1

a) $R_V = 120\ \Omega;\ P = 0{,}1$ W

b) $R_V = 240\ \Omega;\ P = 0{,}6$ W

c) $R_V = 120\ \Omega;\ P = 1{,}2$ W

d) $R_V = 240\ \Omega;\ P = 1{,}2$ W

e) $R_V = 120\ \Omega;\ P = 2{,}4$ W

Wertigkeit **3** P

Bewertung P

Kap. 4.2.3

I. 4
C 22

In dem dargestellten Stromverzweigungspunkt wurden folgende Ströme gemessen: $I_1 = 1$ A; $I_2 = 0{,}1$ A; $I_3 = 420$ mA; $I_4 = 22$ mA und $I_5 = 11$ mA. Die Ströme I_1 und I_2 fließen in den Knoten hinein, I_3, I_4 und I_5 aus dem Knoten heraus.

Welchen Wert und welches Vorzeichen hat der Strom I_6?

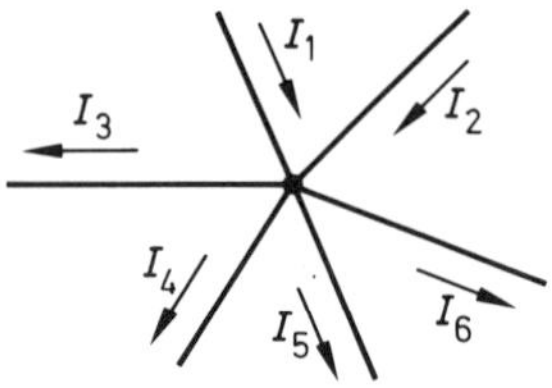

RECHNUNG

I_1 I_2 I_3 I_4 I_5 I_6

a) $I_6 = -453$ mA

b) $I_6 = +453$ mA

c) $I_6 = -553$ mA

d) $I_6 = +647$ mA

e) $I_6 = -647$ mA

Wertigkeit **3** P

Bewertung P

I. 4
C 24

In der angegebenen Schaltung haben die Widerstände die Werte $R_1 = 1{,}2\ \mathrm{k\Omega}$, $R_2 = 3{,}3\ \mathrm{k\Omega}$ und $R_3 = 8{,}2\ \mathrm{k\Omega}$.

In welchem Verhältnis stehen die in R1 und R3 umgesetzten Leistungen P_1 und P_3 zueinander?

RECHNUNG

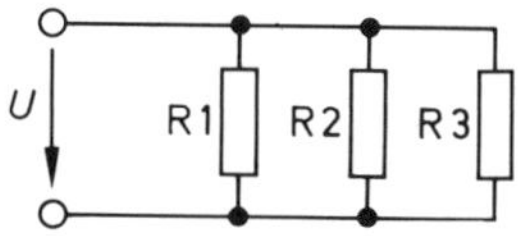

U R1 R2 R3

a) $P_1 : P_3 = 0{,}36 : 1$

b) $P_1 : P_3 = 2{,}75 : 1$

c) $P_1 : P_3 = 6{,}83 : 1$

d) $P_1 : P_3 = 2{,}48 : 1$

e) $P_1 : P_3 = 0{,}15 : 1$

Wertigkeit **3** P

Bewertung P

I. 4
C 26

In der dargestellten Schaltung haben die Widerstände die Werte $R_1 = 330\ \Omega$, $R_2 = 680\ \Omega$ und $R_3 = 1{,}5\ \mathrm{k\Omega}$. Die Generatorspannungen betragen $U_1 = 6$ V und $U_2 = 3$ V.

Wie groß sind der durch den Widerstand R2 fließende Strom I sowie die Spannung U_{R2} am Widerstand R2?

G1 U_1 U R1 U_{R1} R2 U_{R2} G2 U_2 R3 U_{R3}

RECHNUNG

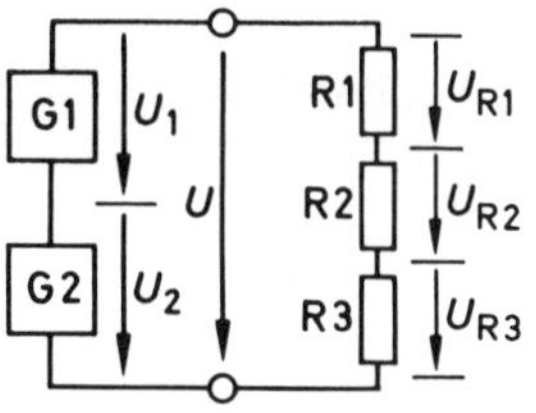

a) $I = 1{,}19$ mA; $U_{R2} = 0{,}81$ V

b) $I = 2{,}39$ mA; $U_{R2} = 1{,}63$ V

c) $I = 23{,}9$ mA; $U_{R2} = 3{,}59$ V

d) $I = 3{,}59$ mA; $U_{R2} = 2{,}44$ V

e) $I = 35{,}9$ mA; $U_{R2} = 2{,}44$ V

Wertigkeit **3** P

Bewertung P

Kap. 4.3.2; 4.3.3

I. 4
C 28

In der dargestellten Schaltung haben die Widerstände die Werte $R_1 = 330\ \Omega$, $R_2 = 680\ \Omega$ und $R_3 = 1{,}5\ \text{k}\Omega$. Die Generatorspannungen betragen $U_1 = 6$ V und $U_2 = 3$ V.

Wie groß ist die Summe der Spannungen an den Widerständen R2 und R3?

RECHNUNG

G1, G2, U_1, U_2, U, R1, R2, R3, U_{R1}, U_{R2}, U_{R3}

a) $U_{R2} + U_{R3} = 4{,}82$ V

b) $U_{R2} + U_{R3} = 5{,}53$ V

c) $U_{R2} + U_{R3} = 2{,}62$ V

d) $U_{R2} + U_{R3} = 5{,}37$ V

e) $U_{R2} + U_{R3} = 7{,}83$ V

Wertigkeit **3** P

Bewertung P

Kap. 4.4.1.1

I. 4
C 29

Bei dem dargestellten Spannungsteiler haben die Widerstände die Werte $R_1 = 1\ \text{k}\Omega$, $R_2 = 2{,}2\ \text{k}\Omega$, $R_3 = 3{,}3\ \text{k}\Omega$ und $R_4 = 4{,}7\ \text{k}\Omega$. Die Eingangsspannung beträgt $U_E = 10$ V/50 Hz.

Welchen Wert hat die Spannung U_{A1}?

RECHNUNG

R1, R2, R3, R4, U_E, U_{A1}, U_{A2}, U_{A3}

a) $U_{A1} = 9{,}1$ V

b) $U_{A1} = 7{,}14$ V

c) $U_{A1} = 4{,}2$ V

d) $U_{A1} = 2{,}96$ V

e) $U_{A1} = 1{,}96$ V

Wertigkeit **3** P

Bewertung P

I. 4
C 35

Der dargestellte Spannungsteiler ist mit den Widerständen $R_1 = 680\ \Omega$ und $R_2 = 1{,}2\ k\Omega$ aufgebaut und liegt an einer Eingangsspannung $U_E = 12$ V.

Wie groß sind die Ausgangsspannungen U_A im unbelasteten Zustand und U'_A bei Belastung mit $R_3 = 2{,}2\ k\Omega$?

R1
U_E
R2
U'_A
R3

RECHNUNG

a) $U_A \approx 10{,}2$ V; $U'_A \approx 8{,}2$ V

b) $U_A \approx 8{,}8$ V; $U'_A \approx 7{,}7$ V

c) $U_A \approx 7{,}7$ V; $U'_A \approx 5{,}6$ V

d) $U_A \approx 7{,}7$ V; $U'_A \approx 6{,}4$ V

e) $U_A \approx 6{,}4$ V; $U'_A \approx 5{,}6$ V

Wertigkeit **3** P

Bewertung P

I. 4
C 37

Das Schaltbild zeigt ein Widerstandsnetzwerk mit den Widerständen $R_1 = R_2 = R_3 = 2{,}2\ k\Omega$ und $R_4 = R_5 = R_6 = 3{,}3\ k\Omega$. Die Eingangsspannung beträgt $U_E = 15{,}8$ V.

Wie groß ist der Strom I_3, der durch den Widerstand R3 fließt?

RECHNUNG

R1
R4
I_3
U_E
R3
R6
R2
R5

a) $I_3 \approx 0{,}46$ mA

b) $I_3 \approx 1{,}8$ mA

c) $I_3 \approx 2{,}1$ mA

d) $I_3 \approx 2{,}55$ mA

e) $I_3 \approx 9{,}9$ mA

Wertigkeit **3** P

Bewertung P

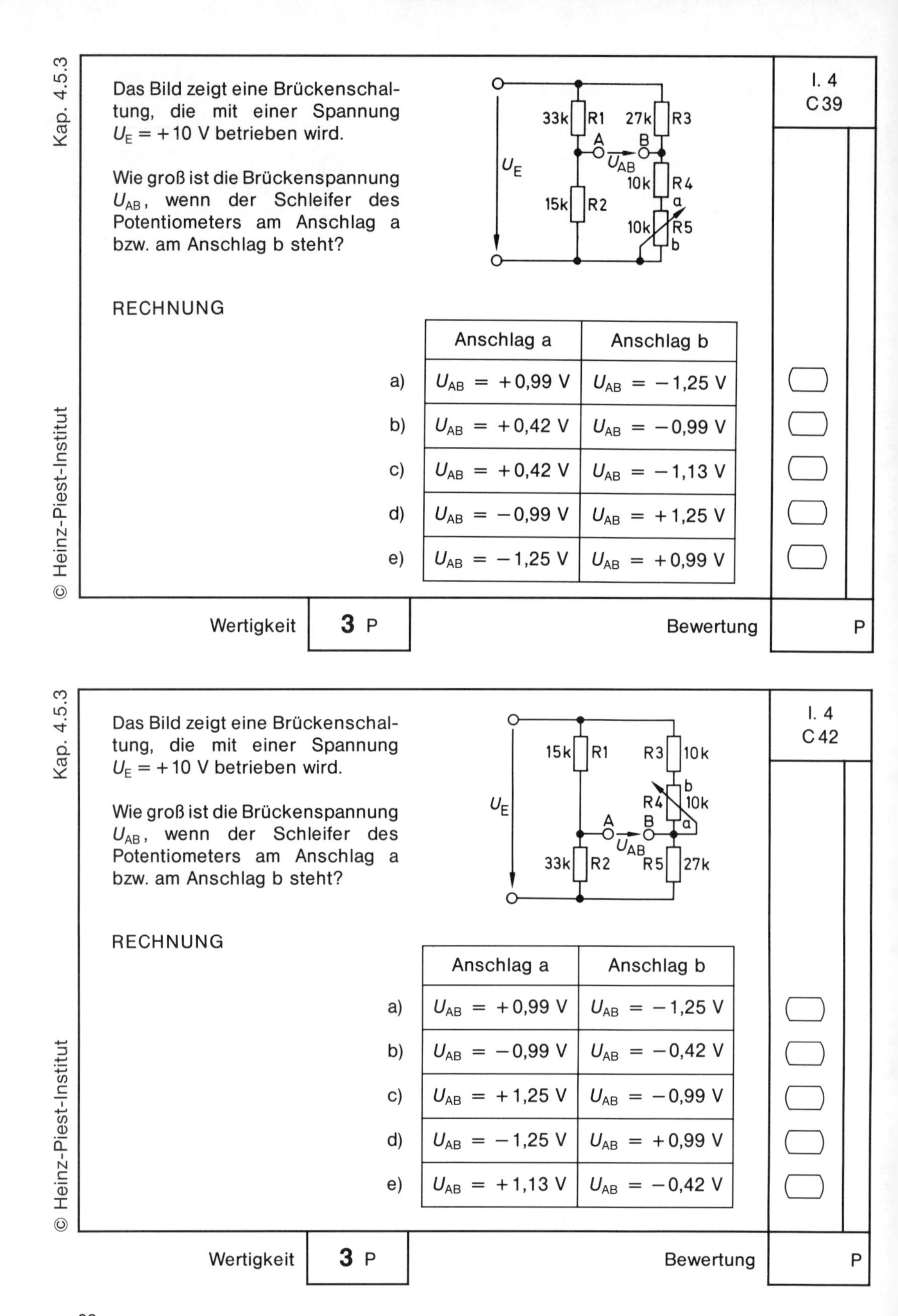

Kap. 4.5.3

I. 4
C 39

Das Bild zeigt eine Brückenschaltung, die mit einer Spannung $U_E = +10$ V betrieben wird.

Wie groß ist die Brückenspannung U_{AB}, wenn der Schleifer des Potentiometers am Anschlag a bzw. am Anschlag b steht?

RECHNUNG

	Anschlag a	Anschlag b
a)	$U_{AB} = +0{,}99$ V	$U_{AB} = -1{,}25$ V
b)	$U_{AB} = +0{,}42$ V	$U_{AB} = -0{,}99$ V
c)	$U_{AB} = +0{,}42$ V	$U_{AB} = -1{,}13$ V
d)	$U_{AB} = -0{,}99$ V	$U_{AB} = +1{,}25$ V
e)	$U_{AB} = -1{,}25$ V	$U_{AB} = +0{,}99$ V

Wertigkeit **3** P

Bewertung P

Kap. 4.5.3

I. 4
C 42

Das Bild zeigt eine Brückenschaltung, die mit einer Spannung $U_E = +10$ V betrieben wird.

Wie groß ist die Brückenspannung U_{AB}, wenn der Schleifer des Potentiometers am Anschlag a bzw. am Anschlag b steht?

RECHNUNG

	Anschlag a	Anschlag b
a)	$U_{AB} = +0{,}99$ V	$U_{AB} = -1{,}25$ V
b)	$U_{AB} = -0{,}99$ V	$U_{AB} = -0{,}42$ V
c)	$U_{AB} = +1{,}25$ V	$U_{AB} = -0{,}99$ V
d)	$U_{AB} = -1{,}25$ V	$U_{AB} = +0{,}99$ V
e)	$U_{AB} = +1{,}13$ V	$U_{AB} = -0{,}42$ V

Wertigkeit **3** P

Bewertung P

I.5
Spannungsquellen

Kap. 5.2.1.1

I. 5
A 1

Durch elektrochemische Vorgänge tritt zwischen zwei verschiedenen chemischen Elementen eine elektrische Spannung auf. Die Größe dieser Spannung ist in der elektrochemischen Spannungsreihe angegeben.

Auf welches chemische Element werden die Spannungen jeweils bezogen?

a) Auf Kupfer

b) Auf Gold

c) Auf Sauerstoff

d) Auf Wasserstoff

e) Auf Quecksilber

Wertigkeit **1** P

Bewertung P

Kap. 5.2.1.1

I. 5
A 4

Bei der Spannungserzeugung in einem Primärelement wird stets das unedlere der beiden verwendeten Materialen zersetzt.

Welches der fünf angegebenen Materialien ist das unedelste und hat daher die größte negative Spannung, bezogen auf eine Wasserstoffelektrode?

a) Eisen

b) Nickel

c) Blei

d) Kupfer

e) Silber

Wertigkeit **1** P

Bewertung P

Welche Nennspannung U_{Nenn} haben die Zellen von Zink-Kohle-Batterien?

I. 5
A 11

a) $U_{Nenn} = 2{,}3$ V

b) $U_{Nenn} = 2{,}0$ V

c) $U_{Nenn} = 1{,}5$ V

d) $U_{Nenn} = 1{,}4$ V

e) $U_{Nenn} = 1{,}2$ V

Wertigkeit **1** P Bewertung P

Bei Spannungsquellen tritt infolge des Innenwiderstandes R_i bei Belastung ein Unterschied zwischen der Leerlaufspannung U_0 und der Klemmenspannung U auf.

Bei welchem der fünf angegebenen Belastungsfälle beträgt die Klemmenspannung $U = \frac{1}{2} U_0$?

I. 5
A 18

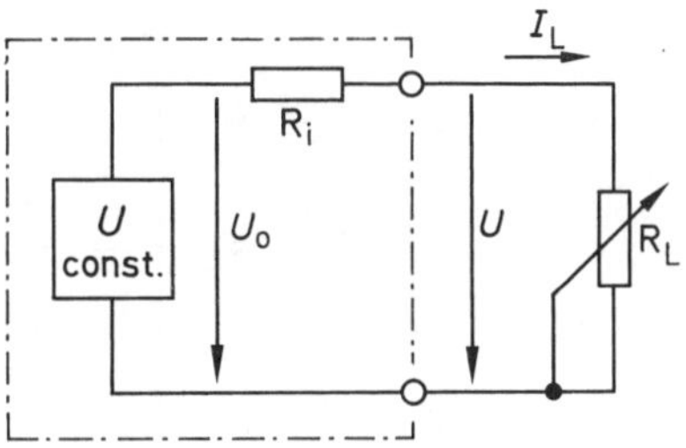

a) Wenn $R_L \approx 0\ \Omega$

b) Wenn $R_L \approx \infty\ \Omega$

c) Wenn $R_L \ll R_i$

d) Wenn $R_L \gg R_i$

e) Wenn $R_L = R_i$

Wertigkeit **1** P Bewertung P

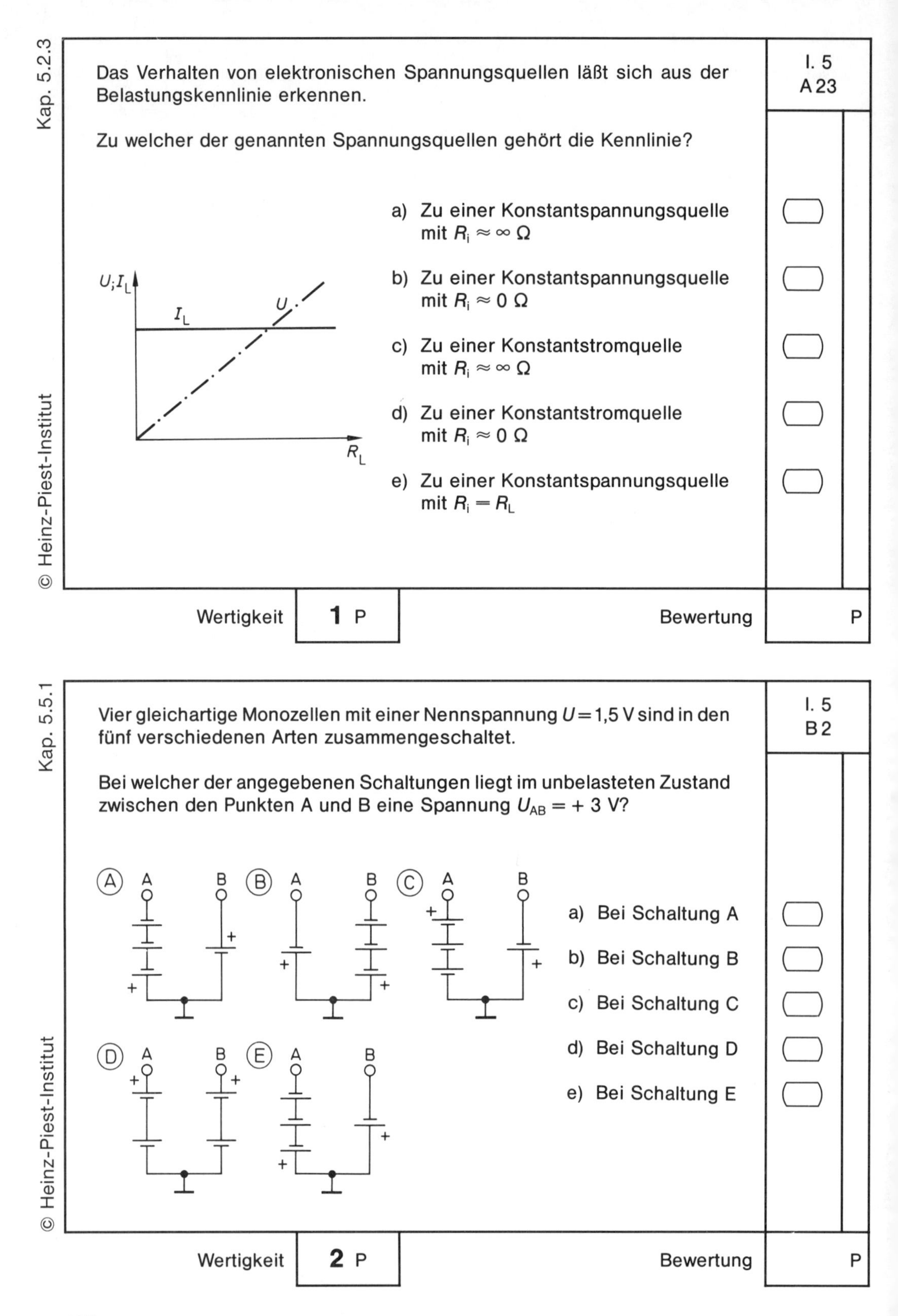

Kap. 5.2.3

I. 5
A 23

Das Verhalten von elektronischen Spannungsquellen läßt sich aus der Belastungskennlinie erkennen.

Zu welcher der genannten Spannungsquellen gehört die Kennlinie?

a) Zu einer Konstantspannungsquelle mit $R_i \approx \infty\ \Omega$

b) Zu einer Konstantspannungsquelle mit $R_i \approx 0\ \Omega$

c) Zu einer Konstantstromquelle mit $R_i \approx \infty\ \Omega$

d) Zu einer Konstantstromquelle mit $R_i \approx 0\ \Omega$

e) Zu einer Konstantspannungsquelle mit $R_i = R_L$

Wertigkeit **1** P

Bewertung P

Kap. 5.5.1

I. 5
B 2

Vier gleichartige Monozellen mit einer Nennspannung $U = 1{,}5$ V sind in den fünf verschiedenen Arten zusammengeschaltet.

Bei welcher der angegebenen Schaltungen liegt im unbelasteten Zustand zwischen den Punkten A und B eine Spannung $U_{AB} = +\ 3$ V?

a) Bei Schaltung A

b) Bei Schaltung B

c) Bei Schaltung C

d) Bei Schaltung D

e) Bei Schaltung E

Wertigkeit **2** P

Bewertung P

I. 5 B 4

Bei der angegebenen Schaltung sind drei Akkumulatoren, deren Innenwiderstände R_i vernachlässigt werden können, parallelgeschaltet. Wenn die drei Schalter S1, S2 und S3 geschlossen sind, nimmt der Lastwiderstand R_{Last} eine Leistung $P_{Last} = 36$ W auf.

Welcher der angegebenen Sachverhalte tritt ein, wenn der Schalter S1 geöffnet wird?

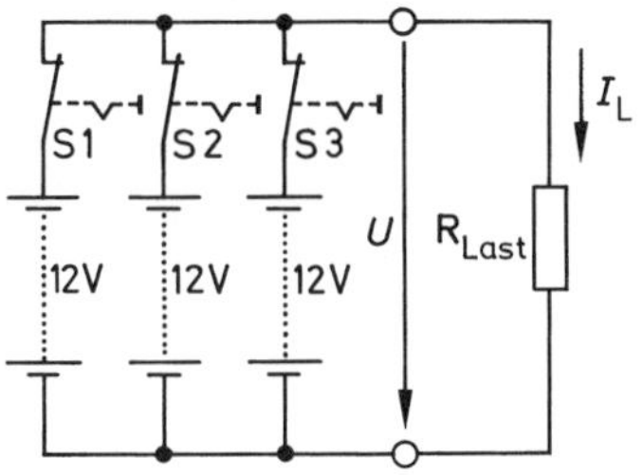

S1 S2 S3 12V 12V 12V U R_{Last} I_L

a) P_{Last} sinkt auf $P_{Last} = 24$ W

b) Der Strom I durch R_L wird um $\frac{1}{3}$ kleiner

c) Die Spannung U an R_L sinkt auf $\frac{1}{3}$ des ursprünglichen Wertes ab

d) P_{Last} bleibt unverändert $P_{Last} = 36$ W

e) P_{Last} sinkt auf $P_{Last} = 18$ W

Wertigkeit **2** P Bewertung P

I. 5 B 7

Das Bild zeigt die Ersatzschaltung einer elektronischen Gleichspannungsquelle.

Nach welcher der angegebenen Gleichungen läßt sich der Innenwiderstand R_i berechnen?

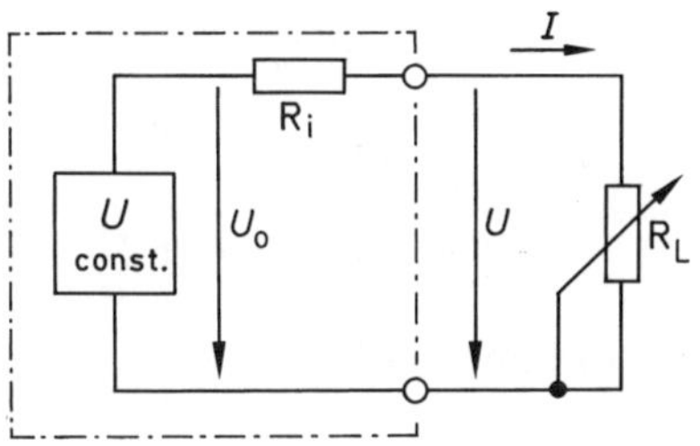

I R_i U const. U_0 U R_L

a) $R_i = \frac{U - U_0}{I}$

b) $R_i = R_L \cdot \frac{U}{U_0}$

c) $R_i = R_L \cdot \frac{U_0}{U_{Ri}}$

d) $R_i = (U_0 + U) \cdot I$

e) $R_i = R_L \cdot \frac{U_0 - U}{U}$

Wertigkeit **2** P Bewertung P

Kap. 5.2.3; 5.4.2

I. 5
B 8

Das Bild zeigt die Ersatzschaltung einer elektronischen Gleichspannungsquelle.

Nach welcher der angegebenen Gleichungen läßt sich die Leerlaufspannung U_0 berechnen?

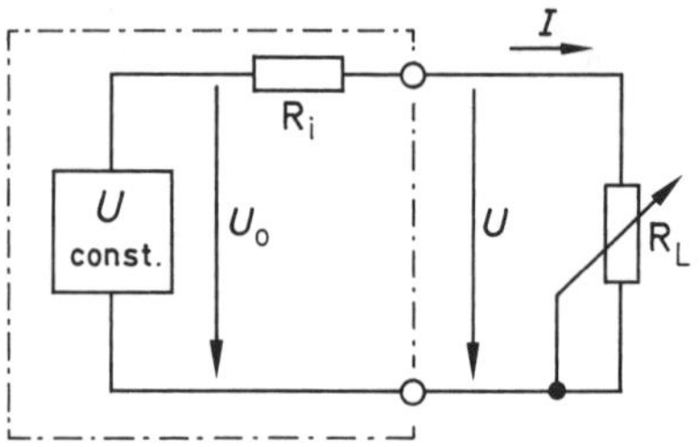

a) $U_0 = U - I \cdot R_i$

b) $U_0 = U \cdot \frac{R_L}{R_i}$

c) $U_0 = \frac{R_i + R_L}{R_L} \cdot U$

d) $U_0 = U \cdot \frac{R_i}{R_L}$

e) $U_0 = U\,(I + R_i)$

Wertigkeit **2** P

Bewertung P

Kap. 5.4.2

I. 5
B 10

Das Bild zeigt den Verlauf von P / P_{max}, U / U_0 und I / I_K bei Spannungsquellen in Abhängigkeit vom Verhältnis R / R_i.

Auf wieviel Prozent der Leerlaufspannung U_0 sinkt die Ausgangsspannung U ab, wenn der Lastwiderstand R doppelt so groß wie der Innenwiderstand R_i ist?

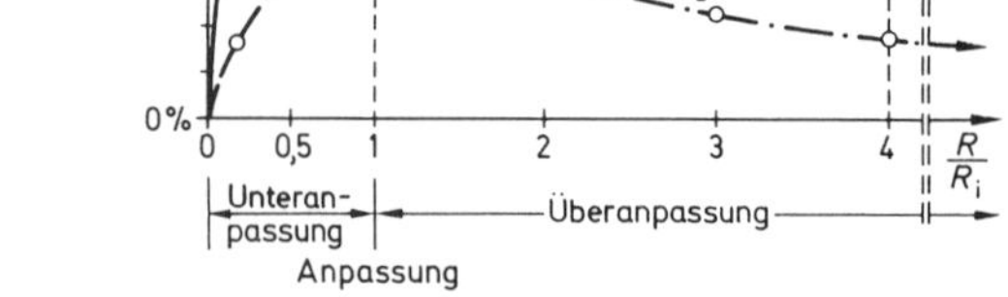

a) Auf etwa 33 %

b) Auf etwa 50 %

c) Auf etwa 67 %

d) Auf etwa 75 %

e) Auf etwa 80 %

Wertigkeit **2** P

Bewertung P

Wie ändert sich die Wellenlänge λ einer elektrischen Schwingung, wenn die Schwingungsdauer T_1 um den Faktor 3 auf $T_2 = 3 \cdot T_1$ vergrößert wird?

I. 5
B 12

a) $\lambda_2 = 9 \cdot \lambda_1$

b) $\lambda_2 = 3 \cdot \lambda_1$

c) $\lambda_2 = \lambda_1$

d) $\lambda_2 = \frac{1}{3} \lambda_1$

e) $\lambda_2 = \frac{1}{9} \lambda_1$

Wertigkeit **2** P

Bewertung P

Das Diagramm zeigt eine rechteckförmige Mischspannung. Sie hat den Effektivwert U_1.

Wie groß ist der Effektivwert U_2, wenn bei $t_i/t_p = 1$ die Periodendauer T um den Faktor 16 vergrößert wird?

I. 5
B 13

u
u_S
0
t
t_i
t_p
T

a) $U_2 = 16 \cdot U_1$

b) $U_2 = 4 \cdot U_1$

c) $U_2 = U_1$

d) $U_2 = \frac{U_1}{4}$

e) $U_2 = \frac{U_1}{16}$

Wertigkeit **2** P

Bewertung P

Kap. 5.4.2

I. 5
B15

Spannungsquellen können in sehr unterschiedlicher Weise belastet werden.

In welchem der angegebenen Fälle liegt eine Unteranpassung vor?

a) $R_i = R_L$

b) $R_i \gg R_L$

c) $R_i \ll R_L$

d) Wenn die Klemmenspannung U sehr groß ist

e) Wenn der Laststrom I_L sehr klein ist

Wertigkeit **2** P

Bewertung P

Kap. 5.4.2

I. 5
B17

In dem Diagramm ist die Abhängigkeit der Ausgangsleistung eines Generators vom Lastwiderstand R_L dargestellt.

Auf wieviel Prozent der maximalen Ausgangsleistung P_{max} (100 %) sinkt die Ausgangsleistung ab, wenn anstelle der Leistungsanpassung der Lastwiderstand um den Faktor zwei verkleinert wird?

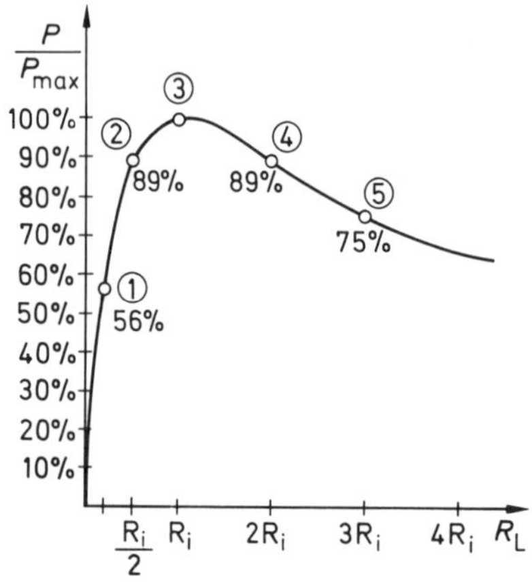

a) Auf 56 % von P_{max}

b) Auf 89 % von P_{max}

c) Bleibt unverändert 100 % von P_{max}

d) Auf 75 % von P_{max}

e) Auf 20 % von P_{max}

Wertigkeit **2** P

Bewertung P

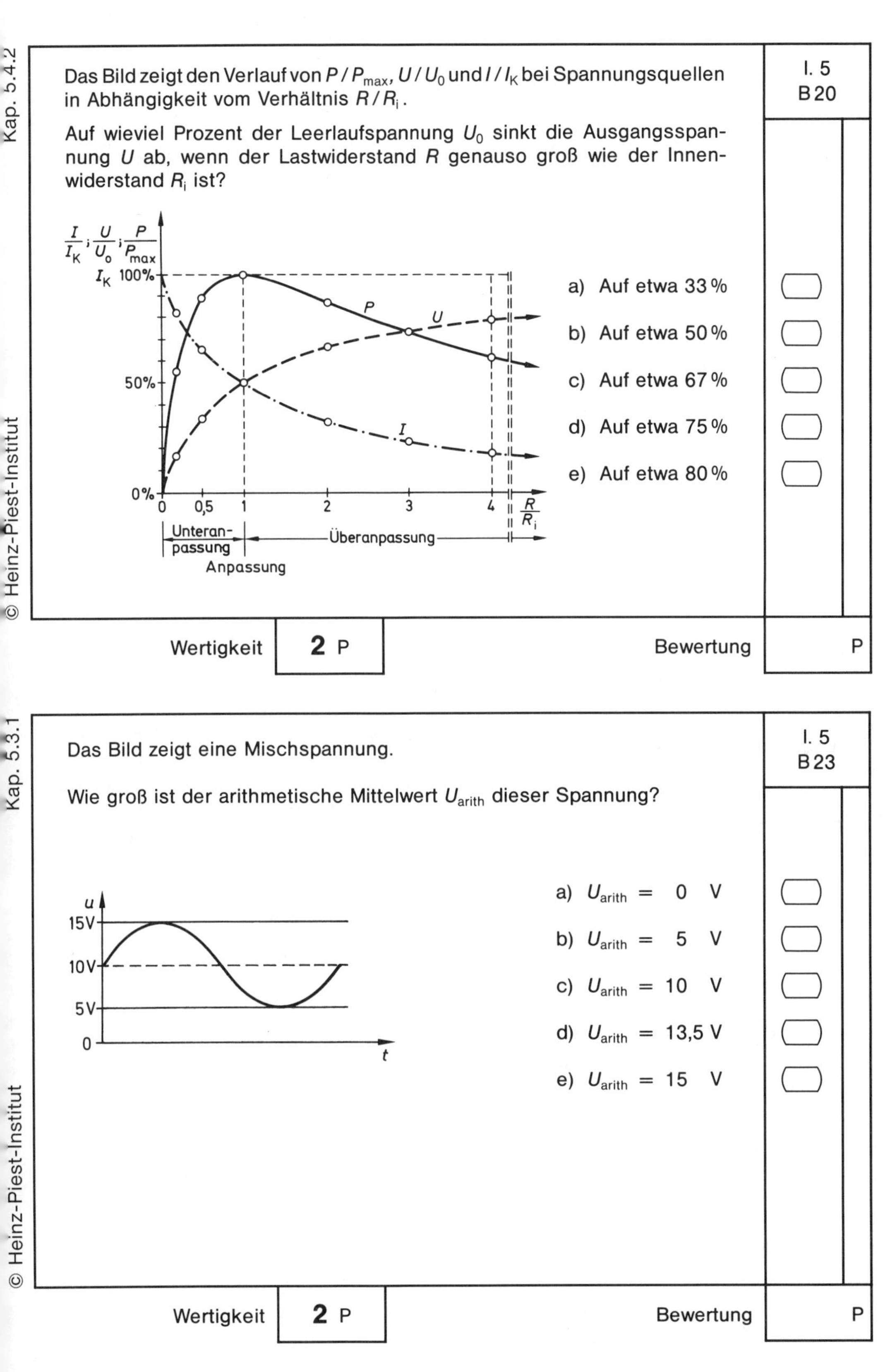

I. 5
B 20

Das Bild zeigt den Verlauf von P / P_{max}, U / U_0 und I / I_K bei Spannungsquellen in Abhängigkeit vom Verhältnis R / R_i.

Auf wieviel Prozent der Leerlaufspannung U_0 sinkt die Ausgangsspannung U ab, wenn der Lastwiderstand R genauso groß wie der Innenwiderstand R_i ist?

a) Auf etwa 33 %

b) Auf etwa 50 %

c) Auf etwa 67 %

d) Auf etwa 75 %

e) Auf etwa 80 %

Wertigkeit **2** P

Bewertung P

I. 5
B 23

Das Bild zeigt eine Mischspannung.

Wie groß ist der arithmetische Mittelwert U_{arith} dieser Spannung?

a) U_{arith} = 0 V

b) U_{arith} = 5 V

c) U_{arith} = 10 V

d) U_{arith} = 13,5 V

e) U_{arith} = 15 V

Wertigkeit **2** P

Bewertung P

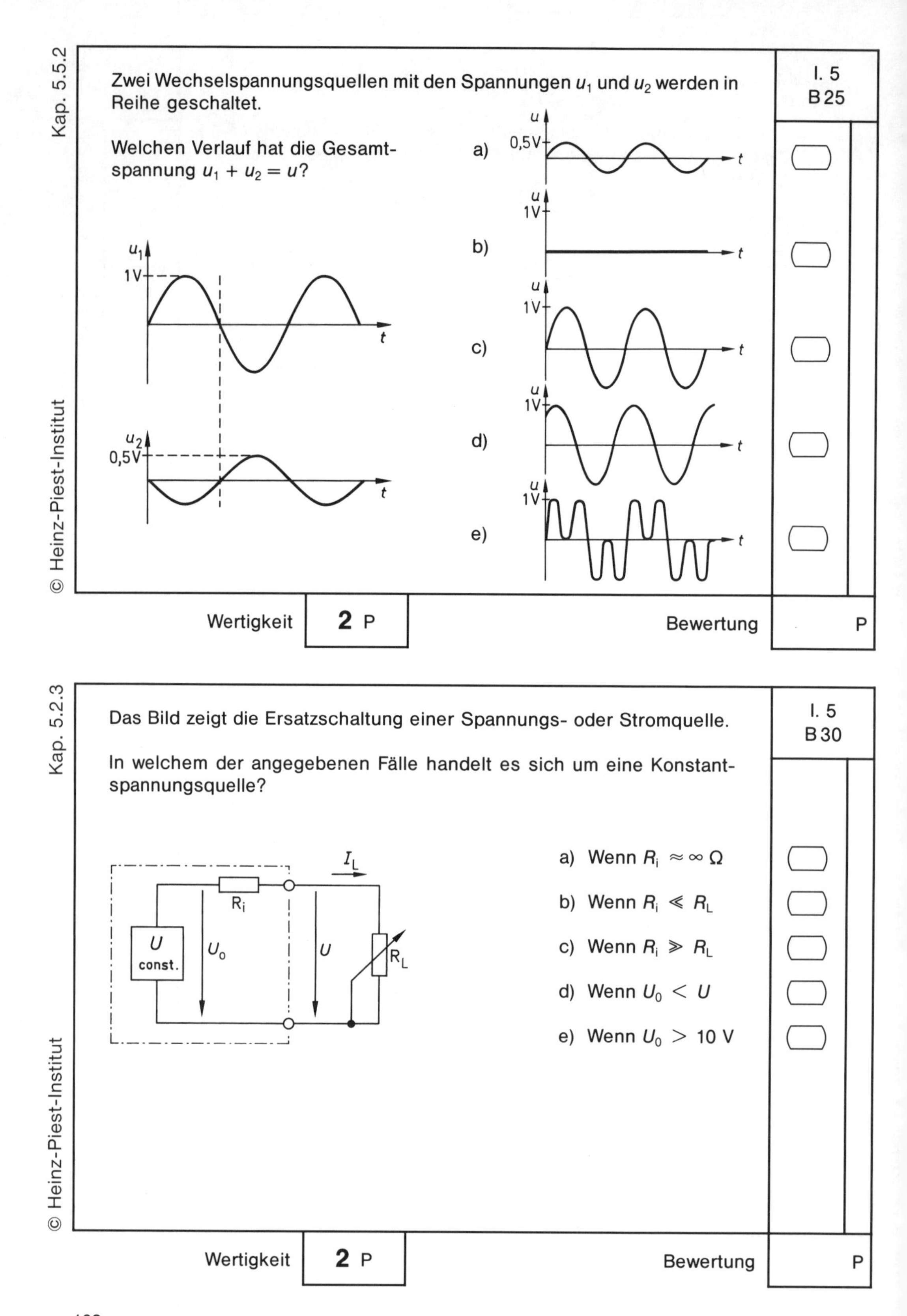
Kap. 5.5.2
Zwei Wechselspannungsquellen mit den Spannungen u_1 und u_2 werden in Reihe geschaltet.
Welchen Verlauf hat die Gesamtspannung $u_1 + u_2 = u$?
I. 5
B 25
u_1
1V
t
u_2
0,5V
t
a)
b)
c)
d)
e)
u
0,5V
1V
t
Wertigkeit
2 P
Bewertung
P
© Heinz-Piest-Institut
Kap. 5.2.3
Das Bild zeigt die Ersatzschaltung einer Spannungs- oder Stromquelle.
In welchem der angegebenen Fälle handelt es sich um eine Konstantspannungsquelle?
I. 5
B 30
I_L
R_i
U
const.
U_0
U
R_L
a) Wenn $R_i \approx \infty\ \Omega$
b) Wenn $R_i \ll R_L$
c) Wenn $R_i \gg R_L$
d) Wenn $U_0 < U$
e) Wenn $U_0 > 10$ V
Wertigkeit
2 P
Bewertung
P
© Heinz-Piest-Institut

Kap. 5.2.3

I. 5
B 31

Das Bild zeigt die Ersatzschaltung einer Spannungs- oder Stromquelle.

In welchem der angegebenen Fälle handelt es sich um eine Konstantstromquelle?

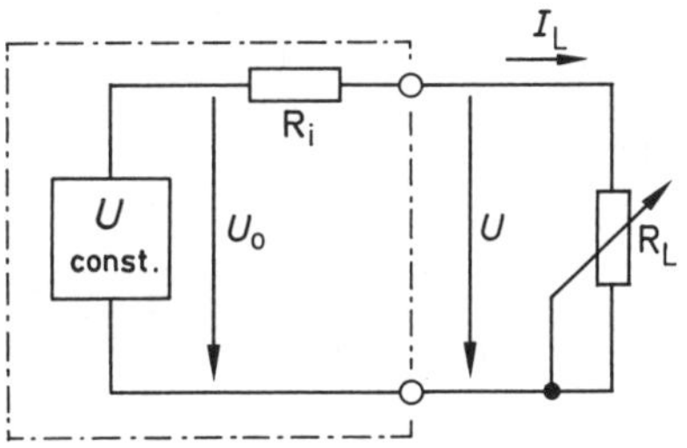

a) Wenn $R_i \approx 0\ \Omega$

b) Wenn $R_i \ll R_L$

c) Wenn $R_i \gg R_L$

d) Wenn $U_0 < U$

e) Wenn $U_0 > 10$ V

Wertigkeit **2** P

Bewertung P

Kap. 5.4.1; 5.4.2

I. 5
C 1

Eine Taschenlampenbatterie hat laut Angabe des Herstellers eine Leerlaufspannung $U_0 = 4{,}5$ V. Bei der Belastung mit einem Widerstand $R_L = 9\ \Omega$ sinkt die Klemmenspannung auf $U = 4{,}05$ V ab.

Welchen Widerstandswert hat der Innenwiderstand R_i dieser Batterie?

RECHNUNG

a) $R_i = 0{,}1\ \Omega$

b) $R_i = 0{,}95\ \Omega$

c) $R_i = 1\ \Omega$

d) $R_i = 4{,}05\ \Omega$

e) $R_i = 10\ \Omega$

Wertigkeit **3** P

Bewertung P

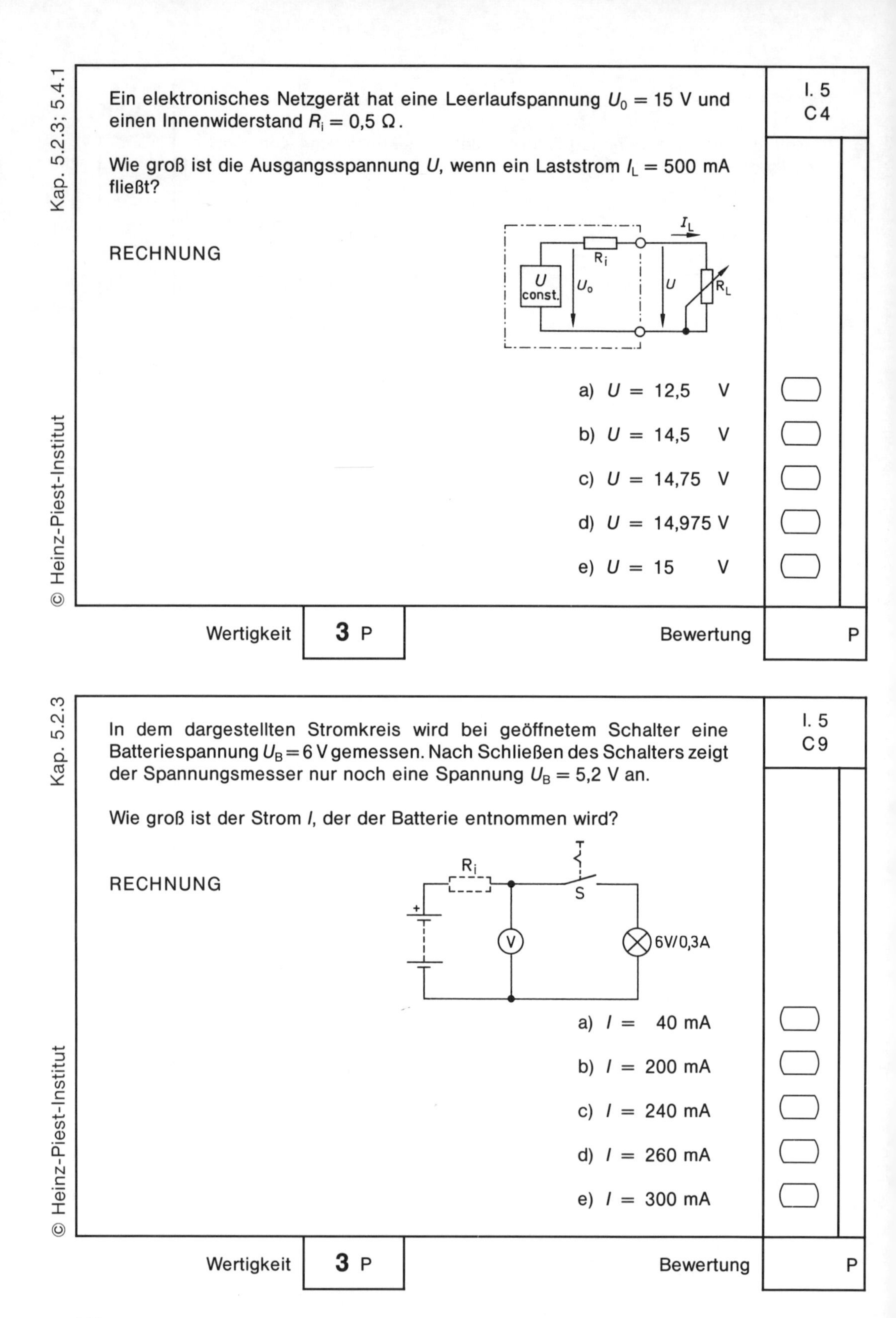

Kap. 5.2.3; 5.4.1

I. 5
C 4

Ein elektronisches Netzgerät hat eine Leerlaufspannung $U_0 = 15$ V und einen Innenwiderstand $R_i = 0{,}5\ \Omega$.

Wie groß ist die Ausgangsspannung U, wenn ein Laststrom $I_L = 500$ mA fließt?

RECHNUNG

a) $U = 12{,}5$ V

b) $U = 14{,}5$ V

c) $U = 14{,}75$ V

d) $U = 14{,}975$ V

e) $U = 15$ V

Wertigkeit **3** P | Bewertung P

Kap. 5.2.3

I. 5
C 9

In dem dargestellten Stromkreis wird bei geöffnetem Schalter eine Batteriespannung $U_B = 6$ V gemessen. Nach Schließen des Schalters zeigt der Spannungsmesser nur noch eine Spannung $U_B = 5{,}2$ V an.

Wie groß ist der Strom I, der der Batterie entnommen wird?

RECHNUNG

a) $I = 40$ mA

b) $I = 200$ mA

c) $I = 240$ mA

d) $I = 260$ mA

e) $I = 300$ mA

Wertigkeit **3** P | Bewertung P

I. 5
C 10

Ein Bleisammler mit der Nennkapazität $Q_{20} = 48$ Ah wurde 20 Stunden mit dem Nennstrom bei Nennspannung entladen. Die anschließende Aufladung erfolgte mit einem Ladestrom $I = 10$ A in 6 Stunden. Bei der Aufladung lag eine mittlere Ladespannung $U = 2{,}4$ V an der Batterie.

Wie groß ist der Energiewirkungsgrad η_{Wh}?

RECHNUNG

a) $\eta_{Wh} = 0{,}8$

b) $\eta_{Wh} = 0{,}7$

c) $\eta_{Wh} = 0{,}67$

d) $\eta_{Wh} = 0{,}6$

e) $\eta_{Wh} = 0{,}5$

Wertigkeit **3** P

Bewertung P

I. 5
C 16

Eine Spannungsquelle hat bei einem Laststrom $I_L = 40$ mA eine Klemmenspannung $U = 5{,}4$ V. Die Leerlaufspannung beträgt $U_0 = 24$ V.

Wie groß ist die maximale Leistung P_{max}, die diese Spannungsquelle abgeben kann?

RECHNUNG

a) $P_{max} = 744$ mW

b) $P_{max} = 309{,}7$ mW

c) $P_{max} = 112$ mW

d) $P_{max} = 82{,}7$ mW

e) $P_{max} = 51{,}6$ mW

Wertigkeit **3** P

Bewertung P

Kap. 5.3.1

Ein Funktionsgenerator liefert eine sinusförmige Wechselspannung $U = 24$ V/1 kHz.

Welchen Augenblickswert u hat diese Spannung bei $t = 250$ µs nach einem positiven Nulldurchgang?

RECHNUNG

a) $u = 12$ V

b) $u = 16,9$ V

c) $u = 24$ V

d) $u = 33,94$ V

e) $u = 48$ V

I. 5
C 21

Wertigkeit **3** P

Bewertung P

Kap. 5.3.2

Eine rechteckförmige Mischspannung mit der Amplitude $u_S = 5$ V und der Frequenz $f = 200$ kHz hat eine Impulsdauer $t_i = 0,6$ µs.

Wie groß ist die Impulspause t_p?

RECHNUNG

u
u_S
0
t
t_i
t_p
T

a) $t_p = 0,4$ µs

b) $t_p = 4,4$ µs

c) $t_p = 5,6$ µs

d) $t_p = 4,99$ ms

e) $t_p = 4,99$ s

I. 5
C 24

Wertigkeit **3** P

Bewertung P

I. 6
Das elektrische Feld

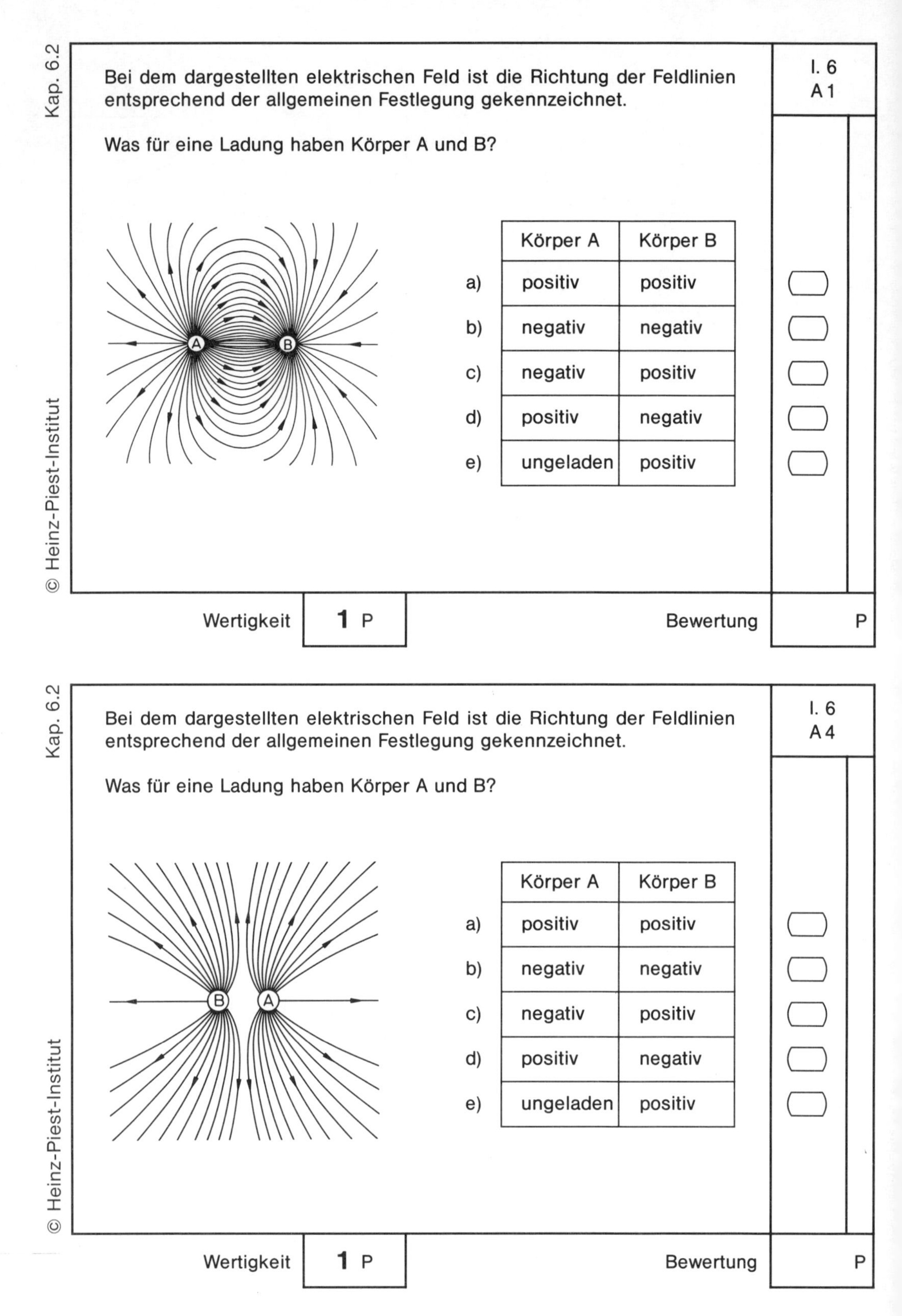

Kap. 6.2

I. 6
A 1

Bei dem dargestellten elektrischen Feld ist die Richtung der Feldlinien entsprechend der allgemeinen Festlegung gekennzeichnet.

Was für eine Ladung haben Körper A und B?

	Körper A	Körper B
a)	positiv	positiv
b)	negativ	negativ
c)	negativ	positiv
d)	positiv	negativ
e)	ungeladen	positiv

Wertigkeit **1** P

Bewertung P

Kap. 6.2

I. 6
A 4

Bei dem dargestellten elektrischen Feld ist die Richtung der Feldlinien entsprechend der allgemeinen Festlegung gekennzeichnet.

Was für eine Ladung haben Körper A und B?

	Körper A	Körper B
a)	positiv	positiv
b)	negativ	negativ
c)	negativ	positiv
d)	positiv	negativ
e)	ungeladen	positiv

Wertigkeit **1** P

Bewertung P

I. 6
A 5

In dem Bild ist die Ladungstrennung in einem elektrischen leitfähigen Körper dargestellt, der sich in einem elektrischen Feld befindet.

Wie wird dieser Vorgang der Ladungstrennung bezeichnet?

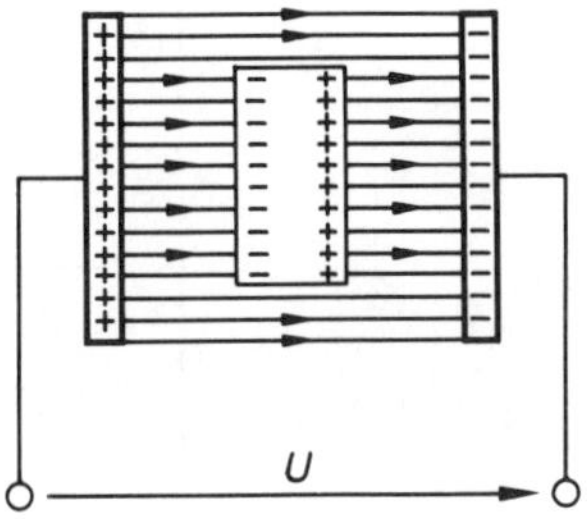

a) Dielektrische Polarisation

b) Influenz

c) Remanenz

d) Kapazität

e) Permeabilität

Wertigkeit **1** P

Bewertung P

I. 6
A 8

Welche der fünf angegebenen Kondensator-Typen gehört **nicht** zu der Gruppe der ungepolten Kondensatoren?

a) Papierfolienkondensator

b) Kunststoffolienkondensator

c) MP-Kondensator

d) Keramikkondensator

e) Tantal-Elektrolytkondensator

Wertigkeit **1** P

Bewertung P

Kap. 6.7.1

I. 6
A 10

Der Isolationswiderstand R_{is} eines Kondensators wird im Ersatzschaltbild durch Parallelschaltung von R_{is} und idealem Kondensator C berücksichtigt.

In welchem der angegebenen Bereiche liegen die Widerstandswerte von R_{is} bei einwandfreien Kondensatoren?

a) $10^{-6}\ \Omega$ bis $10^{-3}\ \Omega$

b) $10^{-3}\ \Omega$ bis $10^{1}\ \Omega$

c) $10^{1}\ \Omega$ bis $10^{2}\ \Omega$

d) $10^{2}\ \Omega$ bis $10^{4}\ \Omega$

e) $10^{6}\ \Omega$ bis $10^{9}\ \Omega$

Wertigkeit **1** P   Bewertung P

Kap. 6.2

I. 6
A 13

Das Bild zeigt ein elektrisches Feld zwischen zwei Platten, die mit einer Spannungsquelle verbunden sind.

Welche der angegebenen Änderungen tritt ein, wenn die Spannungsquelle umgepolt wird?

a) Es tritt kein elektrisches Feld mehr zwischen den Platten auf

b) Die Richtung der Feldlinien bleibt unverändert, aber die Polarität der Ladungen auf den Platten ist vertauscht

c) Die Polarität der Ladungen auf den Platten bleibt unverändert, aber die Richtung der Feldlinien wird umgekehrt

d) Die Polarität der Ladungen auf den Platten und die Richtung der Feldlinien werden umgekehrt

e) Die Feldstärke E zwischen den Platten wird größer

Wertigkeit **1** P   Bewertung P

Ein Kondensator wurde auf eine Spannung $U = 100$ V aufgeladen und dann von der Ladespannung abgetrennt.	I. 6 A 18

Aus welchem Grund wird die Kondensatorspannung immer kleiner, obwohl kein Entladewiderstand angeschlossen ist?

a) Es tritt eine Entladung zwischen den beiden Elektroden über den Isolationswiderstand auf

b) Es tritt eine Entladung durch die dielektrische Polarisation auf

c) Es tritt eine Entladung durch die Influenz auf

d) Ein Kondensator kann zwar eine elektrische Ladung, aber keine Spannung speichern

e) Die im Kondensator gespeicherte elektrische Energie wird sofort abgebaut, wenn die Spannungsquelle abgetrennt wird

Wertigkeit **1** P — Bewertung P

In dem Bild ist schematisch dargestellt, wie sich Atome oder Moleküle eines Dielektrikums in einem elektrischen Feld verformen.	I. 6 A 20

Wie wird dieser Vorgang bezeichnet?

U

a) Influenz

b) Permeabilität

c) Dielektrische Polarisation

d) Remanenz

e) Verlustfaktor tan δ

Wertigkeit **1** P — Bewertung P

Kap. 6.3.1

Das Bild zeigt ein elektrisches Feld, in dessen Mitte sich ein elektrisch leitfähiger Körper befindet.

Welches der fünf angegebenen Ladungsbilder entsteht in der mittleren Platte?

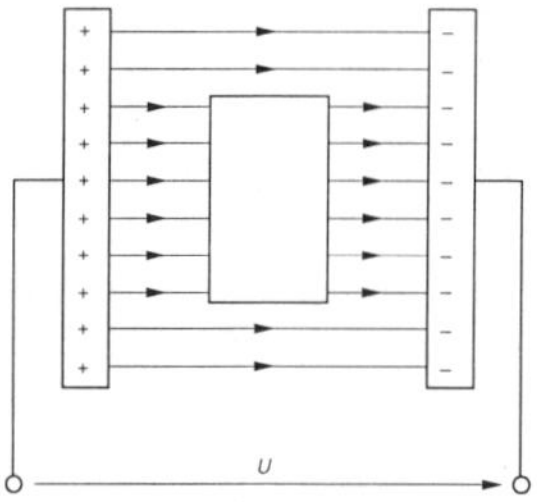

U

a) 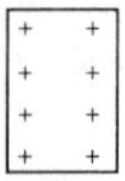 + + / + + / + + / + +

b)  − − / − − / − − / − −

c) 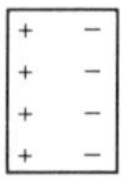 + − / + − / + − / + −

d) 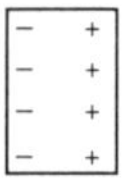 − + / − + / − + / − +

e) 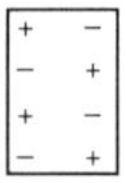 + − / − + / + − / − +

I. 6 B 1

Wertigkeit **2** P — Bewertung P

Kap. 6.4.1

Ein Plattenkondensator mit dem Dielektrikum Glimmer ($\varepsilon_r = 7$) hat eine Kapazität $C = 100$ pF. Er liegt an einer Spannung $U = 100$ V.

Welche der angegebenen Änderungen tritt ein, wenn das Glimmerstück aus dem Zwischenraum der Platten entfernt wird?

Metallplatten

Isolierstoff

a) Die Kapazität bleibt unverändert

b) Die Kapazität sinkt auf 1/7 des ursprünglichen Wertes

c) Die Kapazität wird um den Faktor 7 größer

d) Die Feldstärke E zwischen den Platten wird um den Faktor 7 größer

e) Die Feldstärke E zwischen den Platten sinkt auf 1/7 des ursprünglichen Wertes

I. 6 B 3

Wertigkeit **2** P — Bewertung P

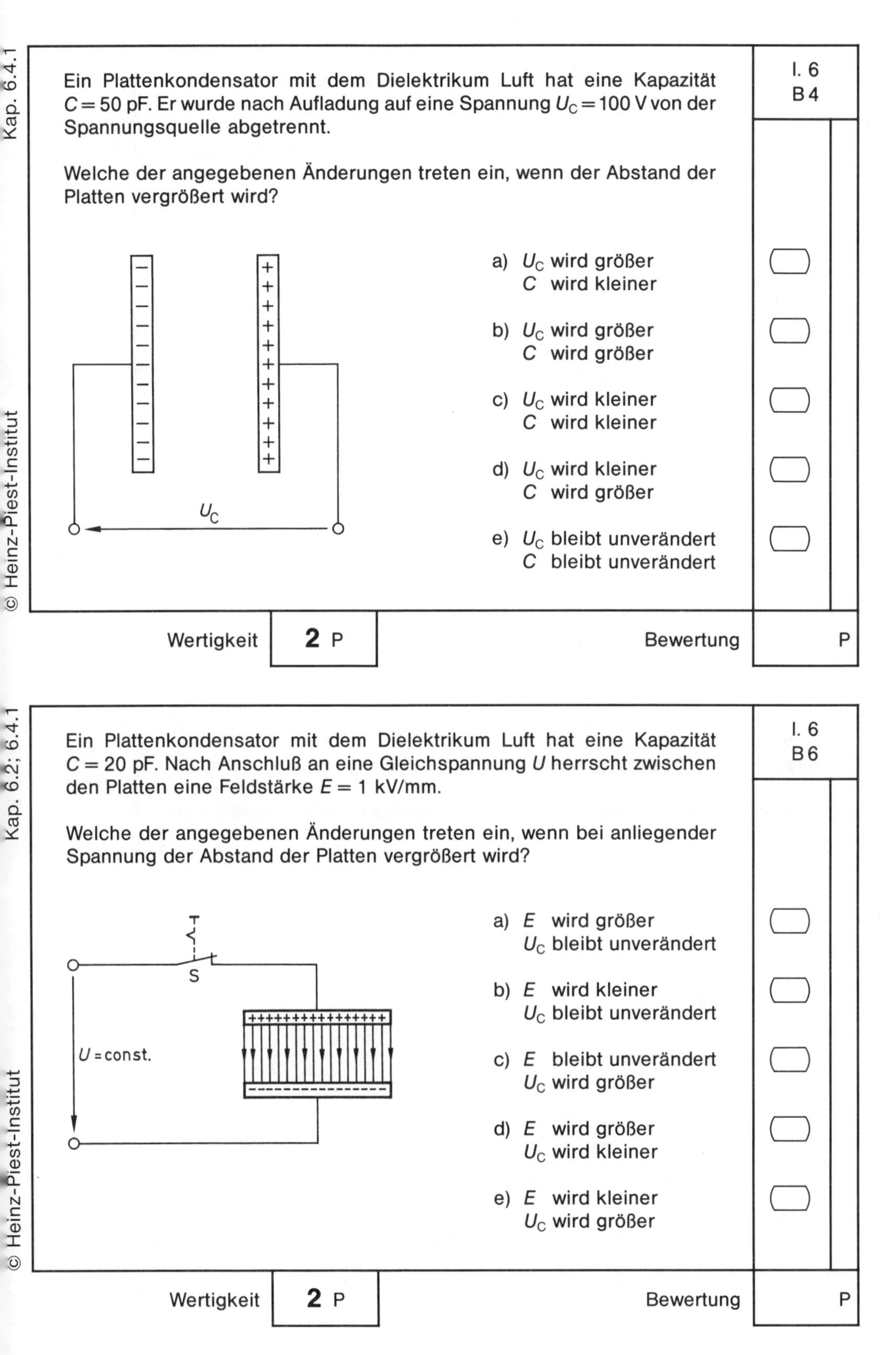

I. 6
B 4

Ein Plattenkondensator mit dem Dielektrikum Luft hat eine Kapazität $C = 50$ pF. Er wurde nach Aufladung auf eine Spannung $U_C = 100$ V von der Spannungsquelle abgetrennt.

Welche der angegebenen Änderungen treten ein, wenn der Abstand der Platten vergrößert wird?

a) U_C wird größer
   C wird kleiner

b) U_C wird größer
   C wird größer

c) U_C wird kleiner
   C wird kleiner

d) U_C wird kleiner
   C wird größer

e) U_C bleibt unverändert
   C bleibt unverändert

Wertigkeit **2** P | Bewertung P

I. 6
B 6

Ein Plattenkondensator mit dem Dielektrikum Luft hat eine Kapazität $C = 20$ pF. Nach Anschluß an eine Gleichspannung U herrscht zwischen den Platten eine Feldstärke $E = 1$ kV/mm.

Welche der angegebenen Änderungen treten ein, wenn bei anliegender Spannung der Abstand der Platten vergrößert wird?

a) E wird größer
   U_C bleibt unverändert

b) E wird kleiner
   U_C bleibt unverändert

c) E bleibt unverändert
   U_C wird größer

d) E wird größer
   U_C wird kleiner

e) E wird kleiner
   U_C wird größer

Wertigkeit **2** P | Bewertung P

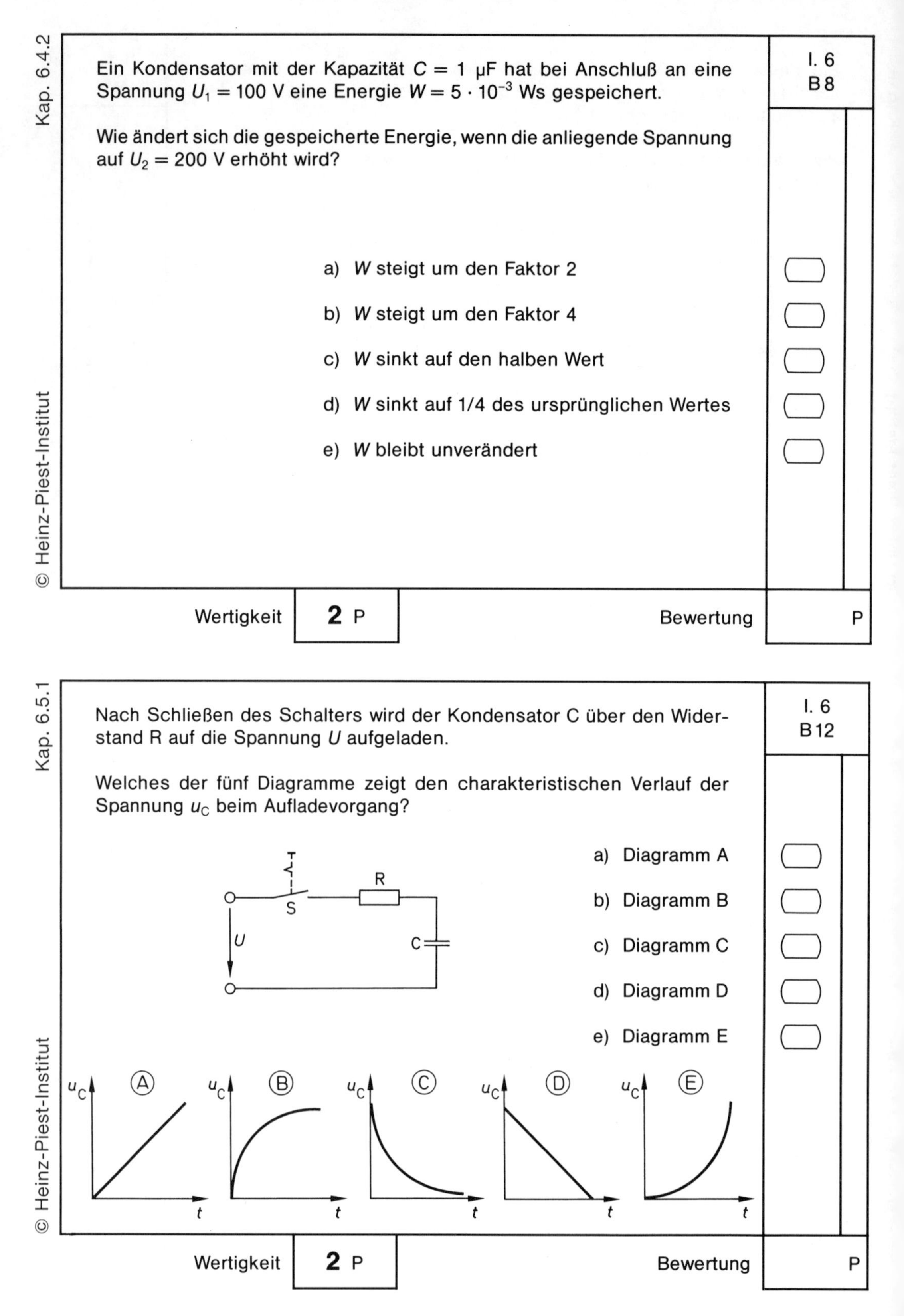

Kap. 6.4.2

I. 6
B 8

Ein Kondensator mit der Kapazität $C = 1\ \mu F$ hat bei Anschluß an eine Spannung $U_1 = 100$ V eine Energie $W = 5 \cdot 10^{-3}$ Ws gespeichert.

Wie ändert sich die gespeicherte Energie, wenn die anliegende Spannung auf $U_2 = 200$ V erhöht wird?

a) *W* steigt um den Faktor 2

b) *W* steigt um den Faktor 4

c) *W* sinkt auf den halben Wert

d) *W* sinkt auf 1/4 des ursprünglichen Wertes

e) *W* bleibt unverändert

Wertigkeit **2** P

Bewertung P

Kap. 6.5.1

I. 6
B 12

Nach Schließen des Schalters wird der Kondensator C über den Widerstand R auf die Spannung *U* aufgeladen.

Welches der fünf Diagramme zeigt den charakteristischen Verlauf der Spannung u_C beim Aufladevorgang?

a) Diagramm A

b) Diagramm B

c) Diagramm C

d) Diagramm D

e) Diagramm E

Wertigkeit **2** P

Bewertung P

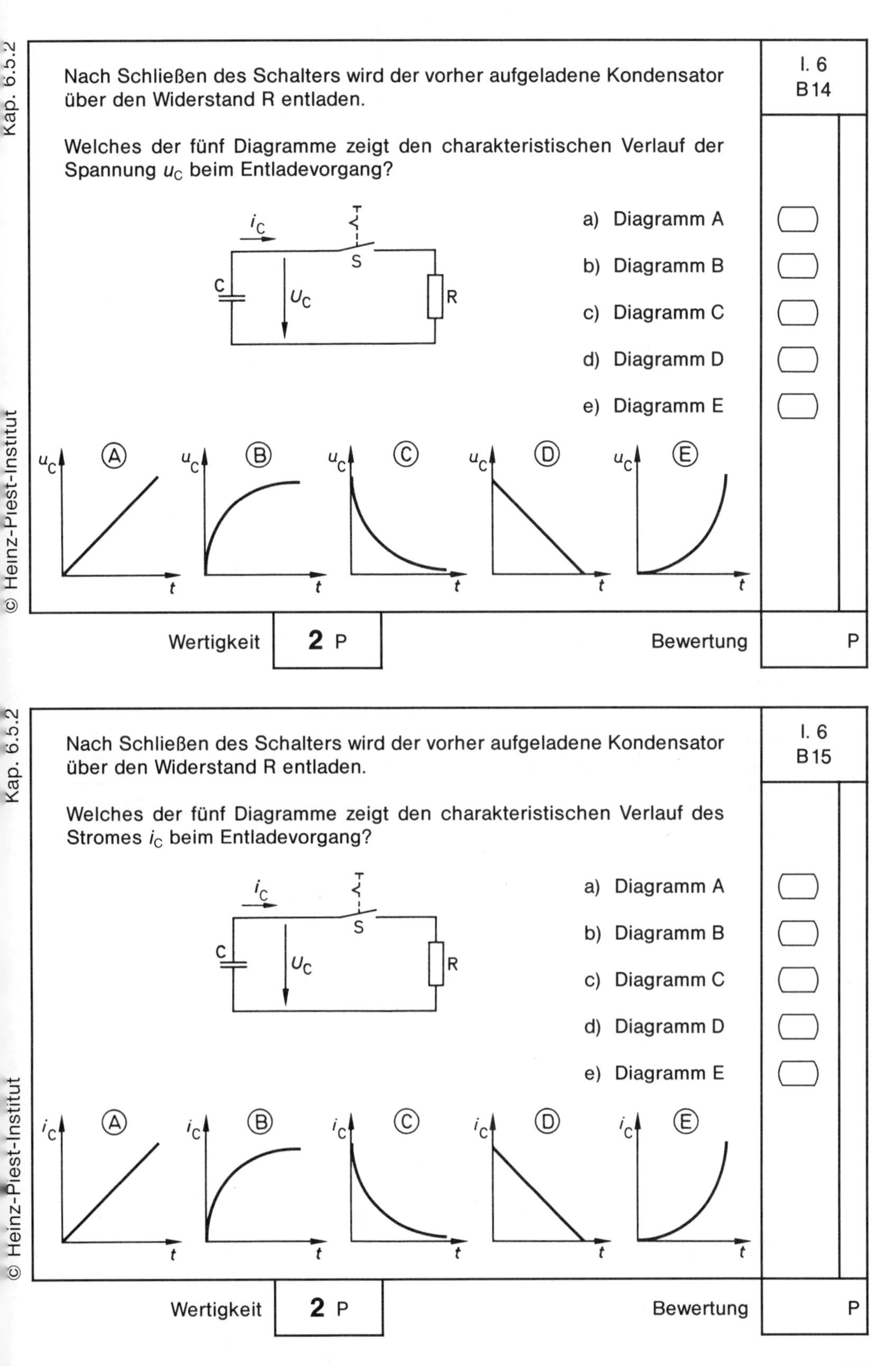

Nach Schließen des Schalters wird der vorher aufgeladene Kondensator über den Widerstand R entladen.

Welches der fünf Diagramme zeigt den charakteristischen Verlauf der Spannung u_C beim Entladevorgang?

a) Diagramm A
b) Diagramm B
c) Diagramm C
d) Diagramm D
e) Diagramm E

I. 6
B14

Wertigkeit **2** P

Bewertung P

Kap. 6.5.2

© Heinz-Piest-Institut

Nach Schließen des Schalters wird der vorher aufgeladene Kondensator über den Widerstand R entladen.

Welches der fünf Diagramme zeigt den charakteristischen Verlauf des Stromes i_C beim Entladevorgang?

a) Diagramm A
b) Diagramm B
c) Diagramm C
d) Diagramm D
e) Diagramm E

I. 6
B15

Wertigkeit **2** P

Bewertung P

Kap. 6.6.1

Welches der fünf Diagramme zeigt die charakteristische Abhängigkeit des kapazitiven Blindwiderstandes X_C von der Frequenz?

I. 6
B 16

a) Diagramm A

b) Diagramm B

c) Diagramm C

d) Diagramm D

e) Diagramm E

X_C Ⓐ f — X_C Ⓑ f — X_C Ⓒ f — X_C Ⓓ f — X_C Ⓔ f

Wertigkeit **2** P

Bewertung P

Kap. 6.6.1

Ein Kondensator mit der Kapazität C ist an eine sinusförmige Wechselspannung $U = 12$ V; $f = 2$ kHz angeschlossen. Er hat dabei einen kapazitiven Blindwiderstand $X_C = 10\ \text{k}\Omega$.

In welcher Weise ändert sich X_C, wenn die Frequenz auf $f = 1$ kHz verringert wird?

I. 6
B 18

a) X_C wird um den Faktor 2 größer

b) X_C wird um den Faktor 4 größer

c) X_C sinkt auf die Hälfte des ursprünglichen Wertes

d) X_C sinkt auf ein Viertel des ursprünglichen Wertes

e) X_C bleibt unverändert

Wertigkeit **2** P

Bewertung P

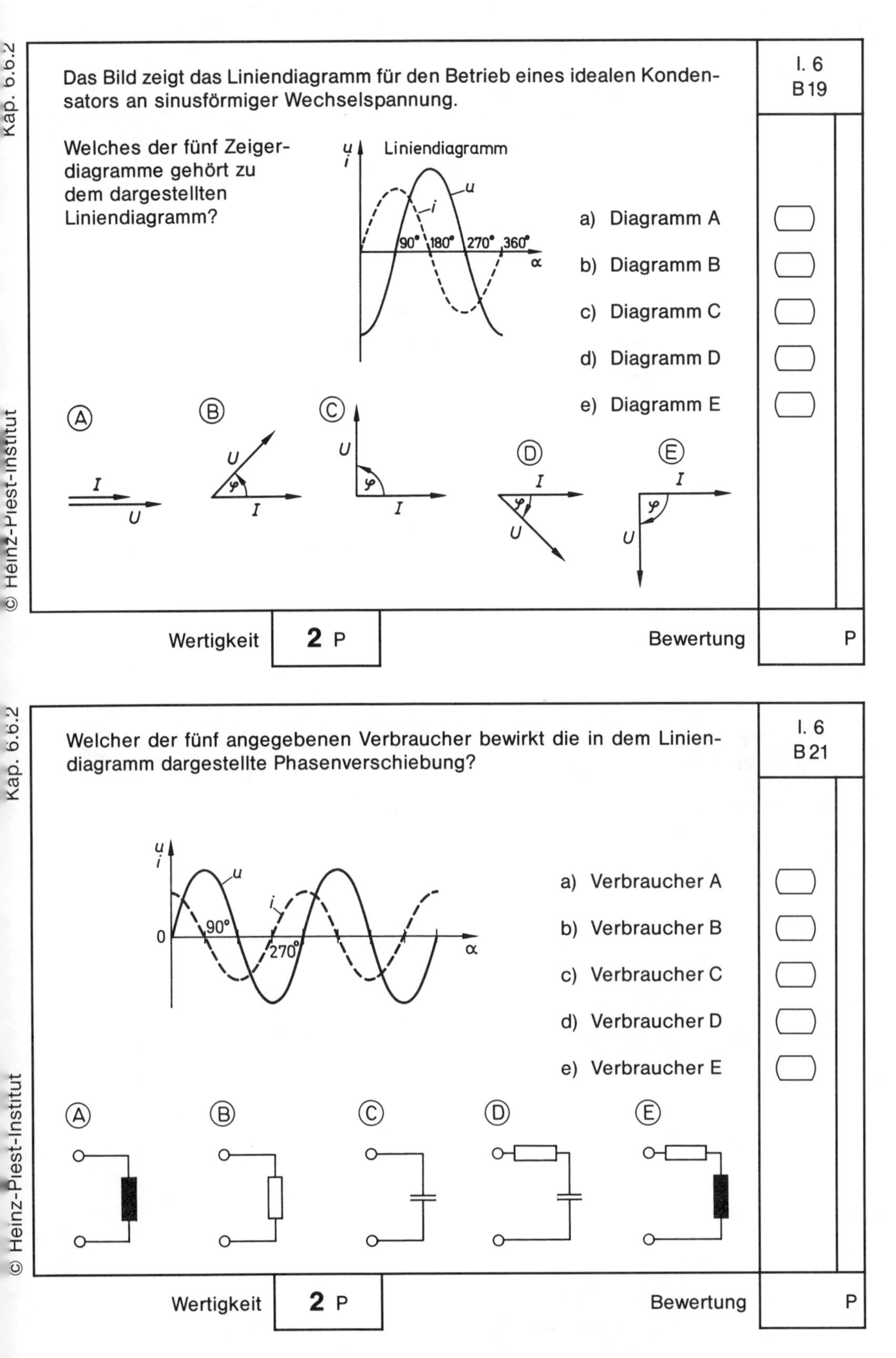
Kap. 6.6.2
© Heinz-Piest-Institut
Das Bild zeigt das Liniendiagramm für den Betrieb eines idealen Kondensators an sinusförmiger Wechselspannung.
I. 6
B 19
Welches der fünf Zeigerdiagramme gehört zu dem dargestellten Liniendiagramm?
Liniendiagramm
u
i
90°
180°
270°
360°
α
a) Diagramm A
b) Diagramm B
c) Diagramm C
d) Diagramm D
e) Diagramm E
A
B
C
D
E
I
U
φ
Wertigkeit
2 P
Bewertung
P
Kap. 6.6.2
© Heinz-Piest-Institut
Welcher der fünf angegebenen Verbraucher bewirkt die in dem Liniendiagramm dargestellte Phasenverschiebung?
I. 6
B 21
u
i
0
90°
270°
α
a) Verbraucher A
b) Verbraucher B
c) Verbraucher C
d) Verbraucher D
e) Verbraucher E
A
B
C
D
E
Wertigkeit
2 P
Bewertung
P

Kap. 6.6.2

I. 6
B 22

Bei Betrieb eines Kondensators an Wechselspannung tritt eine Phasenverschiebung zwischen der angelegten Spannung und dem fließenden Strom auf.

Welcher Phasenverschiebungswinkel tritt bei einem idealen Kondensator auf?

a) Der Strom eilt der Spannung um $\varphi = 0°$ voraus

b) Der Strom eilt der Spannung um $\varphi = 90°$ voraus

c) Der Strom eilt der Spannung um $\varphi = 180°$ voraus

d) Der Strom eilt der Spannung um $\varphi = 90°$ nach

e) Der Strom eilt der Spannung um $\varphi = 180°$ nach

Wertigkeit **2** P   Bewertung P

Kap. 6.5.3.1

I. 6
B 24

Zwei Kondensatoren $C_1 = 1$ nF und $C_2 = 10$ nF sind in Reihe geschaltet und an eine Betriebsspannung $U_B = 11$ V angeschlossen.

Wie groß ist die Spannung an den beiden Kondensatoren?

C1 U_{C1}
U_B=11V
C2 U_{C2}

a) U_{C1} = 5,5 V; U_{C2} = 5,5 V

b) U_{C1} = 10 V; U_{C2} = 1 V

c) U_{C1} = 1 V; U_{C2} = 10 V

d) U_{C1} = 11 V; U_{C2} = 0 V

e) U_{C1} = 0 V; U_{C2} = 11 V

Wertigkeit **2** P   Bewertung P

 Kap. 6.5.3.1

Zwei Kondensatoren sind in Reihe geschaltet und an eine Spannungsquelle angeschlossen.	I. 6 B26

Welche der fünf Aussagen gilt für die Gesamtkapazität C_g einer derartigen Schaltung?

a) C_g ist die Summe aus den Einzelkapazitäten C_1 und C_2 ☐

b) C_g ist das Produkt aus den Einzelkapazitäten C_1 und C_2 ☐

c) C_g ist der Kehrwert aus der Summe der Einzelkapazitäten C_1 und C_2 ☐

d) C_g ist der Quotient aus der Summe der Einzelkapazitäten C_1 und C_2 ☐

e) Der Kehrwert von C_g ist gleich der Summe der Kehrwerte von C_1 und C_2 ☐

Wertigkeit **2** P — Bewertung P

 Kap. 6.6.1

Zwei Kondensatoren sind parallelgeschaltet und an eine Wechselspannungsquelle angeschlossen.	I. 6 B27

Welche der fünf Aussagen gilt für den gesamten Wechselstromwiderstand X_{Cg} in einem derartigen Stromkreis?

a) X_{Cg} ist der Kehrwert aus der Summe der Einzelwiderstände X_{C1} und X_{C2} ☐

b) X_{Cg} ist der Quotient aus der Summe der Einzelwiderstände X_{C1} und X_{C2} ☐

c) X_{Cg} ist die Summe aus den Einzelwiderständen X_{C1} und X_{C2} ☐

d) Der Kehrwert von X_{Cg} ist gleich der Summe der Kehrwerte aus X_{C1} und X_{C2} ☐

e) X_{Cg} ist das Produkt aus den Einzelwiderständen X_{C1} und X_{C2} ☐

Wertigkeit **2** P — Bewertung P

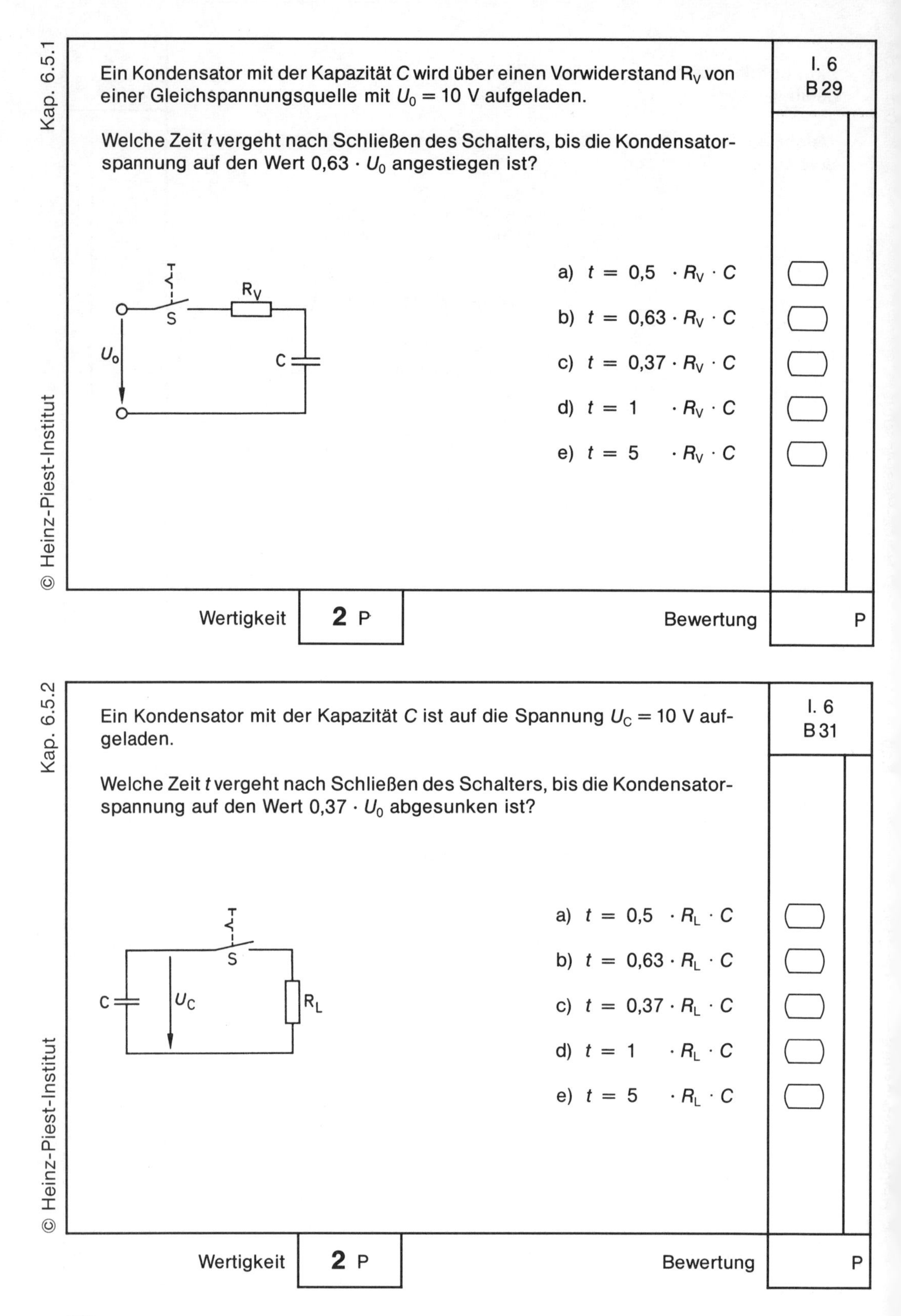

Kap. 6.5.1

I. 6
B 29

Ein Kondensator mit der Kapazität C wird über einen Vorwiderstand R_V von einer Gleichspannungsquelle mit $U_0 = 10$ V aufgeladen.

Welche Zeit t vergeht nach Schließen des Schalters, bis die Kondensatorspannung auf den Wert $0{,}63 \cdot U_0$ angestiegen ist?

a) $t = 0{,}5 \cdot R_V \cdot C$

b) $t = 0{,}63 \cdot R_V \cdot C$

c) $t = 0{,}37 \cdot R_V \cdot C$

d) $t = 1 \cdot R_V \cdot C$

e) $t = 5 \cdot R_V \cdot C$

Wertigkeit **2** P

Bewertung P

Kap. 6.5.2

I. 6
B 31

Ein Kondensator mit der Kapazität C ist auf die Spannung $U_C = 10$ V aufgeladen.

Welche Zeit t vergeht nach Schließen des Schalters, bis die Kondensatorspannung auf den Wert $0{,}37 \cdot U_0$ abgesunken ist?

a) $t = 0{,}5 \cdot R_L \cdot C$

b) $t = 0{,}63 \cdot R_L \cdot C$

c) $t = 0{,}37 \cdot R_L \cdot C$

d) $t = 1 \cdot R_L \cdot C$

e) $t = 5 \cdot R_L \cdot C$

Wertigkeit **2** P

Bewertung P

Ein Kondensator mit der Kapazität C ist auf die Spannung $U_C = 10$ V aufgeladen.

Welche Zeit t vergeht nach Schließen des Schalters, bis die Kondensatorspannung annähernd auf 0 V abgesunken ist?

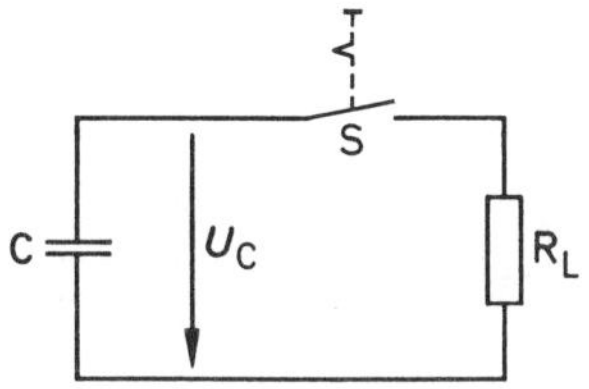

I. 6
B32

C, U_C, S, R_L

a) $t = 0{,}5 \cdot R_L \cdot C$

b) $t = 0{,}63 \cdot R_L \cdot C$

c) $t = 0{,}37 \cdot R_L \cdot C$

d) $t = 1 \cdot R_L \cdot C$

e) $t = 5 \cdot R_L \cdot C$

Wertigkeit **2** P — Bewertung P

Zwischen der Kapazität C eines Kondensators, der Spannung U zwischen seinen Elektroden und dem Energieinhalt W des aufgebauten elektrischen Feldes besteht ein fester Zusammenhang.

Welches der fünf Diagramme zeigt die Abhängigkeit des Energieinhaltes W von der Kapazität C bei konstanter Spannung U?

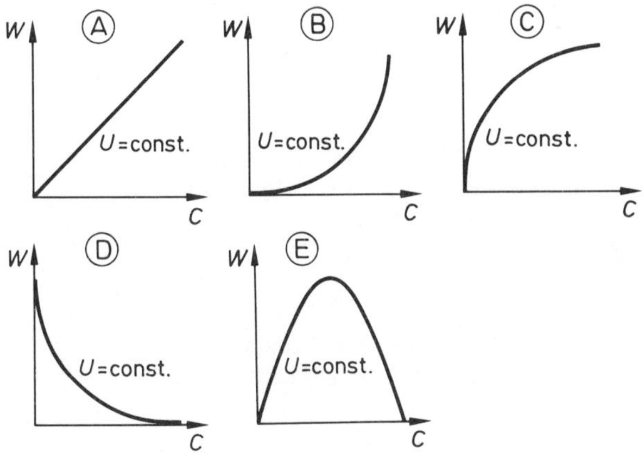

I. 6
B37

Ⓐ W, C, U=const.

Ⓑ W, C, U=const.

Ⓒ W, C, U=const.

Ⓓ W, C, U=const.

Ⓔ W, C, U=const.

a) Diagramm A

b) Diagramm B

c) Diagramm C

d) Diagramm D

e) Diagramm E

Wertigkeit **2** P — Bewertung P

Kap. 6.5.3.1

Die Bilder zeigen in schematischer Darstellung das Zusammenfügen von zwei Kondensatoren mit gleicher Kapazität zu einem Kondensator.

I. 6
B 40

Wie groß ist die Gesamtkapazität C_g des Kondensators und worauf ist die Änderung zurückzuführen?

Dielektrikum
C_1 C_2
3 3
Dielektrikum
C_g
6

a) $C_g = C_1 + C_2$, weil die Dicke des Dielektrikums um den Faktor 2 steigt

b) $C_g = \frac{C_1}{2} = \frac{C_2}{2}$, weil die Dicke des Dielektrikums um den Faktor 2 steigt

c) $C_g = C_1 + C_2$, weil die Fläche der Elektroden um den Faktor 2 steigt

d) $C_g = \frac{C_1 + C_2}{2}$, weil die Fläche der Elektroden um den Faktor 2 steigt

e) $C_g = C_1 + C_2$, weil das Volumen des Dielektrikums um den Faktor 2 steigt

Wertigkeit	**2** P	Bewertung	P

Kap. 6.5.3.2

Die Bilder zeigen in schematischer Darstellung das Zusammenfügen von zwei Kondensatoren mit gleicher Kapazität zu einem Kondensator.

I. 6
B 41

Wie groß ist die Gesamtkapazität C_g des Kondensators und worauf ist die Änderung zurückzuführen?

C_1 C_2
C_g

a) $C_g = C_1 + C_2$, weil die Dicke des Dielektrikums um den Faktor 2 steigt

b) $C_g = \frac{C_1 + C_2}{2}$, weil die Dicke des Dielektrikums um den Faktor 2 steigt

c) $C_g = C_1 + C_2$, weil die Fläche der Elektroden um den Faktor 2 steigt

d) $C_g = \frac{C_1 + C_2}{2}$, weil die Fläche der Elektroden um den Faktor 2 steigt

e) $C_g = C_1 + C_2$, weil das Volumen des Dielektrikums um den Faktor 2 steigt

Wertigkeit	**2** P	Bewertung	P

Kap. 6.5.1

Ein ungeladener Kondensator mit der Kapazität C wird über einen Vorwiderstand R_V von einer Gleichspannungsquelle mit der Spannung U_0 aufgeladen.

Von welchen Größen hängt der Maximalwert des Ladestromes i_C ab?

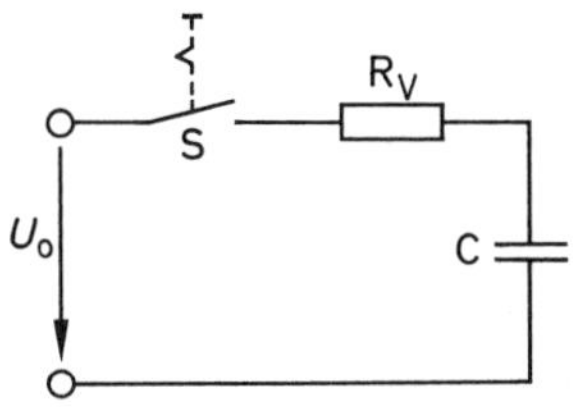

I. 6
B 50

a) Nur von der Spannung U_0

b) Von der Spannung U_0 und der Kapazität C

c) Von der Spannung U_0, der Kapazität C und dem Vorwiderstand R_V

d) Von der Spannung U_0 und dem Vorwiderstand R_V

e) Nur von der Kapazität C

Wertigkeit **2** P Bewertung P

Kap. 6.5.5.1

Zwei Kondensatoren $C_1 = 220$ pF und $C_2 = 680$ pF sind in Reihe geschaltet und an eine Gleichspannung $U_B = 9$ V angeschlossen.

Welcher Zusammenhang besteht zwischen den Kapazitäten C_1 und C_2 und den Teilspannungen U_{C1} und U_{C2}?

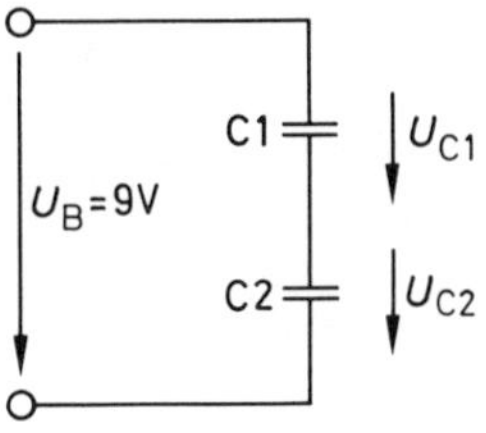

I. 6
B 52

a) $\frac{U_{C1}}{U_{C2}} = \frac{C_1}{C_2}$

b) $\frac{U_{C1}}{U_{C2}} = \frac{C_2}{C_1}$

c) $\frac{U_{C1}}{U_{C2}} = U_B \cdot \frac{C_1}{C_2}$

d) $\frac{U_{C1}}{U_{C2}} = U_B \cdot \frac{C_2}{C_1}$

e) $\frac{U_{C1}}{U_{C2}} = \frac{C_1 \cdot C_2}{C_1 + C_2}$

Wertigkeit **2** P Bewertung P

Kap. 6.6.1

Zwei Kondensatoren $C_1 = 680$ nF und $C_2 = 1{,}5$ µF sind in Reihe geschaltet und an eine sinusförmige Spannung $U = 24$ V; $f = 1$ kHz angeschlossen.

Welcher Zusammenhang besteht zwischen den Kapazitäten C_1 und C_2 und den kapazitiven Blindwiderständen X_{C1} und X_{C2}?

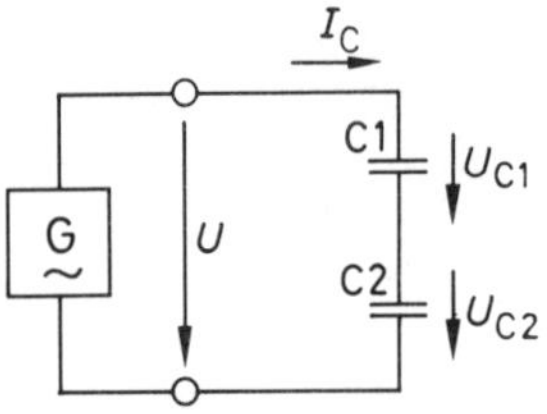

I. 6
B 56

a) $\frac{X_{C1}}{X_{C2}} = \frac{C_1}{C_2}$

b) $\frac{X_{C1}}{X_{C2}} = \frac{C_2}{C_1}$

c) $\frac{X_{C1}}{X_{C2}} = \frac{C_1 \cdot C_2}{C_1 + C_2}$

d) $\frac{X_{C1}}{X_{C2}} = \frac{U_1 \cdot C_1}{U_2 \cdot C_2}$

e) $\frac{X_{C1}}{X_{C2}} = \frac{U_1 \cdot C_2}{U_2 \cdot C_1}$

Wertigkeit **2** P

Bewertung P

Kap. 6.5.3.2; 6.6

Wie ändert sich der Strom I, wenn bei der angegebenen Schaltung der Schalter S geschlossen wird?

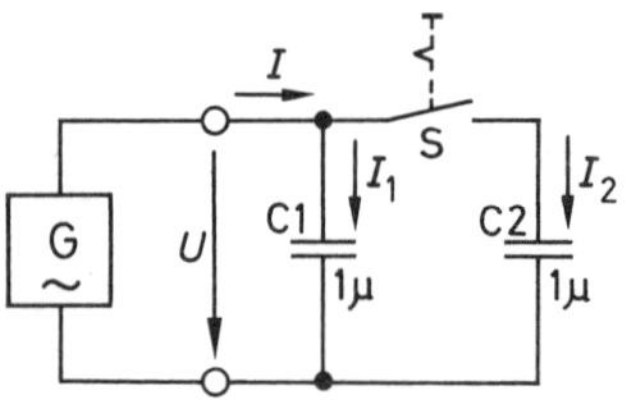

I. 6
B 61

a) I steigt auf den doppelten Wert

b) I sinkt auf den halben Wert

c) I steigt auf den vierfachen Wert

d) I sinkt auf 1/4 des ursprünglichen Wertes

e) I bleibt unverändert

Wertigkeit **2** P

Bewertung P

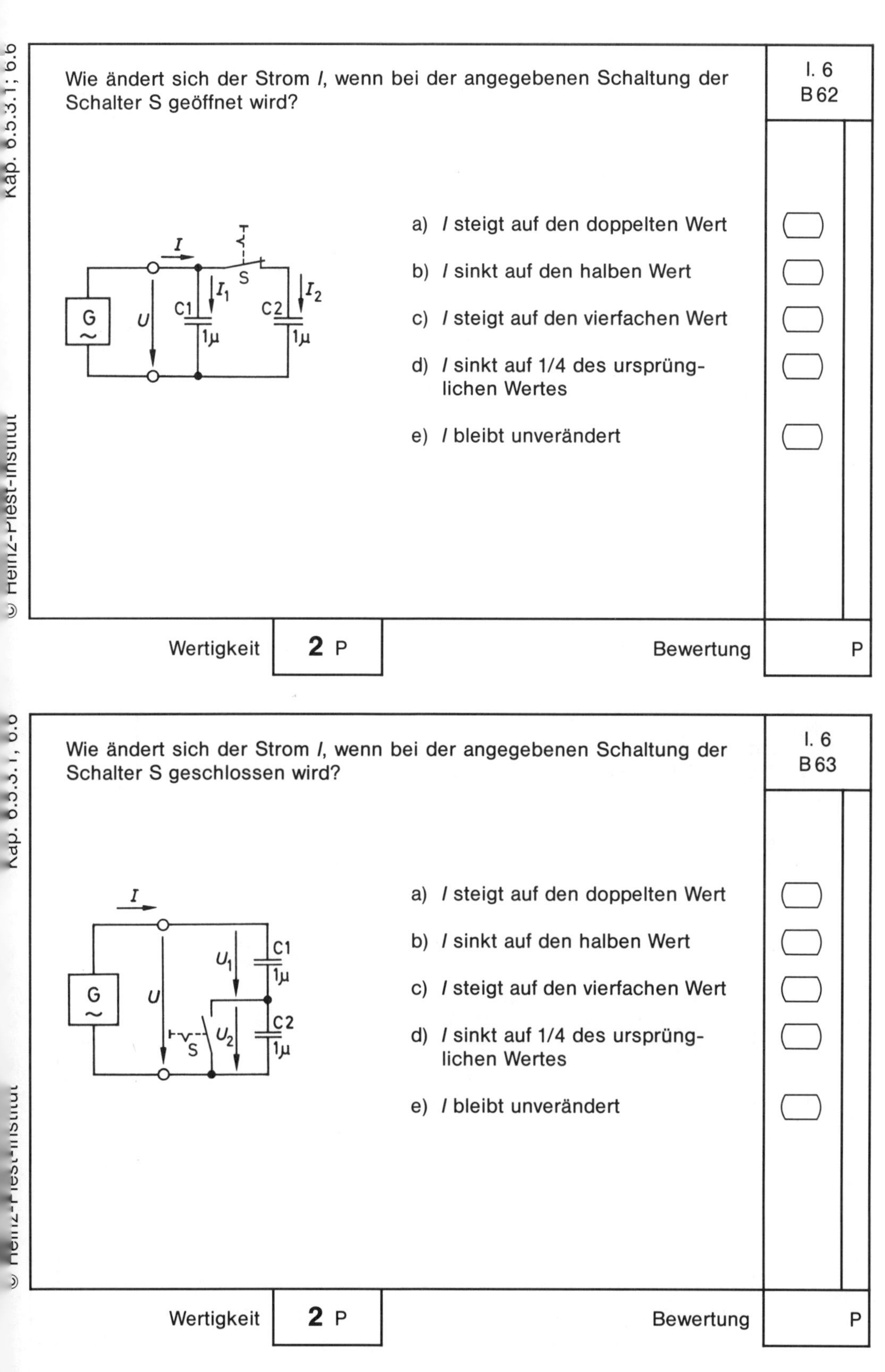

Wie ändert sich der Strom I, wenn bei der angegebenen Schaltung der Schalter S geöffnet wird?

I. 6
B 62

a) I steigt auf den doppelten Wert

b) I sinkt auf den halben Wert

c) I steigt auf den vierfachen Wert

d) I sinkt auf 1/4 des ursprünglichen Wertes

e) I bleibt unverändert

Wertigkeit **2** P | Bewertung P

Wie ändert sich der Strom I, wenn bei der angegebenen Schaltung der Schalter S geschlossen wird?

I. 6
B 63

a) I steigt auf den doppelten Wert

b) I sinkt auf den halben Wert

c) I steigt auf den vierfachen Wert

d) I sinkt auf 1/4 des ursprünglichen Wertes

e) I bleibt unverändert

Wertigkeit **2** P | Bewertung P

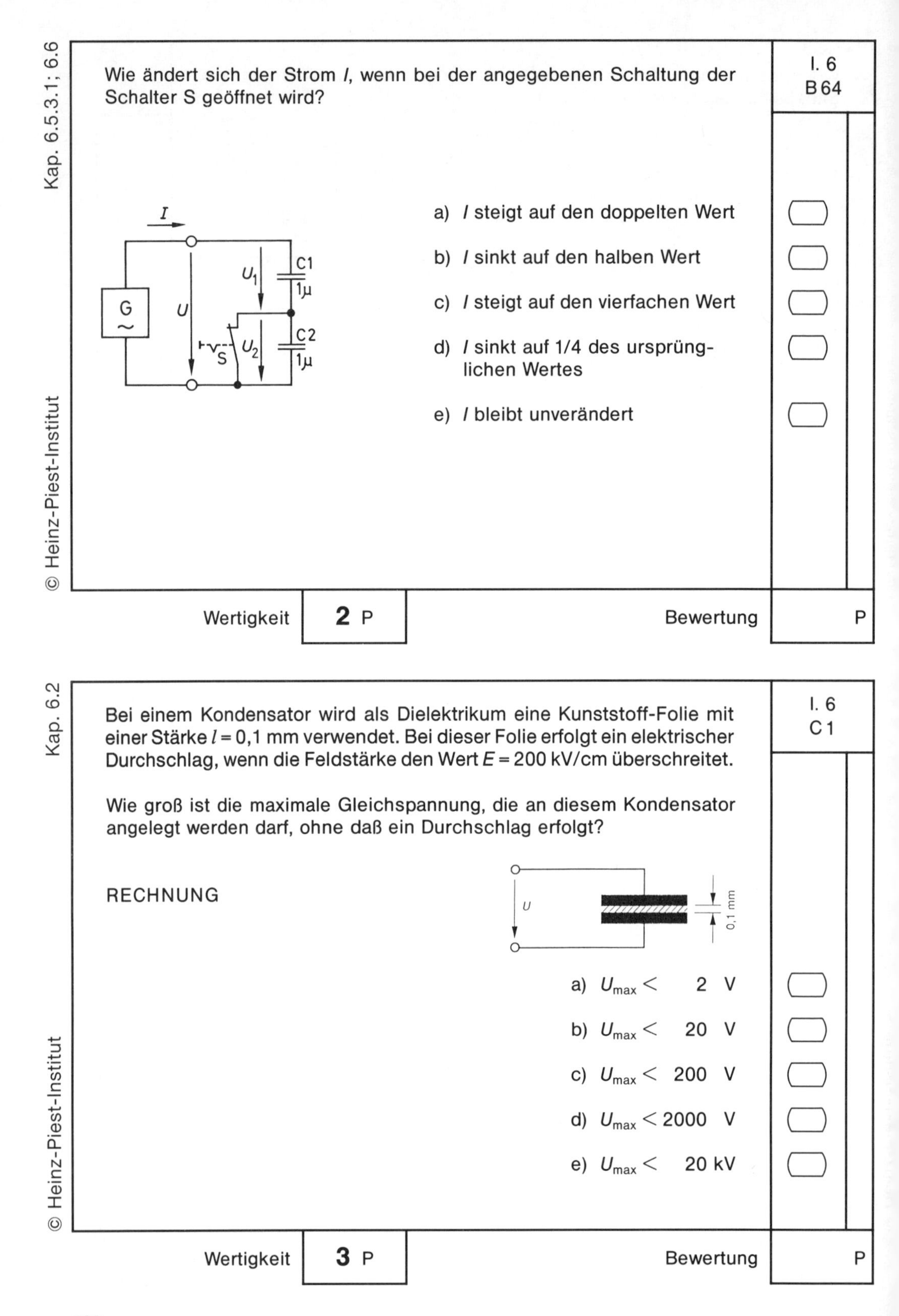

Kap. 6.5.3.1; 6.6

I. 6
B 64

Wie ändert sich der Strom *I*, wenn bei der angegebenen Schaltung der Schalter S geöffnet wird?

a) *I* steigt auf den doppelten Wert

b) *I* sinkt auf den halben Wert

c) *I* steigt auf den vierfachen Wert

d) *I* sinkt auf 1/4 des ursprünglichen Wertes

e) *I* bleibt unverändert

Wertigkeit **2** P — Bewertung P

Kap. 6.2

I. 6
C 1

Bei einem Kondensator wird als Dielektrikum eine Kunststoff-Folie mit einer Stärke $l = 0{,}1$ mm verwendet. Bei dieser Folie erfolgt ein elektrischer Durchschlag, wenn die Feldstärke den Wert $E = 200$ kV/cm überschreitet.

Wie groß ist die maximale Gleichspannung, die an diesem Kondensator angelegt werden darf, ohne daß ein Durchschlag erfolgt?

RECHNUNG

a) $U_{max} < 2$ V

b) $U_{max} < 20$ V

c) $U_{max} < 200$ V

d) $U_{max} < 2000$ V

e) $U_{max} < 20$ kV

Wertigkeit **3** P — Bewertung P

I. 6
C 4

Ein Plattenkondensator ($\varepsilon_r = 1$) mit einer Plattenfläche von $A = 7\ \text{cm}^2$ und einem Plattenabstand $l = 0{,}2$ mm wird auf eine Spannung $U_C = 10$ V aufgeladen.

Welche Ladungsmenge Q wird in diesem Kondensator gespeichert?

RECHNUNG

a) $Q = 6{,}19 \cdot 10^{-9}$ As

b) $Q = 619 \cdot 10^{-12}$ As

c) $Q = 310 \cdot 10^{-12}$ As

d) $Q = 31 \cdot 10^{-12}$ As

e) $Q = 3{,}1 \cdot 10^{-12}$ As

Wertigkeit **3** P

Bewertung P

I. 6
C 6

Die kreisrunden Platten eines Plattenkondensators haben einen Durchmesser von $d = 2$ cm. Der Abstand der Platten, zwischen denen sich Luft befindet, beträgt $l = 2$ mm.

Welche Kapazität C hat dieser Plattenkondensator?

RECHNUNG

a) $C = 1{,}77$ pF

b) $C = 2{,}78$ pF

c) $C = 1{,}39$ pF

d) $C = 0{,}69$ pF

e) $C = 0{,}18$ pF

Wertigkeit **3** P

Bewertung P

Kap. 6.4.2

I. 6
C7

Ein Kondensator mit der Kapazität $C = 1\ \mu F$ liegt an einer Gleichspannung $U_1 = 22$ V. Er hat dabei die Energie W_1 gespeichert.

Um welchen Betrag ΔW ändert sich die Feldenergie, wenn die Spannung auf $U_2 = 33$ V erhöht wird?

RECHNUNG

a) $\Delta W = 0{,}303$ mWs

b) $\Delta W = 0{,}605$ mWs

c) $\Delta W = 0{,}061$ mWs

d) $\Delta W = 1{,}09$ mWs

e) $\Delta W = 0{,}01$ mWs

Wertigkeit **3** P — Bewertung P

Kap. 6.5.1

I. 6
C10

Ein Kondensator mit der Kapazität $C = 1000\ \mu F$ wird über einen Vorwiderstand $R_V = 470\ \Omega$ von einer Spannungsquelle mit $U_0 = 10$ V aufgeladen.

Auf welchen Wert ist die Spannung u_C am Kondensator 0,5 s nach Beginn des Aufladevorganges angestiegen?

RECHNUNG

a) $u_C = 10$ V

b) $u_C = 6{,}55$ V

c) $u_C = 3{,}45$ V

d) $u_C = 0{,}66$ V

e) $u_C = 0{,}35$ V

Wertigkeit **3** P — Bewertung P

 Kap. 6.5.1

Ein Kondensator mit der Kapazität $C = 1000\ \mu F$ wird über einen Vorwiderstand $R_V = 470\ \Omega$ von einer Spannungsquelle mit $U_0 = 10$ V aufgeladen.

Welchen Wert hat der Ladestrom i_C 0,5 s nach Beginn des Aufladevorganges?

I. 6
C13

RECHNUNG

a) i_C = 21,27 mA ▭

b) i_C = 13,93 mA ▭

c) i_C = 7,34 mA ▭

d) i_C = 2,13 mA ▭

e) i_C = 1,39 mA ▭

Wertigkeit **3** P | Bewertung P

 Kap. 6.5.1

Die Aufladung eines Kondensators mit der Kapazität $C = 4700$ pF soll von einer Spannungsquelle mit $U_0 = 12$ V und $R_i = 2\ \Omega$ erfolgen.

Welchen Wert muß der erforderliche Vorwiderstand R_V haben, damit der Einschaltstrom auf $I_C = 3$ A begrenzt wird?

I. 6
C15

RECHNUNG

a) R_V = 0,4 Ω ▭

b) R_V = 2 Ω ▭

c) R_V = 4 Ω ▭

d) R_V = 38 Ω ▭

e) R_V = 40 Ω ▭

Wertigkeit **3** P | Bewertung P

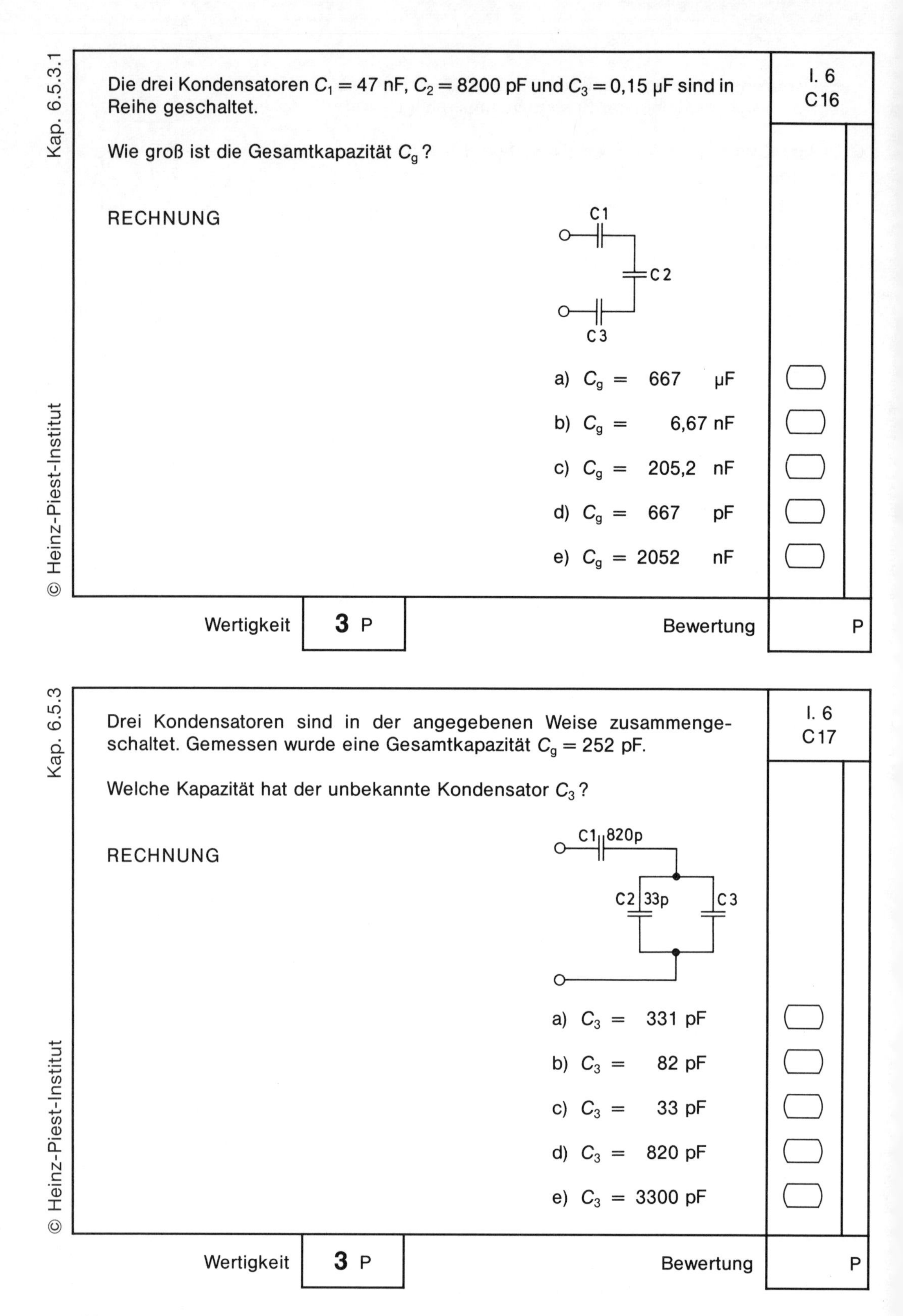

Kap. 6.5.3.1

Die drei Kondensatoren $C_1 = 47$ nF, $C_2 = 8200$ pF und $C_3 = 0{,}15$ µF sind in Reihe geschaltet.

Wie groß ist die Gesamtkapazität C_g?

I. 6
C 16

RECHNUNG

a) C_g = 667 µF

b) C_g = 6,67 nF

c) C_g = 205,2 nF

d) C_g = 667 pF

e) C_g = 2052 nF

Wertigkeit **3** P

Bewertung P

Kap. 6.5.3

Drei Kondensatoren sind in der angegebenen Weise zusammengeschaltet. Gemessen wurde eine Gesamtkapazität $C_g = 252$ pF.

Welche Kapazität hat der unbekannte Kondensator C_3?

I. 6
C 17

RECHNUNG

a) C_3 = 331 pF

b) C_3 = 82 pF

c) C_3 = 33 pF

d) C_3 = 820 pF

e) C_3 = 3300 pF

Wertigkeit **3** P

Bewertung P

I. 6
C 22

Zwei Kondensatoren $C_1 = 680$ pF und $C_2 = 3{,}3$ nF sind in Reihe geschaltet und an eine Spannung $U = 100$ V angeschlossen.

Welche Teilspannungen U_{C1} und U_{C2} stellen sich ein?

RECHNUNG

a) $U_{C1} = 17{,}1$ V; $U_{C2} = 82{,}9$ V

b) $U_{C1} = 82{,}9$ V; $U_{C2} = 17{,}1$ V

c) $U_{C1} = 32{,}2$ V; $U_{C2} = 67{,}8$ V

d) $U_{C1} = 67{,}8$ V; $U_{C2} = 32{,}2$ V

e) $U_{C1} = 50$ V; $U_{C2} = 50$ V

Wertigkeit **3** P — Bewertung P

I. 6
C 25

Um die Kapazität eines unbekannten Kondensators zu ermitteln, wurde er an eine sinusförmige Wechselspannung $U = 230$ V/50 Hz angeschlossen. Dabei floß ein Strom $I = 80$ mA.

Welche Kapazität C hat dieser Kondensator?

RECHNUNG

a) $C \approx 12$ pF

b) $C \approx 12$ nF

c) $C \approx 12$ µF

d) $C \approx 1{,}1$ µF

e) $C \approx 0{,}12$ µF

Wertigkeit **3** P — Bewertung P

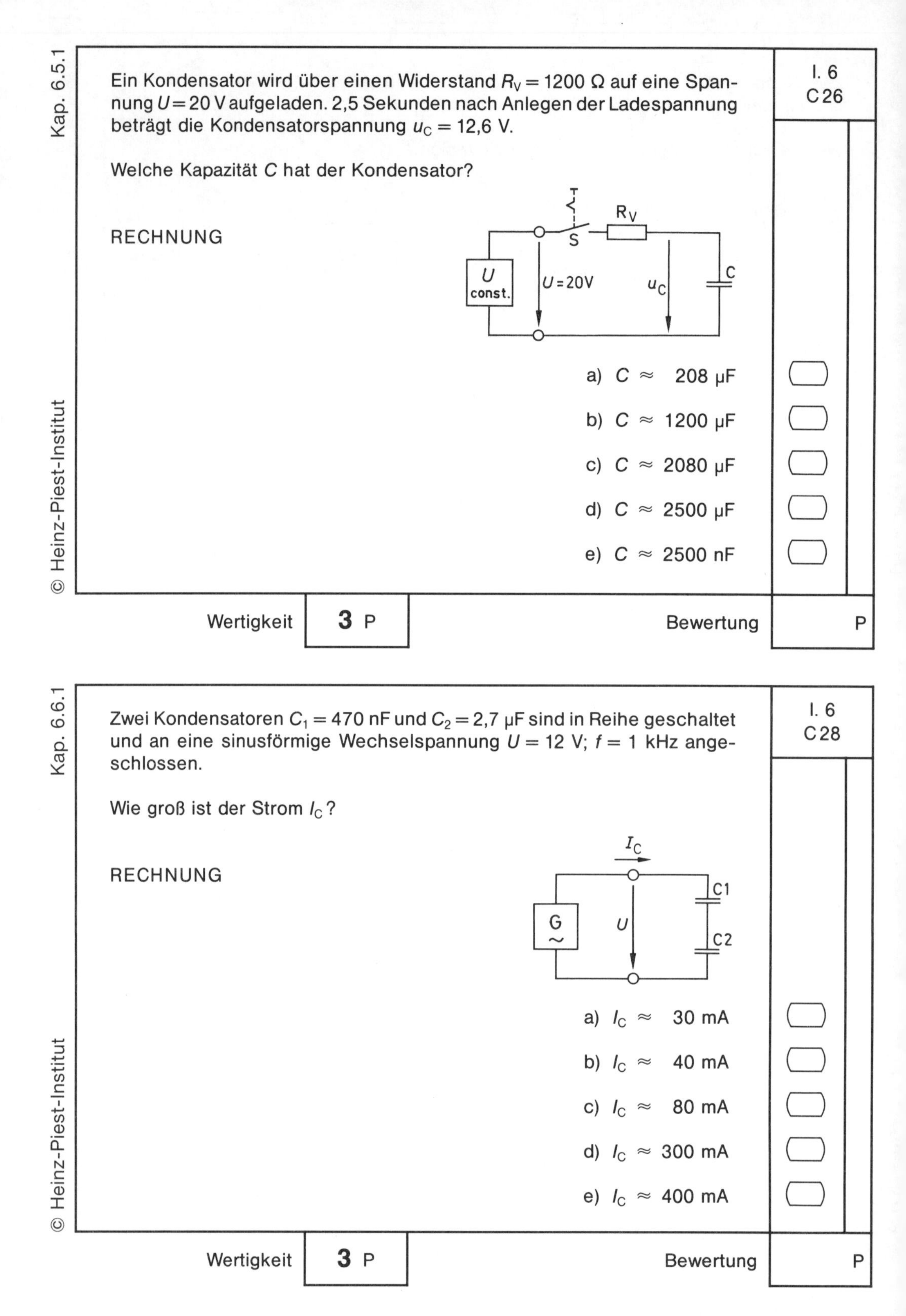

Kap. 6.5.1

I. 6
C 26

Ein Kondensator wird über einen Widerstand $R_V = 1200\ \Omega$ auf eine Spannung $U = 20$ V aufgeladen. 2,5 Sekunden nach Anlegen der Ladespannung beträgt die Kondensatorspannung $u_C = 12,6$ V.

Welche Kapazität C hat der Kondensator?

RECHNUNG

a) $C \approx$ 208 µF

b) $C \approx$ 1200 µF

c) $C \approx$ 2080 µF

d) $C \approx$ 2500 µF

e) $C \approx$ 2500 nF

Wertigkeit **3** P

Bewertung P

Kap. 6.6.1

I. 6
C 28

Zwei Kondensatoren $C_1 = 470$ nF und $C_2 = 2,7$ µF sind in Reihe geschaltet und an eine sinusförmige Wechselspannung $U = 12$ V; $f = 1$ kHz angeschlossen.

Wie groß ist der Strom I_C?

RECHNUNG

a) $I_C \approx$ 30 mA

b) $I_C \approx$ 40 mA

c) $I_C \approx$ 80 mA

d) $I_C \approx$ 300 mA

e) $I_C \approx$ 400 mA

Wertigkeit **3** P

Bewertung P

I. 7
Das magnetische Feld

Kap. 7.2.1

I. 7
A 1

Magnetische Felder unterscheiden sich in einigen charakteristischen Eigenschaften von elektrischen Feldern.

Welche der angegebenen Eigenschaften ist charakteristisch für ein Magnetfeld?

a) Die Feldlinien gehen strahlenförmig vom Nordpol aus und enden im Südpol

b) Die Feldlinien sind stets in sich geschlossen und außerhalb des Magneten vom Nordpol zum Südpol orientiert

c) Die Feldlinien sind nur im Inneren eines Magneten vorhanden

d) Die Feldlinien sind nur außerhalb eines Magneten vorhanden

e) Die Feldlinien sind stets vom Nord- oder Südpol eines Magneten zum Erdmittelpunkt gerichtet

Wertigkeit **1** P

Bewertung P

Kap. 7.2.1

I. 7
A 5

Ein stabförmiger Dauermagnet wird in der Mitte durchgetrennt und dadurch in zwei gleiche Stücke zerlegt.

Welche der angegebenen Eigenschaften haben die zwei Teilstücke?

N S

a) Es entsteht ein getrennter Nord- und Südpol mit jeweils einem unmagnetischen Ende

b) Es entstehen zwei unmagnetische Eisenstäbe, da das ursprüngliche Magnetfeld zerstört ist

c) Es entstehen zwei kleinere Dauermagnete mit je einem Nord- und Südpol

d) Es entsteht ein Magnet nur mit einem Nordpol und ein Magnet nur mit einem Südpol

e) Es entstehen ein Nordpol und ein Südpol, von denen aber keine Karftwirkungen mehr ausgehen

Wertigkeit **1** P

Bewertung P

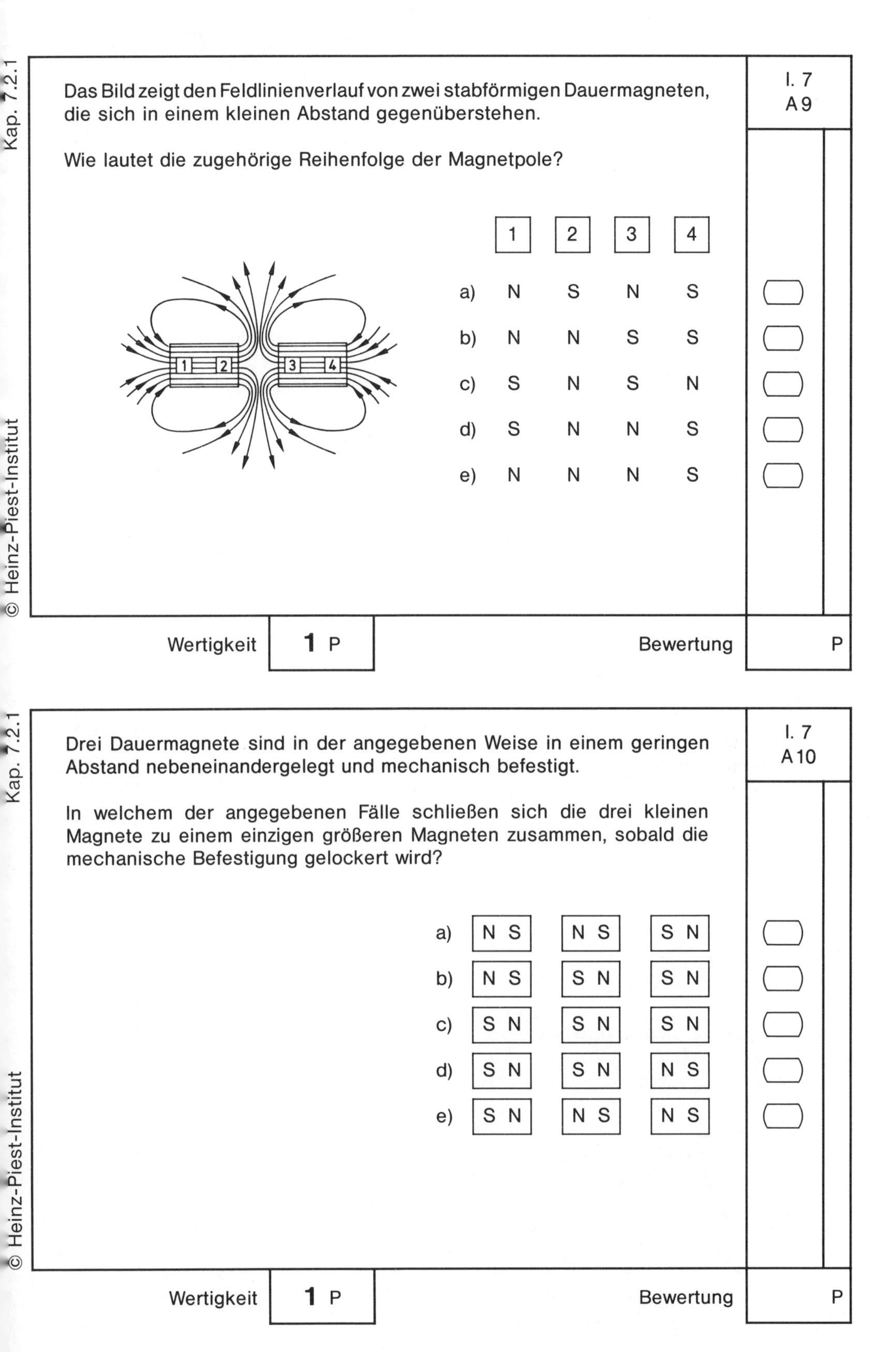

I. 7
A 9

Das Bild zeigt den Feldlinienverlauf von zwei stabförmigen Dauermagneten, die sich in einem kleinen Abstand gegenüberstehen.

Wie lautet die zugehörige Reihenfolge der Magnetpole?

	1	2	3	4	
a)	N	S	N	S	☐
b)	N	N	S	S	☐
c)	S	N	S	N	☐
d)	S	N	N	S	☐
e)	N	N	N	S	☐

Wertigkeit **1** P — Bewertung P

I. 7
A 10

Drei Dauermagnete sind in der angegebenen Weise in einem geringen Abstand nebeneinandergelegt und mechanisch befestigt.

In welchem der angegebenen Fälle schließen sich die drei kleinen Magnete zu einem einzigen größeren Magneten zusammen, sobald die mechanische Befestigung gelockert wird?

a)	N S	N S	S N	☐
b)	N S	S N	S N	☐
c)	S N	S N	S N	☐
d)	S N	S N	N S	☐
e)	S N	N S	N S	☐

Wertigkeit **1** P — Bewertung P

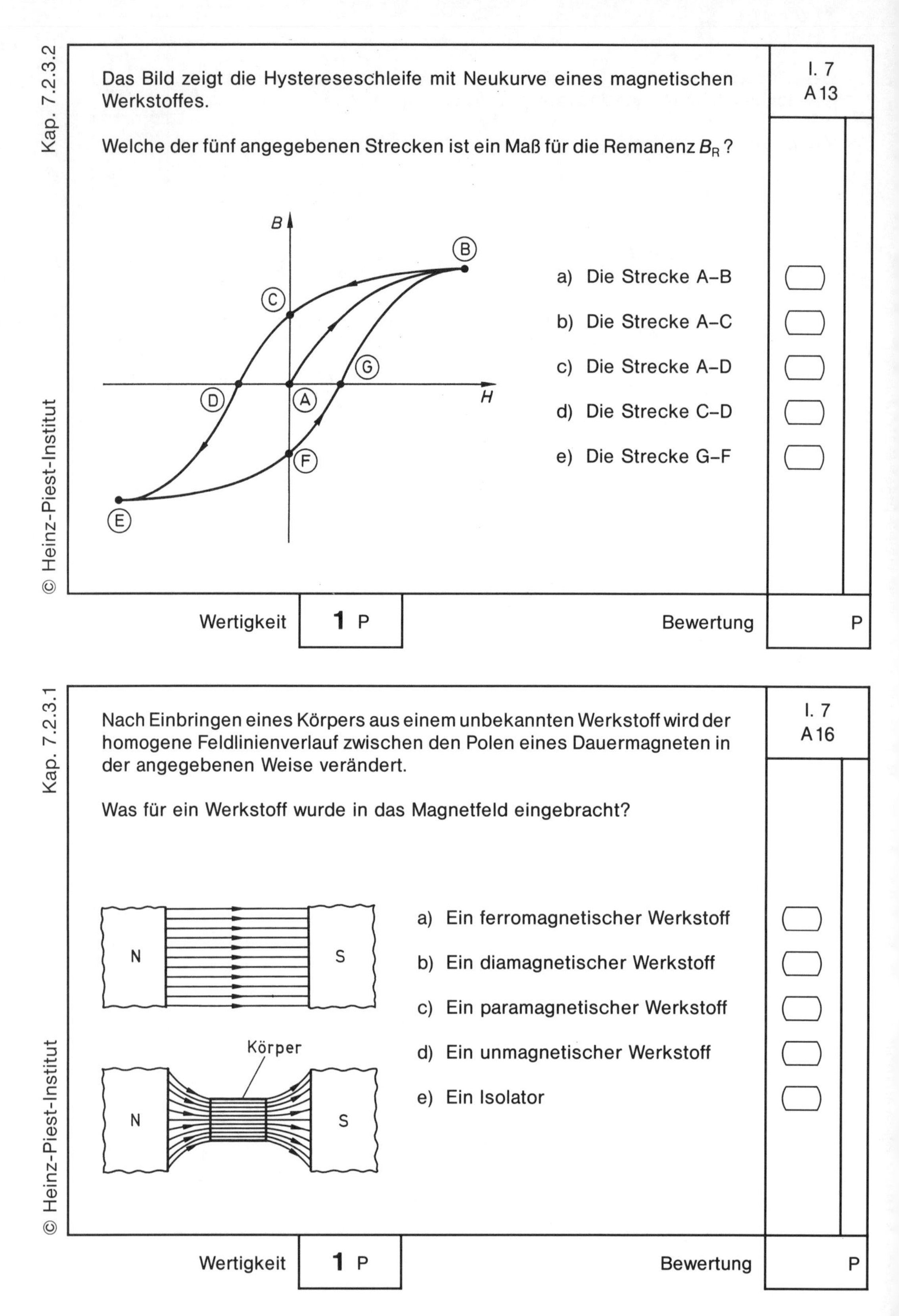

Kap. 7.2.3.2

I. 7
A 13

Das Bild zeigt die Hystereseschleife mit Neukurve eines magnetischen Werkstoffes.

Welche der fünf angegebenen Strecken ist ein Maß für die Remanenz B_R?

a) Die Strecke A–B

b) Die Strecke A–C

c) Die Strecke A–D

d) Die Strecke C–D

e) Die Strecke G–F

Wertigkeit **1** P

Bewertung P

Kap. 7.2.3.1

I. 7
A 16

Nach Einbringen eines Körpers aus einem unbekannten Werkstoff wird der homogene Feldlinienverlauf zwischen den Polen eines Dauermagneten in der angegebenen Weise verändert.

Was für ein Werkstoff wurde in das Magnetfeld eingebracht?

a) Ein ferromagnetischer Werkstoff

b) Ein diamagnetischer Werkstoff

c) Ein paramagnetischer Werkstoff

d) Ein unmagnetischer Werkstoff

e) Ein Isolator

Wertigkeit **1** P

Bewertung P

Welche der angegebenen Nachteile haben Spartransformatoren gegenüber üblichen Transformatoren gleicher Leistung?

I. 7
A 18

a) Sie haben ein wesentlich größeres Gewicht

b) Sie haben wesentlich größere mechanische Abmessungen

c) Sie lassen sich nur mit einem Übersetzungsverhältnis $ü = 1$ herstellen

d) Sie haben wesentlich größere magnetische Verluste

e) Primär- und Sekundärwicklung sind nicht galvanisch voneinander getrennt.

Wertigkeit **1** P | Bewertung P

Welche charakteristische Eigenschaft hat ein bistabiles Relais?

I. 7
A 22

a) Es fällt nach Abschalten des Erregerstromes in Ruhestellung zurück

b) Der Schaltvorgang von Ruhe- in Arbeitsstellung ist unabhängig von der Richtung des Erregerstromes

c) Der Schaltvorgang von Ruhe- in Arbeitsstellung ist abhängig von der Richtung des Erregerstromes

d) Das Relais bleibt nach Abschalten des Erregerstromes in der zuletzt erreichten Schaltstellung stehen

e) Das Relais geht nach Einschalten des Erregerstromes nur kurzfristig in Arbeitsstellung und danach wieder in Ruhestellung

Wertigkeit **1** P | Bewertung P

Kap. 7.2.3.2

I. 7
B 1

Der dargestellte Eisenring hat einen kreisförmigen Querschnitt und ist so unterbrochen, daß ihm ein Teil seiner ursprünglichen Länge fehlt.

Welcher Zusammenhang besteht zwischen dem magnetischen Widerstand des Luftspaltes $R_{m\,Luft}$ und dem magnetischen Widerstand des Eisens $R_{m\,Fe}$?

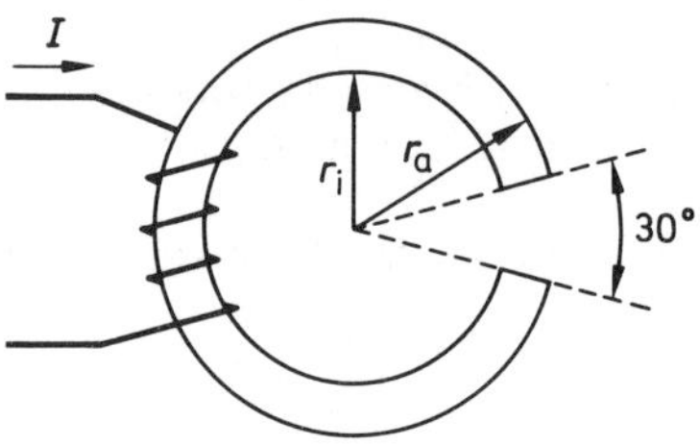

a) $R_{m\,Luft} \ll \frac{30}{360} \cdot R_{m\,Fe}$

b) $R_{m\,Luft} < \frac{30}{330} R_{m\,Fe}$

c) $R_{m\,Luft} = \frac{1}{11} R_{m\,Fe}$

d) $R_{m\,Luft} = R_{m\,Fe}$

e) $R_{m\,Luft} \gg R_{m\,Fe}$

Wertigkeit **2** P   Bewertung   P

Kap. 7.2.3.2

I. 7
B 3

Das Bild zeigt die Magnetisierungskurven für zwei verschiedene Spulen.

Zu welcher Art von Spulen gehört die Kennlinie ②?

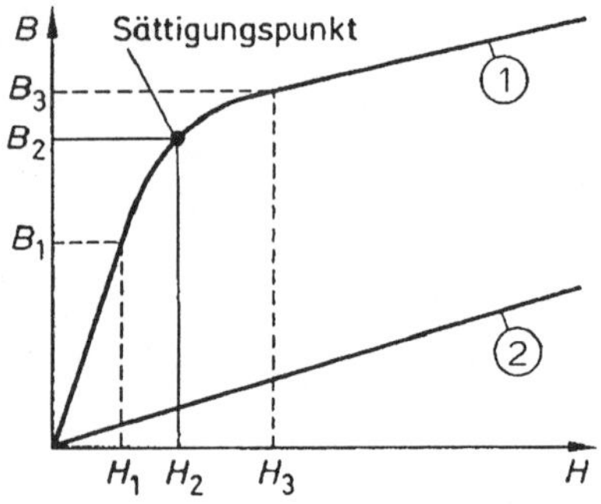

a) Zu einer Spule mit Kern aus einem ferromagnetischen Stoff

b) Zu einer Spule mit Kern aus einzelnen Blechen

c) Zu einer Spule mit einem Schnittbandkern

d) Zu einer Luftspule

e) Zu einer Spule mit Kern aus Eisen

Wertigkeit **2** P   Bewertung   P

Das Bild zeigt das Zusammenwirken eines Erreger- und eines Ankerfeldes.

Aus welchem Grund tritt die Kraft F auf?

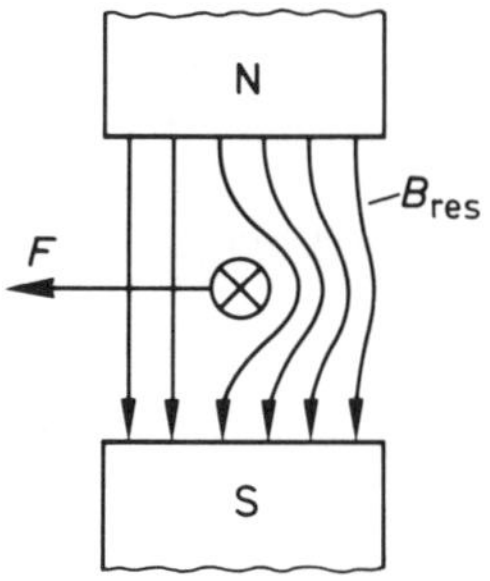

I. 7
B 4

a) Weil der Leiter aus Kupfer besteht

b) Weil das Erregerfeld jeden Leiterwerkstoff verdrängt

c) Weil der Leiter aus ferromagnetischem Material besteht

d) Weil Leiter- und Erregerfeld sich gegenseitig aufheben und dadurch den Leiter verdrängen

e) Durch die Feldlinienverdichtung auf der rechten Seite wird der Leiter in Richtung der feldschwächeren Seite bewegt

Wertigkeit **2** P   Bewertung P

In dem dargestellten Magnetfeld befindet sich ein Leiter.

In welcher der angegebenen Richtungen wird der Leiter bewegt, wenn durch ihn ein Strom in der angegebenen Weise (Technische Stromrichtung) fließt?

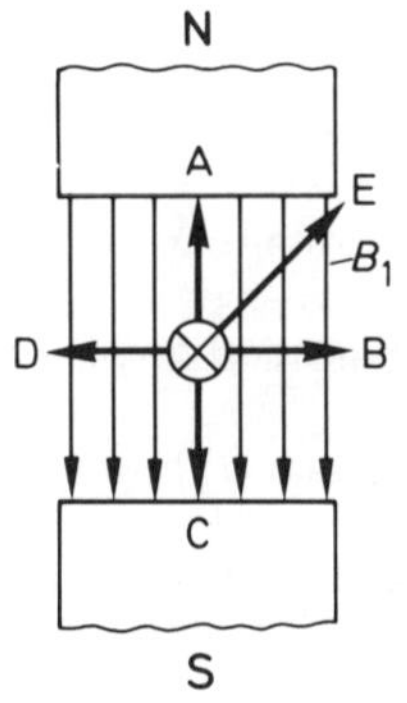

I. 7
B 5

a) In Richtung A

b) In Richtung B

c) In Richtung C

d) In Richtung D

e) In Richtung E

Wertigkeit **2** P   Bewertung P

Kap. 7.3.2

I. 7
B7

In dem dargestellten Magnetfeld befindet sich ein Leiter.

In welcher der angegebenen Richtungen wird der Leiter bewegt, wenn durch ihn ein Strom in der angegebenen Weise (Technische Stromrichtung) fließt?

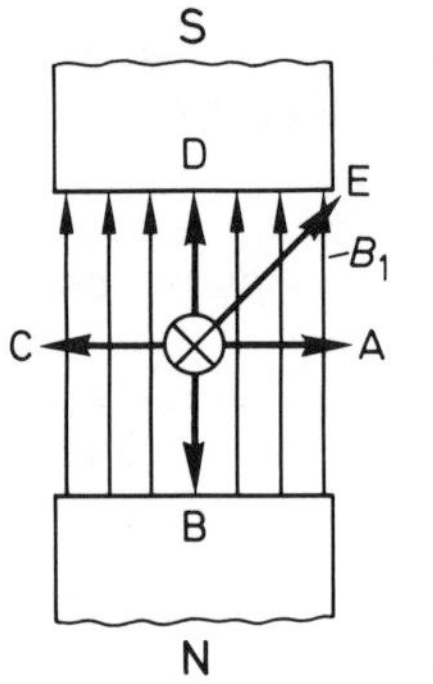

a) In Richtung A
b) In Richtung B
c) In Richtung C
d) In Richtung D
e) In Richtung E

Wertigkeit **2** P — Bewertung P

Kap. 7.6.1

I. 7
B9

Eine Relaisspule ist an eine Wechselspannung mit $f = 50$ Hz angeschlossen.

Welche der fünf angegebenen Änderungen tritt ein, wenn die Frequenz der anliegenden Wechselspannung auf $f = 60$ Hz erhöht wird?

a) Der Wirkwiderstand R wird größer
b) Der Blindwiderstand X_L wird kleiner
c) Der Blindwiderstand X_L wird größer
d) Der Wirkwiderstand R wird kleiner
e) Die Spulengüte Q wird kleiner

Wertigkeit **2** P — Bewertung P

Eine Spule L wird durch Schließen des Schalters S an eine Gleichspannung gelegt.

Welches der fünf Diagramme zeigt den charakteristischen Verlauf des Stromes i_L beim Einschaltvorgang?

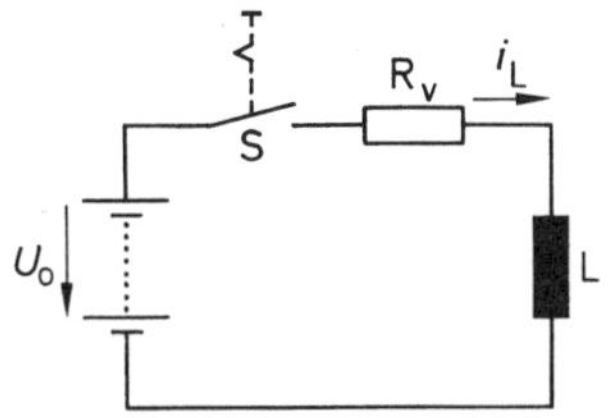

I. 7
B 11

a) Diagramm A

b) Diagramm B

c) Diagramm C

d) Diagramm D

e) Diagramm E

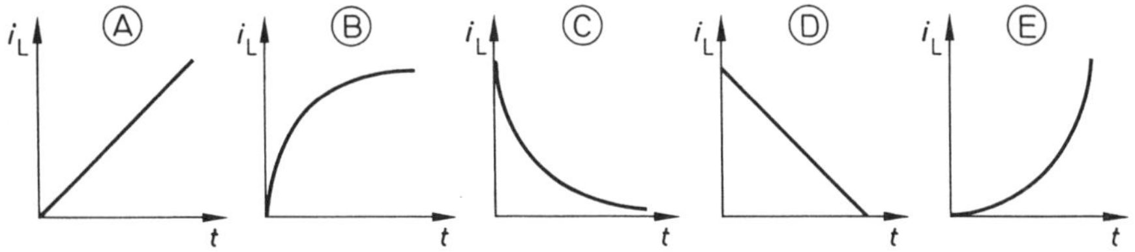

Wertigkeit **2** P Bewertung P

Ein Motor wandelt elektrische Energie in mechanische Energie um.

Durch welchen physikalischen Vorgang wird im Motor eine Drehbewegung erzeugt?

I. 7
B 14

a) Nur durch die Wirkung des Erregerfeldes

b) Nur durch die Wirkung des Ankerfeldes

c) Durch das Zusammenwirken von Erregerfeld und Ankerfeld

d) Durch das Zusammenwirken von Erregerstrom und Erregerfeld

e) Durch das Zusammenwirken von Ankerstrom und Ankerfeld

Wertigkeit **2** P Bewertung P

Kap. 7.4.1

Die Abbildung zeigt das Grundprinzip eines elektrodynamischen Mikrofons.

Welches physikalische Gesetz oder welche Regel wird hierbei ausgenutzt?

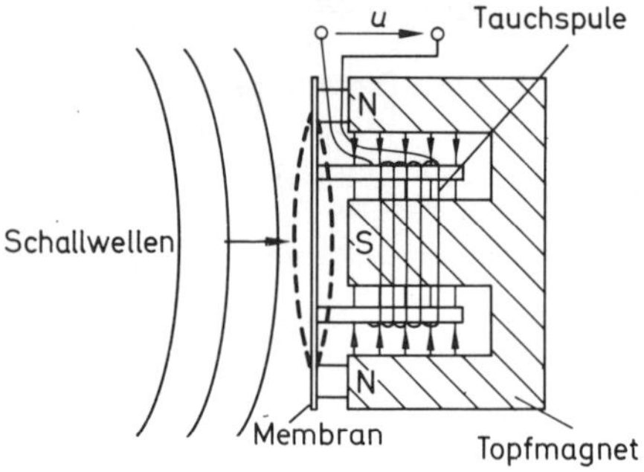

I. 7
B 15

a) Das Ohmsche Gesetz

b) Das 1. Kirchhoffsche Gesetz

c) Die Linke-Hand-Regel

d) Das Induktionsgesetz

e) Das elektrostatische Gesetz

Wertigkeit **2** P Bewertung P

Kap. 7.4.2; 7.5.1

Wird eine Spule an eine Gleichspannung angeschlossen, so steigt der Strom verzögert auf seinen Maximalwert $I_{max} = \frac{U}{R_{Sp}}$ an.

Aus welchem Grund tritt dieser verzögerte Anstieg des Stromes auf?

I. 7
B 16

a) Weil die Wicklungskapazität den Stromanstieg behindert

b) Weil der Innenwiderstand der Gleichspannungsquelle eine sprunghafte Änderung des Stromes verhindert

c) Weil die Spule im Einschaltzeitpunkt einen Kurzschluß darstellt

d) Weil bis zum Zeitpunkt $t \approx 5\,\tau$ die Selbstinduktionsspannung der Versorgungsspannung entgegenwirkt

e) Weil die Spule einen Spulenwiderstand R_{Sp} besitzt

Wertigkeit **2** P Bewertung P

Kap. 7.5.2

© Heinz-Piest-Institut

I. 7
B 18

Beim Betrieb von Spulen können Spannungsimpulse auftreten, die erheblich größer als die Betriebsspannung sind.

In welchem der angegebenen Fälle können derartige Spannungsimpulse entstehen?

a) Bei starker Eigenerwärmung der Spule

b) Beim Kurzschließen der Spule

c) Beim Einschalten einer mit Gleichspannung betriebenen Spule

d) Beim Einschalten einer mit Wechselspannung betriebenen Spule

e) Beim Ausschalten einer Spule

Wertigkeit **2** P Bewertung P

Kap. 7.6.1

© Heinz-Piest-Institut

I. 7
B 19

Welche der angegebenen Beziehungen bestehen zwischen dem induktiven Blindwiderstand X_L und der Frequenz f der anliegenden Spannung?

a) Je größer f, desto kleiner ist X_L

b) Je kleiner f, desto größer ist X_L

c) Je kleiner f, desto kleiner ist X_L

d) X_L steigt quadratisch mit f

e) X_L ist unabhängig von f

Wertigkeit **2** P Bewertung P

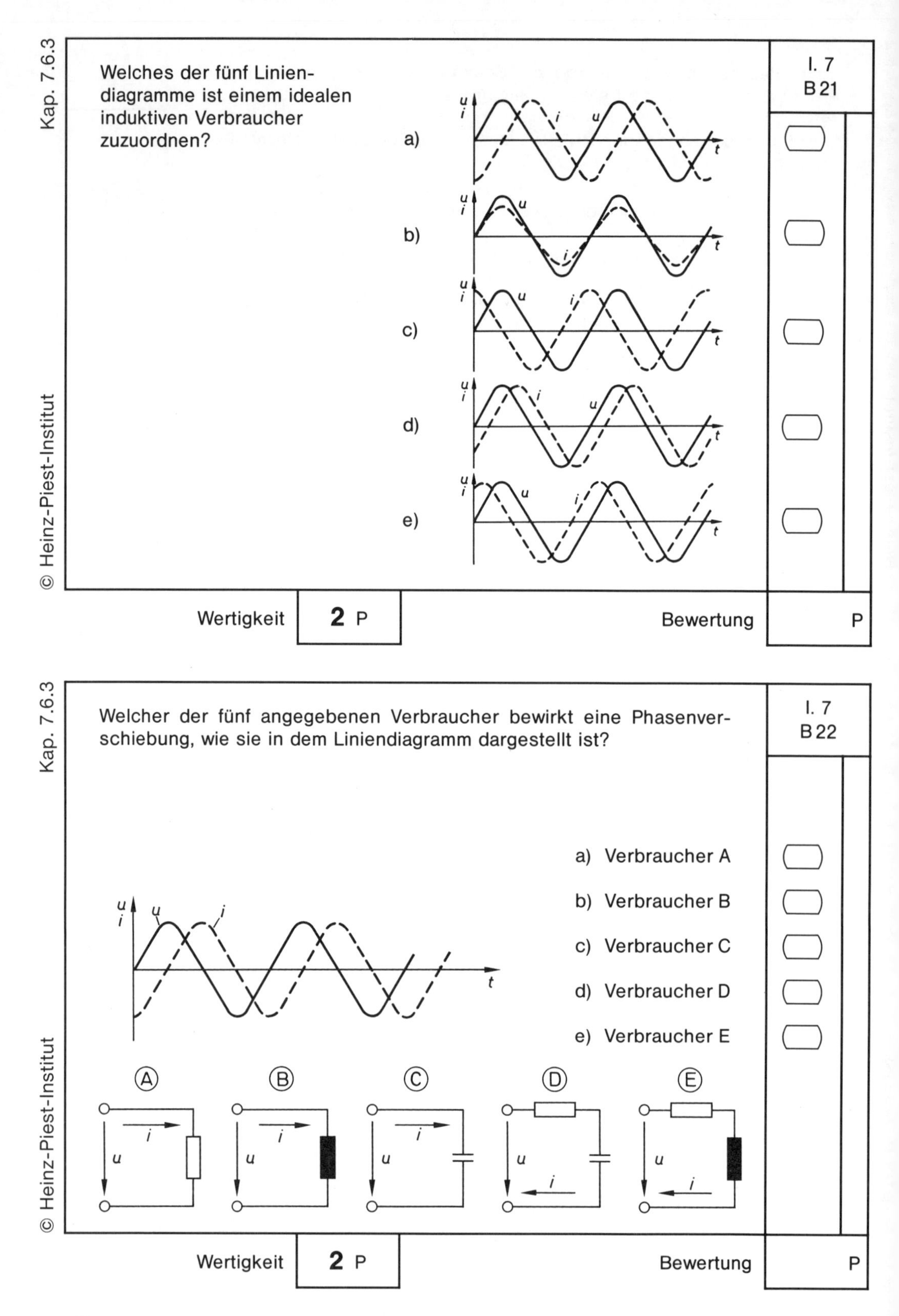

Kap. 7.6.3
Welches der fünf Liniendiagramme ist einem idealen induktiven Verbraucher zuzuordnen?
I. 7
B 21
a)
b)
c)
d)
e)
u
i
t
© Heinz-Piest-Institut
Wertigkeit
2 P
Bewertung
P
Kap. 7.6.3
Welcher der fünf angegebenen Verbraucher bewirkt eine Phasenverschiebung, wie sie in dem Liniendiagramm dargestellt ist?
I. 7
B 22
a) Verbraucher A
b) Verbraucher B
c) Verbraucher C
d) Verbraucher D
e) Verbraucher E
A
B
C
D
E
© Heinz-Piest-Institut
Wertigkeit
2 P
Bewertung
P

Kap. 7.6.4

© Heinz-Piest-Institut

I. 7
B 23

Eine ideale Spule wird an Wechselspannung betrieben.

Wie wird das Produkt aus Spulenspannung und Spulenstrom bezeichnet?

a) Induktive Wirkleistung P_L

b) Induktive Blindleistung Q_L

c) Ohmsche Wirkleistung P_R

d) Ohmsche Blindleistung Q_R

e) Verlustleistung P_V

Wertigkeit **2** P

Bewertung P

Kap. 7.3.3

© Heinz-Piest-Institut

I. 7
B 24

In dem Bild ist das Grundprinzip eines Hallgenerators dargestellt.

In welcher der fünf Aussagen ist die Wirkungsweise des Hallgenerators richtig beschrieben?

(Technische Stromrichtung)

I_{St}

Magnetfeld B

U_H

a) Ist ein Magnetfeld B vorhanden und fließt ein Steuerstrom I_{St}, so wird eine Hallspannung U_H erzeugt

b) Ist ein Magnetfeld B vorhanden und wird eine Hallspannung U_H angelegt, so wird ein Steuerstrom I_{St} erzeugt

c) Wird eine Hallspannung U_H angelegt und fließt ein Steuerstrom, so wird ein Magnetfeld B erzeugt

d) Wird eine Hallspannung U_H angelegt, so fließt ein Steuerstrom, der ein Magnetfeld B erzeugt

d) Ist ein Magnetfeld B vorhanden, so werden ein Steuerstrom I_{St} und eine Hallspannung U_H erzeugt

Wertigkeit **2** P

Bewertung P

Kap. 7.4.3

I. 7
B 25

Welcher der angegebenen physikalischen Vorgänge wird als Selbstinduktion bezeichnet?

a) Spannungserzeugung mit einem Transformator

b) Spannungserzeugung in einer Spule zur Unterstützung der angelegten Spannung

c) Spannungserzeugung in einer Spule infolge des eigenen Feldaufbaues

d) Spannungserzeugung in einem Hallgenerator

e) Spannungserzeugung durch eine Induktion der Bewegung

Wertigkeit **2** P

Bewertung P

Kap. 7.4.3

I. 7
B 26

In einer Spule wird die elektromagnetische Energie W_1 gespeichert, wenn der Strom I_1 fließt.

Wie ändert sich die gespeicherte Energie, wenn der Strom auf den doppelten Wert erhöht wird?

a) $W_2 = 2\ W_1$

b) $W_2 = W_1$

c) $W_2 = \frac{1}{2}\ W_1$

d) $W_2 = \frac{1}{4}\ W_1$

e) $W_2 = 4\ W_1$

Wertigkeit **2** P

Bewertung P

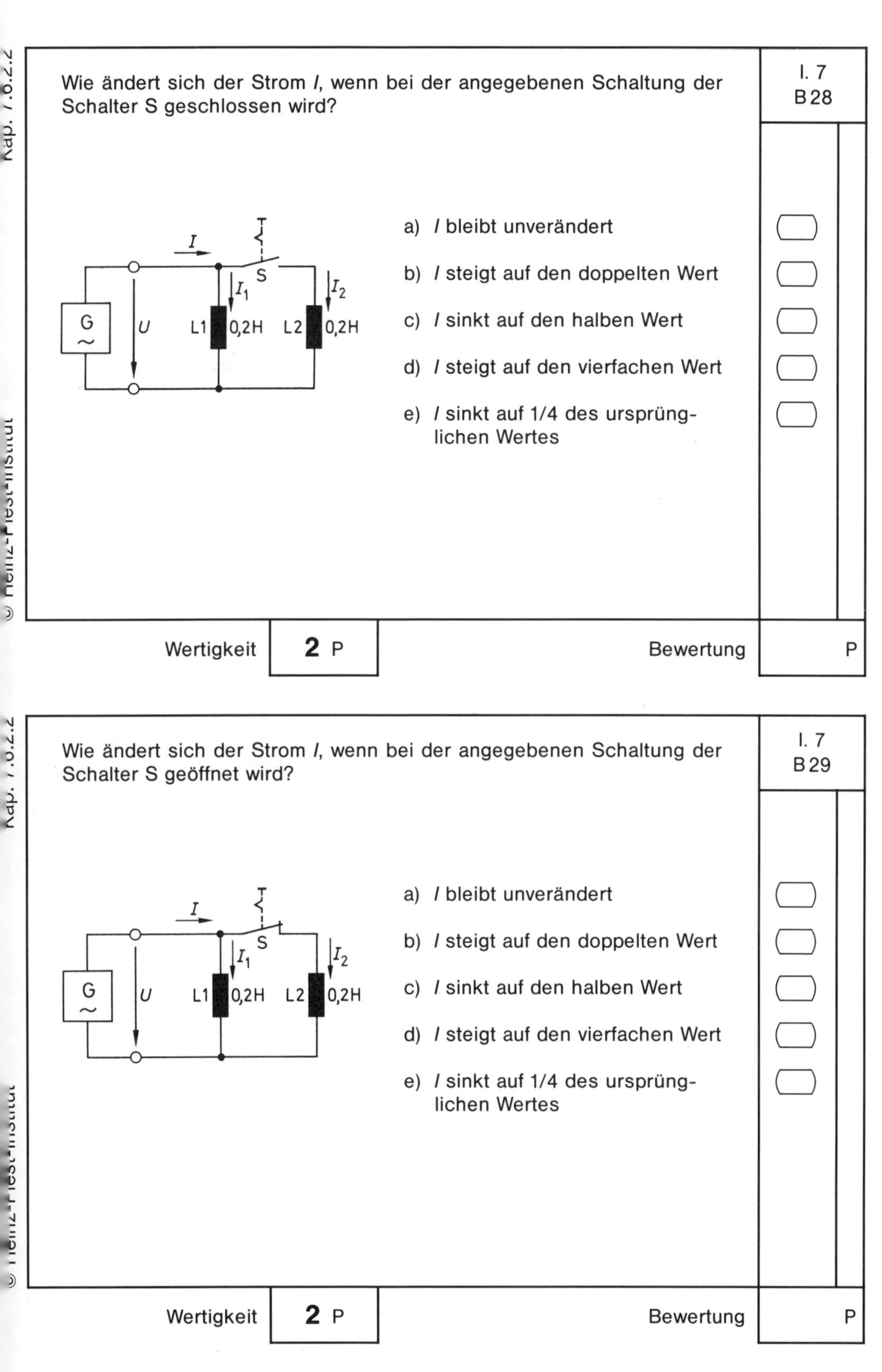

Wie ändert sich der Strom *I*, wenn bei der angegebenen Schaltung der Schalter S geschlossen wird?

I. 7
B 28

a) *I* bleibt unverändert

b) *I* steigt auf den doppelten Wert

c) *I* sinkt auf den halben Wert

d) *I* steigt auf den vierfachen Wert

e) *I* sinkt auf 1/4 des ursprünglichen Wertes

Wertigkeit **2** P

Bewertung P

Wie ändert sich der Strom *I*, wenn bei der angegebenen Schaltung der Schalter S geöffnet wird?

I. 7
B 29

a) *I* bleibt unverändert

b) *I* steigt auf den doppelten Wert

c) *I* sinkt auf den halben Wert

d) *I* steigt auf den vierfachen Wert

e) *I* sinkt auf 1/4 des ursprünglichen Wertes

Wertigkeit **2** P

Bewertung P

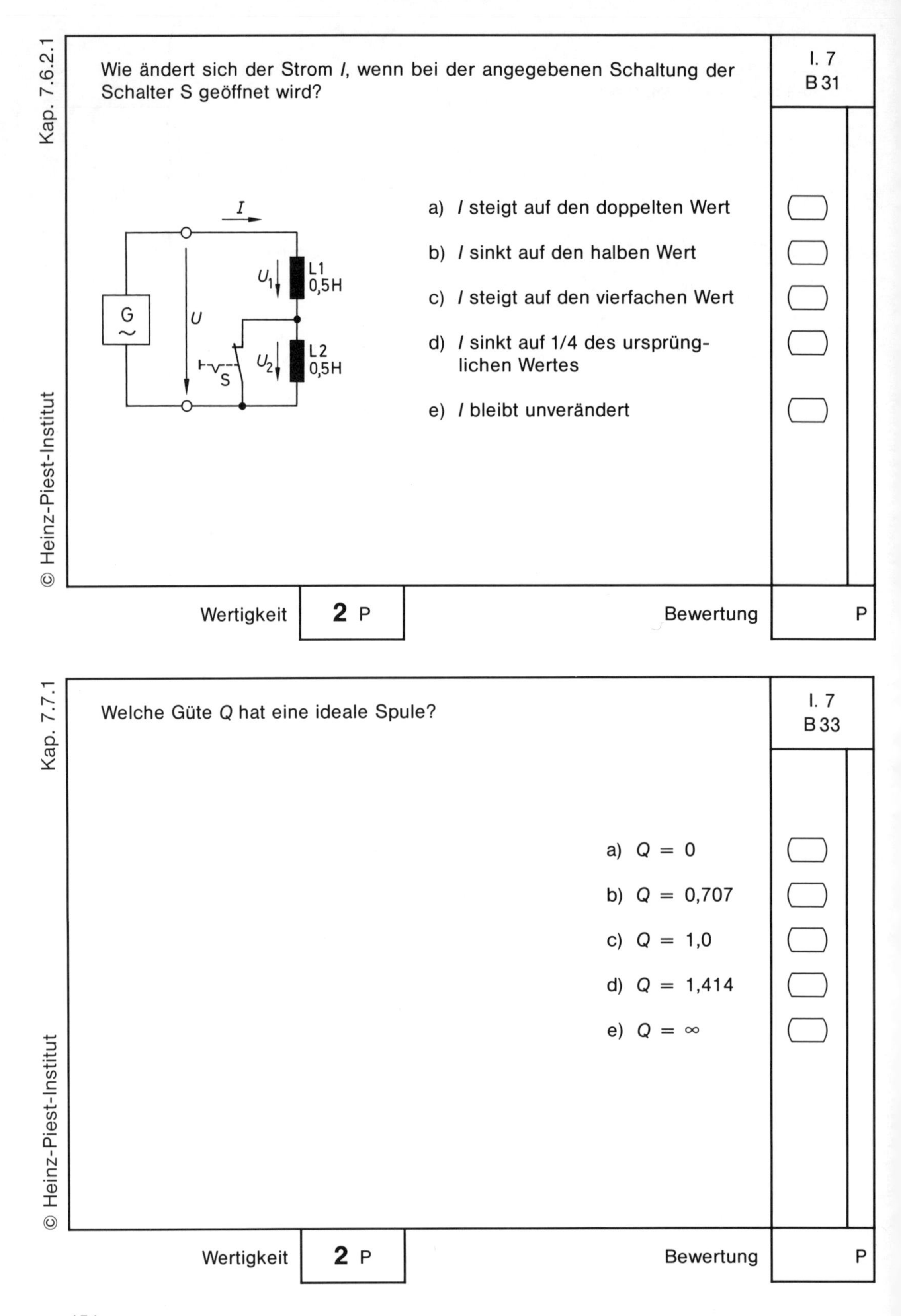

Kap. 7.6.2.1

I. 7
B 31

Wie ändert sich der Strom I, wenn bei der angegebenen Schaltung der Schalter S geöffnet wird?

a) I steigt auf den doppelten Wert

b) I sinkt auf den halben Wert

c) I steigt auf den vierfachen Wert

d) I sinkt auf 1/4 des ursprünglichen Wertes

e) I bleibt unverändert

Wertigkeit **2** P Bewertung P

Kap. 7.7.1

I. 7
B 33

Welche Güte Q hat eine ideale Spule?

a) $Q = 0$

b) $Q = 0{,}707$

c) $Q = 1{,}0$

d) $Q = 1{,}414$

e) $Q = \infty$

Wertigkeit **2** P Bewertung P

Die Sekundärwicklungen eines Transformators sind in der angegebenen Weise zusammengeschaltet.

Wie groß ist die Ausgangsspannung U_A, die zwischen den Anschlüssen 1 und 6 gemessen werden kann?

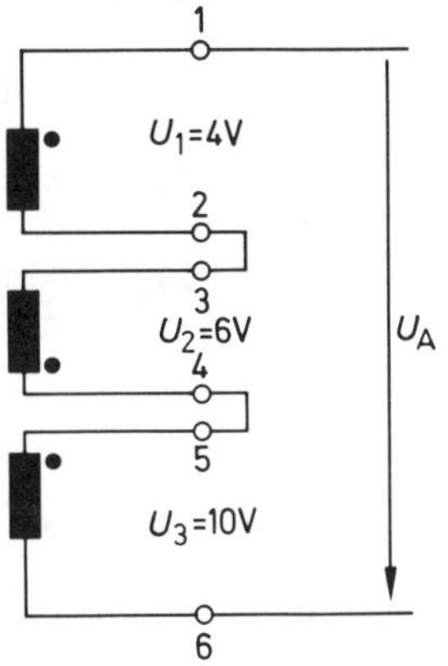

I. 7
B 35

a) U_A = 8 V
b) U_A = 10 V
c) U_A = 12 V
d) U_A = 16 V
e) U_A = 20 V

Wertigkeit **2** P Bewertung P

Ein Kleintransformator hat folgende Daten:
U_{prim} = 230 V ± 5 %; $U_{sec\,1}$ = 6,3 V/2 A; $U_{sec\,2}$ = 12,6 V/1 A.

Wie groß ist die Spannung U_A zwischen den Anschlüssen 1 und 4, und welcher Strom $I_{sec\,max}$ darf dem Transformator entnommen werden, wenn die Sekundärwicklungen in der angegebenen Weise zusammengeschaltet werden?

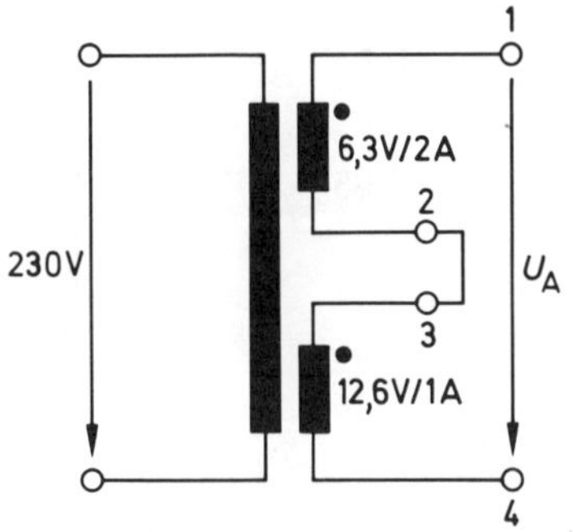

I. 7
B 36

a) U_A = 18,9 V; $I_{sec\,max}$ = 1 A
b) U_A = 18,9 V; $I_{sec\,max}$ = 2 A
c) U_A = 18,9 V; $I_{sec\,max}$ = 3 A
d) U_A = 12,6 V; $I_{sec\,max}$ = 1 A
e) U_A = 6,3 V; $I_{sec\,max}$ = 2 A

Wertigkeit **2** P Bewertung P

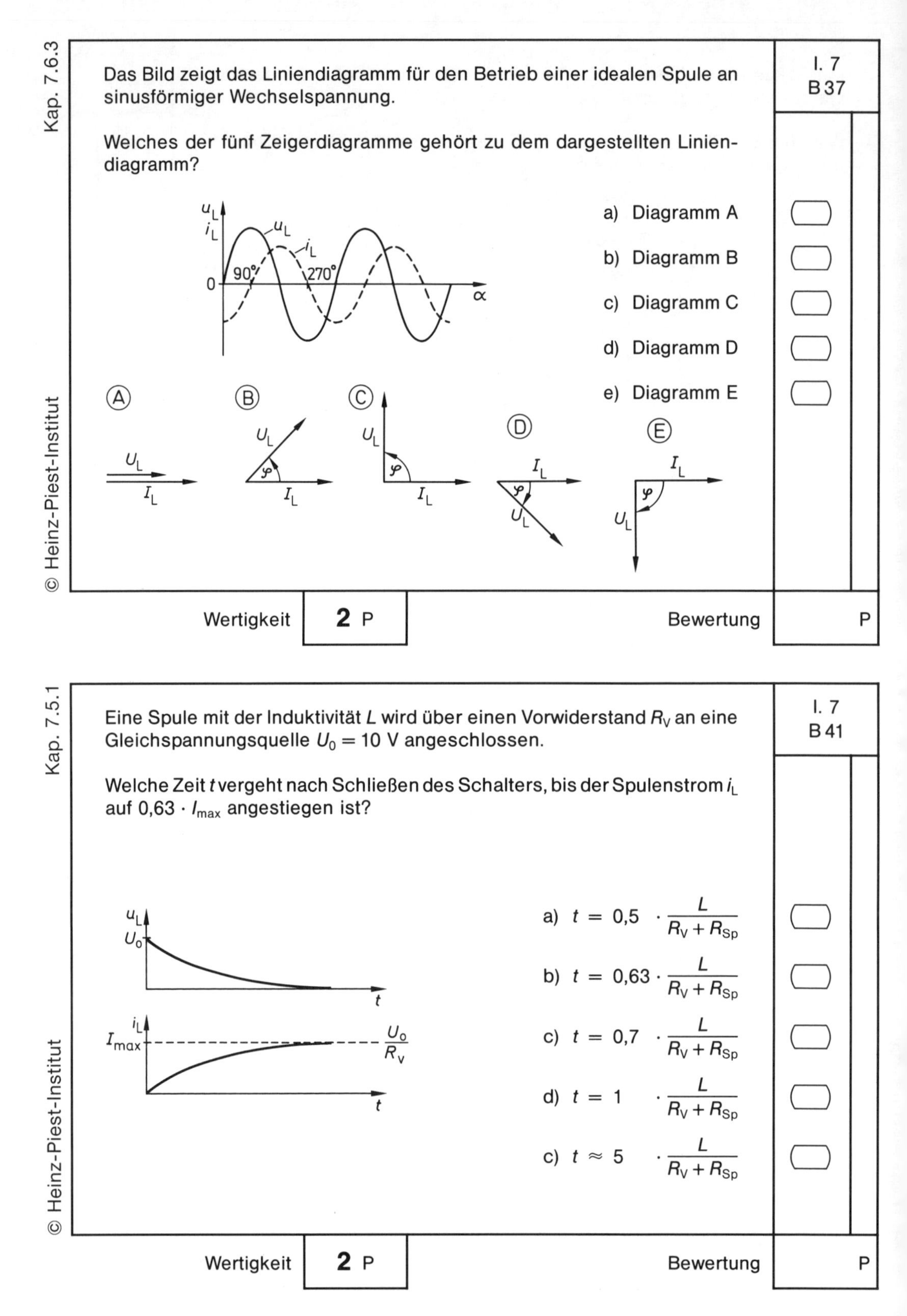

Kap. 7.6.3
Das Bild zeigt das Liniendiagramm für den Betrieb einer idealen Spule an sinusförmiger Wechselspannung.
Welches der fünf Zeigerdiagramme gehört zu dem dargestellten Liniendiagramm?
u_L
i_L
90°
270°
0
α
a) Diagramm A
b) Diagramm B
c) Diagramm C
d) Diagramm D
e) Diagramm E
A
B
C
D
E
U_L
I_L
φ
I. 7
B 37
© Heinz-Piest-Institut
Wertigkeit
2 P
Bewertung
P
Kap. 7.5.1
Eine Spule mit der Induktivität L wird über einen Vorwiderstand R_V an eine Gleichspannungsquelle $U_0 = 10$ V angeschlossen.
Welche Zeit t vergeht nach Schließen des Schalters, bis der Spulenstrom i_L auf $0{,}63 \cdot I_{max}$ angestiegen ist?
u_L
U_0
t
i_L
I_{max}
$\frac{U_0}{R_V}$
a) $t = 0{,}5 \cdot \frac{L}{R_V + R_{Sp}}$
b) $t = 0{,}63 \cdot \frac{L}{R_V + R_{Sp}}$
c) $t = 0{,}7 \cdot \frac{L}{R_V + R_{Sp}}$
d) $t = 1 \cdot \frac{L}{R_V + R_{Sp}}$
c) $t \approx 5 \cdot \frac{L}{R_V + R_{Sp}}$
I. 7
B 41
© Heinz-Piest-Institut
Wertigkeit
2 P
Bewertung
P

I. 7 B 43

Eine Spule mit der Induktivität L wird über einen Vorwiderstand R_V an eine Gleichspannungsquelle $U_0 = 10$ V angeschlossen.

Welche Zeit t vergeht nach Schließen des Schalters, bis die Spulenspannung u_L auf $0{,}5 \cdot U_0$ abgesunken ist?

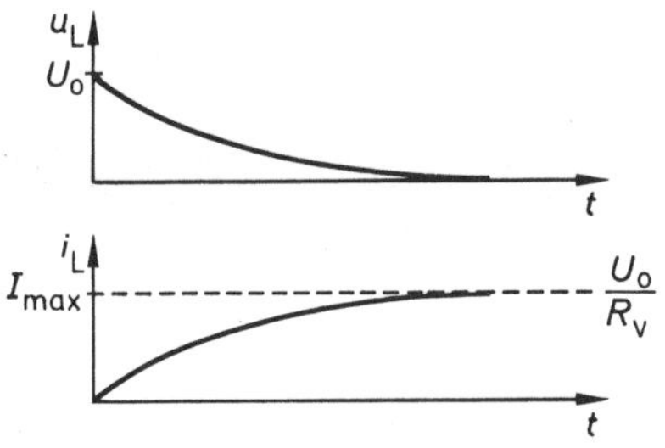

u_L, U_0, t, i_L, I_{max}, $\frac{U_0}{R_V}$, t

a) $t = 0{,}37 \cdot \frac{L}{R_V + R_{Sp}}$

b) $t = 0{,}5 \cdot \frac{L}{R_V + R_{Sp}}$

c) $t = 0{,}7 \cdot \frac{L}{R_V + R_{Sp}}$

d) $t = 1 \cdot \frac{L}{R_V + R_{Sp}}$

c) $t \approx 5 \cdot \frac{L}{R_V + R_{Sp}}$

Wertigkeit **2** P Bewertung P

I. 7 B 46

Zwei Spulen L1 und L2 sind parallelgeschaltet und an eine Spannungsquelle angeschlossen.

Welche der fünf Aussagen gilt für die Gesamtinduktivität L_g einer derartigen Schaltung?

a) L_g ist die Summe aus den Einzelinduktivitäten *L1* und *L2*

b) L_g ist das Produkt aus den Einzelinduktivitäten *L1* und *L2*

c) L_g ist der Kehrwert aus der Summe der Einzelinduktivitäten *L1* und *L2*

d) L_g ist der Quotient aus der Summe der Einzelinduktivitäten *L1* und *L2*

e) Der Kehrwert von L_g ist gleich der Summe der Kehrwerte von *L1* und *L2*

Wertigkeit **2** P Bewertung P

Kap. 7.4.3

I. 7
B 48

Zwei Spulen L1 und L2 sind parallelgeschaltet und an eine Wechselspannungsquelle angeschlossen.

Welche der fünf Aussagen gilt für den gesamten Wechselstromwiderstand X_{Lg} in einem derartigen Stromkreis?

a) X_{Lg} ist der Kehrwert aus der Summe der Einzelwiderstände X_{L1} und X_{L2}

b) X_{Lg} ist der Quotient aus der Summe der Einzelwiderstände X_{L1} und X_{L2}

c) X_{Lg} ist die Summe aus den Einzelwiderständen X_{L1} und X_{L2}

d) Der Kehrwert von X_{Lg} ist gleich der Summe der Kehrwerte aus X_{L1} und X_{L2}

e) X_{Lg} ist das Produkt aus den Einzelwiderständen X_{L1} und X_{L2}

Wertigkeit **2** P Bewertung P

Kap. 7.6.2.2

I. 7
B 50

Eine Spule mit der Induktivität $L = 300$ mH wird von einem Strom $I = 2$ A durchflossen und hat dabei eine Energie $W = 0{,}6$ Ws gespeichert.

Wie ändert sich die gespeicherte Energie, wenn der Strom auf $I = 1$ A verringert wird?

a) W steigt um den Faktor 2

b) W sinkt auf den halben Wert

c) W steigt um den Faktor 4

d) W sinkt auf 1/4 des ursprünglichen Wertes

e) W bleibt unverändert

Wertigkeit **2** P Bewertung P

 Kap. 7.2.2.4

I. 7
B 53

Eine Luftspule einer Windungszahl $N_1 = 100$ hat eine magnetische Feldstärke $H = 5$ A/cm.

Wie ändert sich die Feldstärke, wenn bei konstantem Strom und gleicher Feldlinienstärke die Zahl der Windungen auf $N_2 = 50$ verringert wird?

a) H steigt um den Faktor 2

b) H sinkt auf den halben Wert

c) H steigt um den Faktor 4

d) H sinkt auf 1/4 des ursprünglichen Wertes

e) H bleibt unverändert

Wertigkeit **2** P Bewertung P

 Kap. 7.2.2.4

I. 7
B 58

Die dargestellte Zylinderspule erzeugt eine magnetische Induktion $B = 100$ mT, wenn ein Eisenkern mit $\mu_r = 100$ vorhanden ist.

Wie ändert sich die magnetische Induktion, wenn der Eisenkern aus der Spule entfernt wird?

S N

a) B steigt auf 1 T

b) B steigt auf 10 T

c) B sinkt auf 10 mT

d) B sinkt auf 1 mT

e) B sinkt auf 0,1 mT

Wertigkeit **2** P Bewertung P

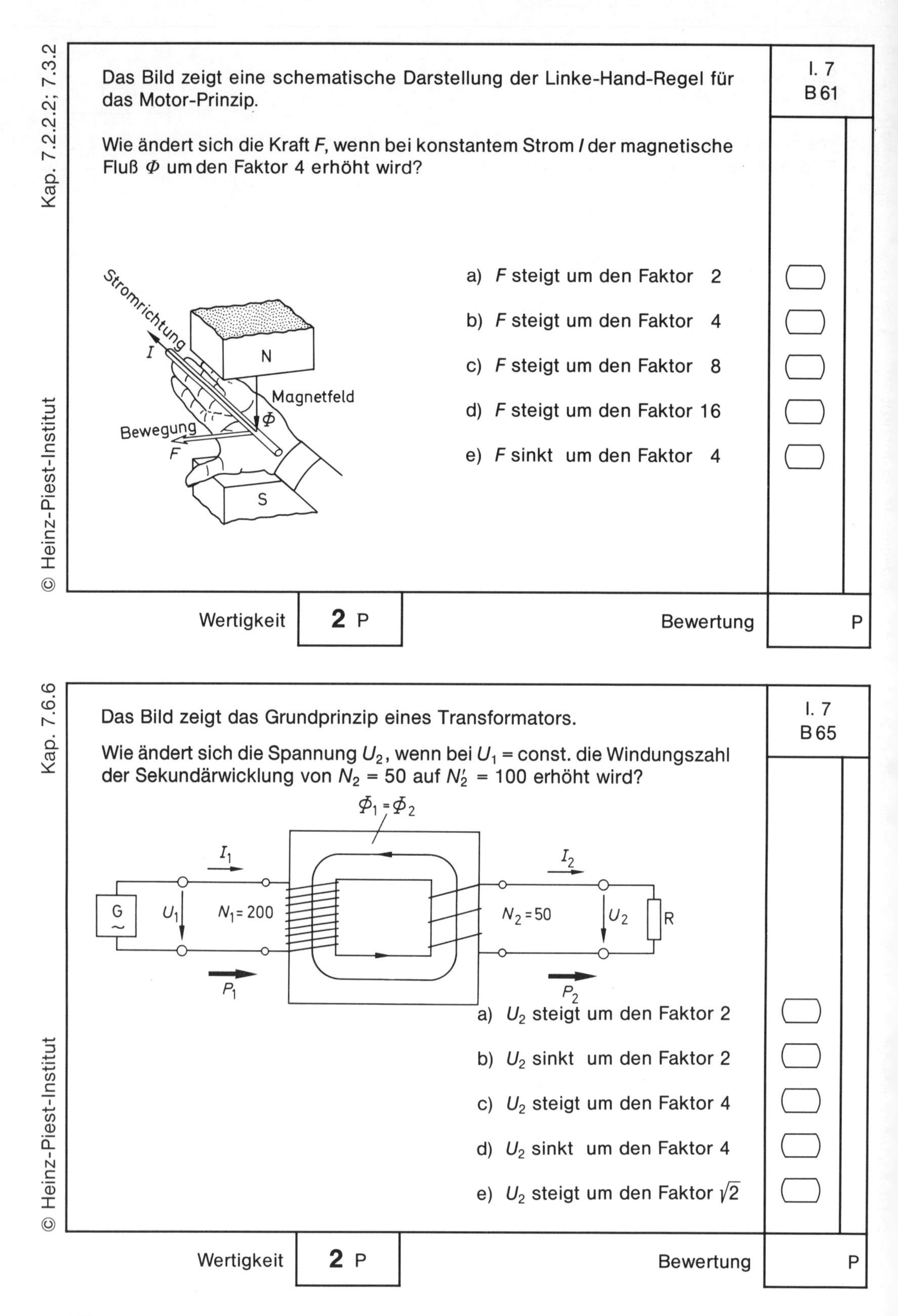

Kap. 7.2.2.2; 7.3.2

I. 7
B 61

Das Bild zeigt eine schematische Darstellung der Linke-Hand-Regel für das Motor-Prinzip.

Wie ändert sich die Kraft F, wenn bei konstantem Strom I der magnetische Fluß Φ um den Faktor 4 erhöht wird?

a) F steigt um den Faktor 2

b) F steigt um den Faktor 4

c) F steigt um den Faktor 8

d) F steigt um den Faktor 16

e) F sinkt um den Faktor 4

Wertigkeit **2** P

Bewertung P

Kap. 7.6.6

I. 7
B 65

Das Bild zeigt das Grundprinzip eines Transformators.

Wie ändert sich die Spannung U_2, wenn bei U_1 = const. die Windungszahl der Sekundärwicklung von $N_2 = 50$ auf $N_2' = 100$ erhöht wird?

a) U_2 steigt um den Faktor 2

b) U_2 sinkt um den Faktor 2

c) U_2 steigt um den Faktor 4

d) U_2 sinkt um den Faktor 4

e) U_2 steigt um den Faktor $\sqrt{2}$

Wertigkeit **2** P

Bewertung P

Kap. 7.6.6

Ein Transformator hat ein Übersetzungsverhältnis $ü = 4$. Auf der Sekundärseite ist ein Widerstand $R = 100\ \Omega$ angeschlossen.

Wie ändert sich der auf die Primärseite transformierte Widerstand R_1, wenn durch Änderung der Windungszahl der Transformator ein Übersetzungsverhältnis $ü = 2$ erhält?

I. 7
B67

a) R_1 steigt auf den doppelten Wert

b) R_1 steigt auf den vierfachen Wert

c) R_1 sinkt auf den halben Wert

d) R_1 sinkt auf 1/4 seines ursprünglichen Wertes

e) R_1 bleibt unverändert, weil keine Widerstände transformiert werden können

Wertigkeit **2** P Bewertung P

Kap. 7.5.1

Eine Spule hat die Nenndaten 12 V/0,5 A für Gleichspannungsbetrieb.

Welchen Widerstandswert muß ein Vorwiderstand R_v haben, damit die Spule an einer Gleichspannung $U = 24$ V betrieben werden kann?

I. 7
C2

RECHNUNG

a) $R_v = 6\ \Omega$

b) $R_v = 12\ \Omega$

c) $R_v = 24\ \Omega$

d) $R_v = 60\ \Omega$

e) $R_v = 240\ \Omega$

Wertigkeit **3** P Bewertung P

Kap. 7.2.2.4

I. 7
C3

Eine Ringspule soll bei einer mittleren Feldlinienlänge $l_m = 300$ mm eine magnetische Feldstärke $H = 450$ A/m aufbauen.

Wie groß ist die zugehörige elektrische Durchflutung?

RECHNUNG

a) $\Theta = 1350$ A

b) $\Theta = 450$ A

c) $\Theta = 150$ A

d) $\Theta = 135$ A

e) $\Theta = 90$ A

Wertigkeit **3** P   Bewertung P

Kap. 7.4.3

I. 7
C5

Durch eine Spule mit der Induktivität $L = 200$ mH fließt ein Strom $I = 0{,}5$ A.

Wie groß ist die in der Spule gespeicherte elektromagnetische Energie W_{magn}?

RECHNUNG

a) $W_{magn} = 2{,}5$ mWs

b) $W_{magn} = 5$ mWs

c) $W_{magn} = 25$ mWs

d) $W_{magn} = 50$ mWs

e) $W_{magn} = 250$ mWs

Wertigkeit **3** P   Bewertung P

I. 7
C 8

Eine Spule mit der Induktivität $L = 200$ mH wird über einen Vorwiderstand $R_V = 240\ \Omega$ an eine Spannung $U_0 = 200$ V gelegt.

Wie groß ist der maximale Strom I_{max}, wenn der Schalter geschlossen wurde.

RECHNUNG

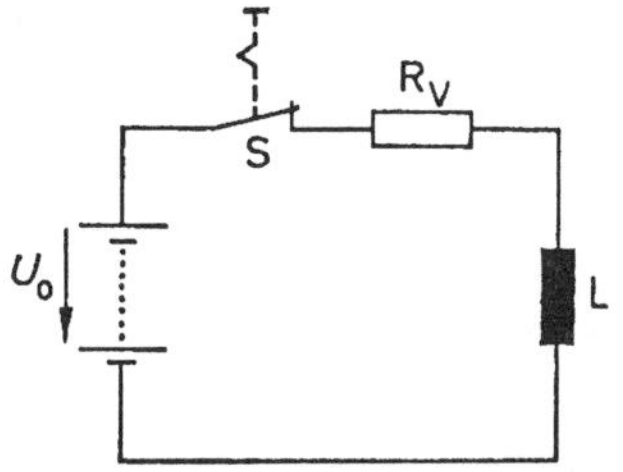

S, R_V, U_0, L

a) $I_{max} = 480$ mA

b) $I_{max} = 833$ mA

c) $I_{max} = 1{,}66$ A

d) $I_{max} = 3{,}33$ A

e) $I_{max} = 4{,}8$ A

Wertigkeit **3** P | Bewertung P

I. 7
C 9

Eine Spule mit der Induktivität $L = 120$ mH wird über einen Vorwiderstand $R_V = 12\ \Omega$ an eine Spannung $U_0 = 10$ V gelegt.

Wie groß ist die Zeitkonstante τ_{ein}, wenn der Schalter S geschlossen wird?

RECHNUNG

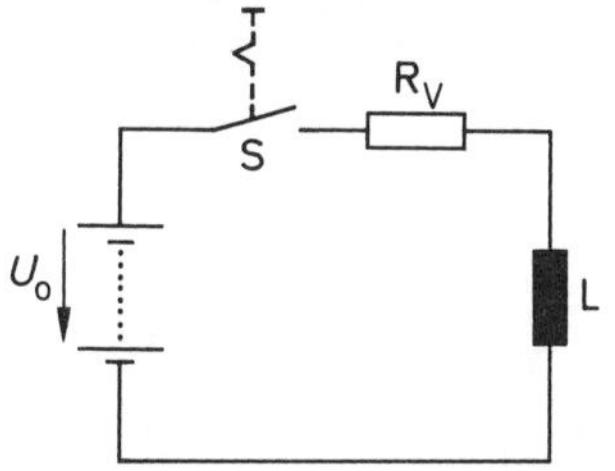

S, R_V, U_0, L

a) $\tau_{ein} = 10$ ms

b) $\tau_{ein} = 14{,}4$ ms

c) $\tau_{ein} = 100$ ms

d) $\tau_{ein} = 144$ ms

e) $\tau_{ein} = 1$ s

Wertigkeit **3** P | Bewertung P

Kap. 7.6.1

Eine Spule hat die Induktivität $L = 200$ mH.

Wie groß ist ihr induktiver Blindwiderstand
X_{L1} bei Betrieb am 50 Hz-Netz und
X_{L2} bei Betrieb an einer Wechselspannung mit $f = 300$ Hz?

I. 7
C 10

RECHNUNG

a) X_{L1} = 6,28 Ω; X_{L2} = 37,7 Ω

b) X_{L1} = 62,8 Ω; X_{L2} = 377 Ω

c) X_{L1} = 62,8 Ω; X_{L2} = 1130 Ω

d) X_{L1} = 377 Ω; X_{L2} = 3,77 kΩ

e) X_{L1} = 377 Ω; X_{L2} = 628 Ω

Wertigkeit **3** P

Bewertung P

Kap. 7.6.2.1

Zwei ideale Spulen $L_1 = 100$ mH und $L_2 = 400$ mH sind in der angegebenen Weise zusammengeschaltet und an eine Spannung U mit der Frequenz $f = 60$ Hz angeschlossen. Dabei fließt ein Strom $I = 1{,}17$ A.

Wie groß ist die Spannung U?

I. 7
C 14

RECHNUNG

I
G
~
U
U_1
L1
U_2
L2

a) U = 22 V

b) U = 44 V

c) U = 176 V

d) U = 220 V

e) U = 240 V

Wertigkeit **3** P

Bewertung P

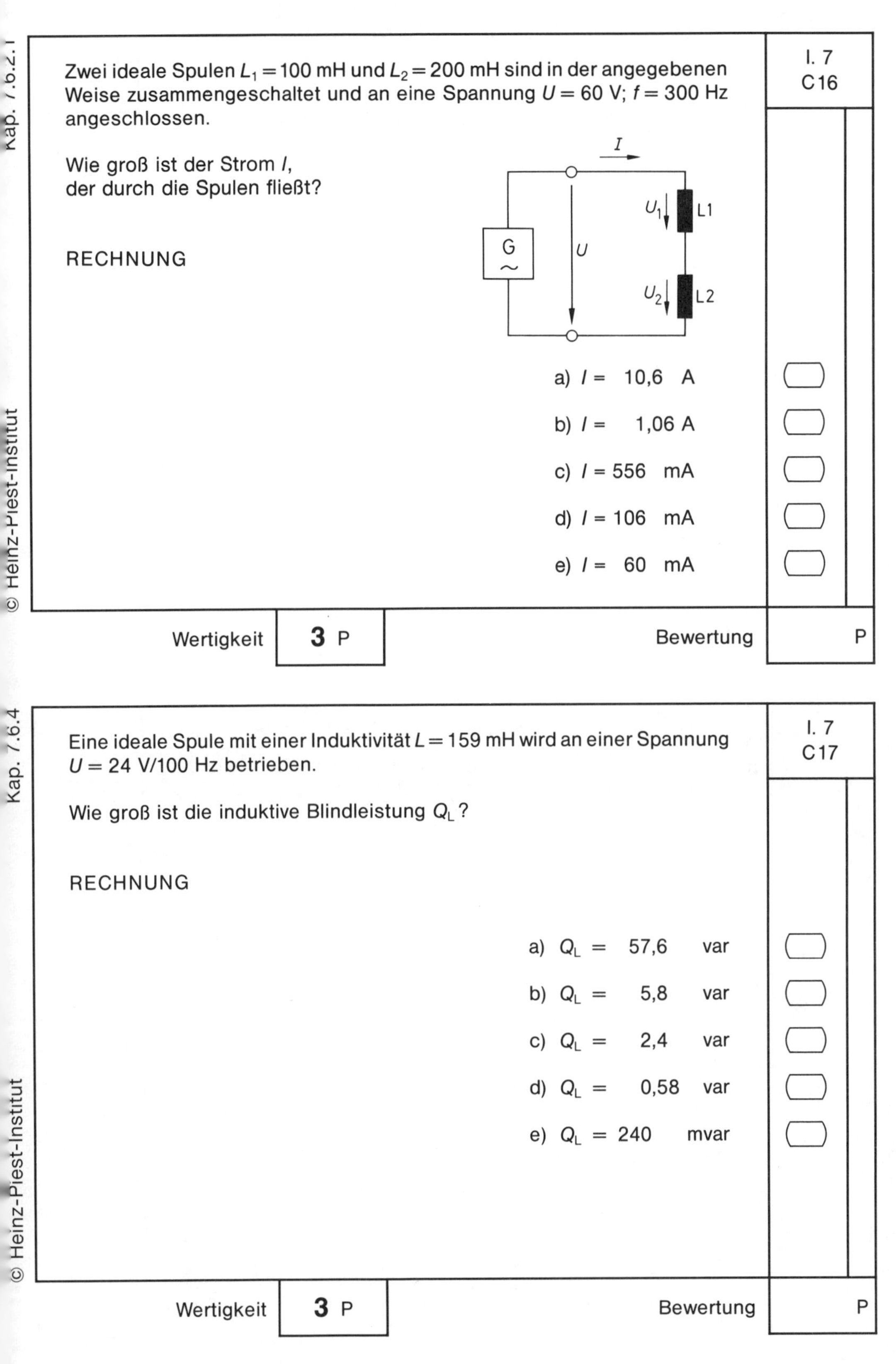

Kap. 7.6.2.1

I. 7
C16

Zwei ideale Spulen $L_1 = 100$ mH und $L_2 = 200$ mH sind in der angegebenen Weise zusammengeschaltet und an eine Spannung $U = 60$ V; $f = 300$ Hz angeschlossen.

Wie groß ist der Strom I, der durch die Spulen fließt?

RECHNUNG

a) $I =$ 10,6 A

b) $I =$ 1,06 A

c) $I =$ 556 mA

d) $I =$ 106 mA

e) $I =$ 60 mA

Wertigkeit **3** P

Bewertung P

Kap. 7.6.4

I. 7
C17

Eine ideale Spule mit einer Induktivität $L = 159$ mH wird an einer Spannung $U = 24$ V/100 Hz betrieben.

Wie groß ist die induktive Blindleistung Q_L?

RECHNUNG

a) $Q_L =$ 57,6 var

b) $Q_L =$ 5,8 var

c) $Q_L =$ 2,4 var

d) $Q_L =$ 0,58 var

e) $Q_L =$ 240 mvar

Wertigkeit **3** P

Bewertung P

Kap. 7.7.1

I. 7
C 18

Eine verlustbehaftete Spule hat einen Spulenwiderstand $R_{Sp} = 1{,}5\ \Omega$.

Welchen Wert muß der induktive Blindwiderstand X_L mindestens haben, damit der Verlustfaktor $\tan\delta = 0{,}1$ bei $f = 1$ kHz nicht überschritten wird?

RECHNUNG

a) $X_L = 150\ \Omega$

b) $X_L = 66{,}6\ \Omega$

c) $X_L = 15\ \Omega$

d) $X_L = 6{,}7\ \Omega$

e) $X_L = 1{,}5\ \Omega$

Wertigkeit **3** P

Bewertung P

Kap. 7.6.1; 7.6.2.2

I. 7
C 21

Welchen Wert hat der induktive Blindwiderstand X_{Lg}, wenn die Spulen $L_1 = 10$ mH und $L_2 = 20$ mH in der angegebenen Weise zusammengeschaltet sind und an einer Spannung mit $f = 1$ kHz betrieben werden?

RECHNUNG

a) $X_{Lg} = 6{,}67\ \Omega$

b) $X_{Lg} = 41{,}9\ \Omega$

c) $X_{Lg} = 62{,}8\ \Omega$

d) $X_{Lg} = 419\ \Omega$

e) $X_{Lg} = 628\ \Omega$

Wertigkeit **3** P

Bewertung P

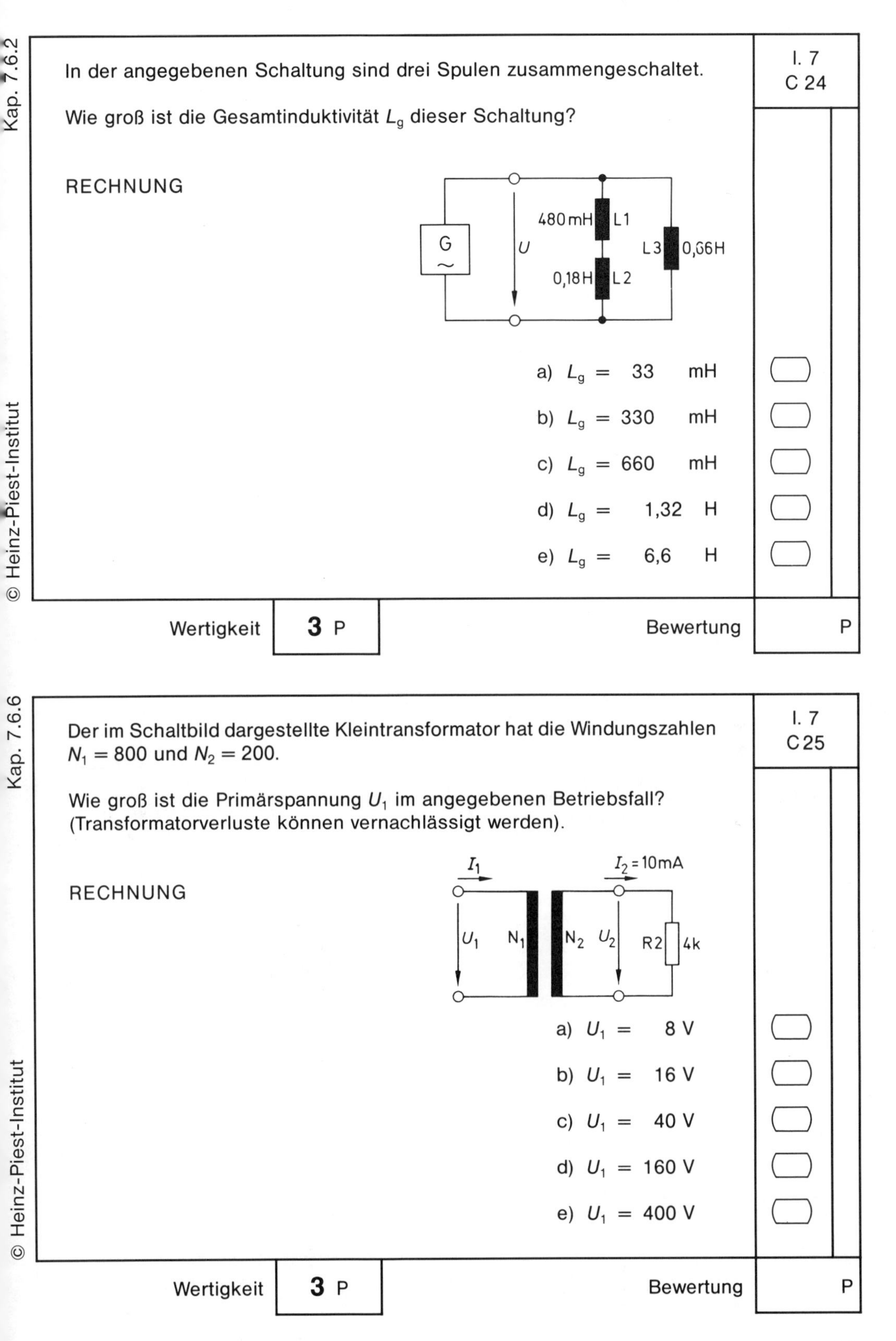

Kap. 7.6.2

I. 7
C 24

In der angegebenen Schaltung sind drei Spulen zusammengeschaltet.

Wie groß ist die Gesamtinduktivität L_g dieser Schaltung?

RECHNUNG

a) L_g = 33 mH

b) L_g = 330 mH

c) L_g = 660 mH

d) L_g = 1,32 H

e) L_g = 6,6 H

Wertigkeit **3** P

Bewertung P

Kap. 7.6.6

I. 7
C 25

Der im Schaltbild dargestellte Kleintransformator hat die Windungszahlen $N_1 = 800$ und $N_2 = 200$.

Wie groß ist die Primärspannung U_1 im angegebenen Betriebsfall? (Transformatorverluste können vernachlässigt werden).

RECHNUNG

a) U_1 = 8 V

b) U_1 = 16 V

c) U_1 = 40 V

d) U_1 = 160 V

e) U_1 = 400 V

Wertigkeit **3** P

Bewertung P

Kap. 7.6.6

Mit einem Kleintransformator soll die Primärspannung $U_1 = 220$ V auf eine kleinere Spannung heruntertransformiert werden. Das Übersetzungsverhältnis beträgt $ü = 10$.

I. 7
C 26

Wie groß ist der dem Netz entnommene Primärstrom I_1, wenn ein Sekundärstrom $I_2 = 1{,}5$ A fließt?
(Die Transformatorverluste können vernachlässigt werden).

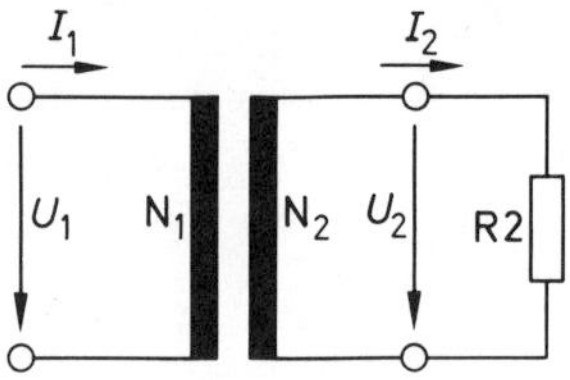

I_1 I_2 U_1 N_1 N_2 U_2 R2

RECHNUNG

a) $I_1 = 7{,}5$ mA

b) $I_1 = 150$ mA

c) $I_1 = 250$ mA

d) $I_1 = 500$ mA

e) $I_1 = 1{,}5$ A

Wertigkeit **3** P

Bewertung P

Kap. 7.6.6

Mit einem Übertrager soll ein Widerstand $R_2 = 4\ \Omega$ auf $R_1 = 3600\ \Omega$ transformiert werden.

I. 7
C 30

Welches Übersetzungsverhältnis $ü$ muß der Übertrager haben?

RECHNUNG

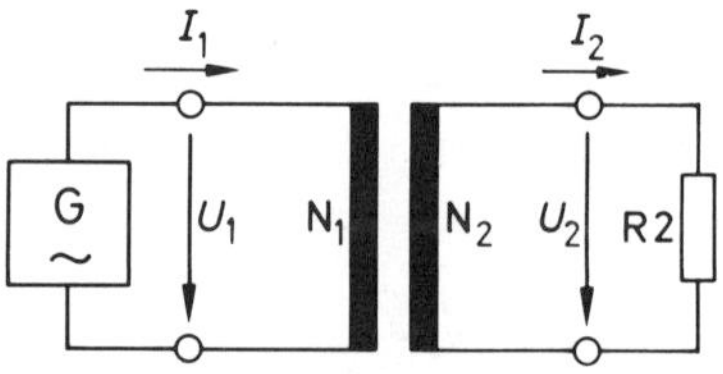

I_1 I_2 G ~ U_1 N_1 N_2 U_2 R2

a) $ü = 3$

b) $ü = 16$

c) $ü = 22{,}5$

d) $ü = 30$

e) $ü = 900$

Wertigkeit **3** P

Bewertung P

I. 8
Zusammenwirken von Wirk- und Blindwiderständen

Kap. 8.2

Für jedes rechtwinkelige Dreieck gilt der Lehrsatz des Pythagoras.

Wie lautet die Formel für den Lehrsatz, wenn die Hypotenuse mit *a*, die Ankathete mit *b* und die Gegenkathete mit *c* bezeichnet wurden?

I. 8
A 3

a) $c^2 = a^2 + b^2$

b) $a^2 = c^2 - b^2$

c) $b^2 = c^2 - a^2$

d) $a^2 = b^2 + c^2$

e) $c^2 = b^2 - a^2$

Wertigkeit **1** P

Bewertung P

Kap. 8.2

Das Bild zeigt ein rechtwinkeliges Dreieck mit den Seiten *a*, *b* und *c*.

Mit welcher der angegebenen Gleichungen läßt sich der Sinus des Winkels γ ermitteln?

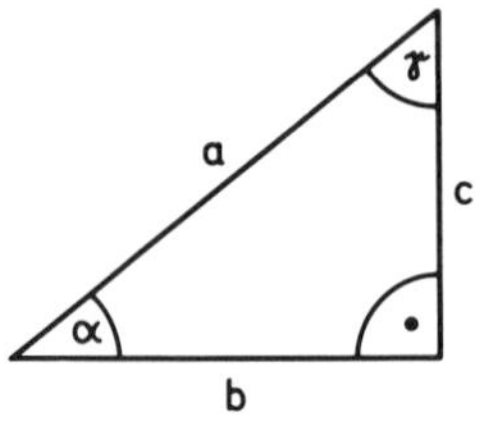

I. 8
A 9

a) $\sin\gamma = \frac{a}{b}$

b) $\sin\gamma = \frac{b}{a}$

c) $\sin\gamma = \frac{a}{c}$

d) $\sin\gamma = \frac{b}{c}$

e) $\sin\gamma = \frac{c}{a}$

Wertigkeit **1** P

Bewertung P

Eine Reihenschaltung aus Widerstand R und Kondensator C ist an eine sinusförmige Wechselspannung angeschlossen. Die Zusammenhänge der Spannungen lassen sich grafisch mit Hilfe von Zeigerdiagrammen darstellen.	I. 8 A 13

Welches Zeigerdiagramm gibt die Zusammenhänge bei der R-C-Reihenschaltung richtig wieder?

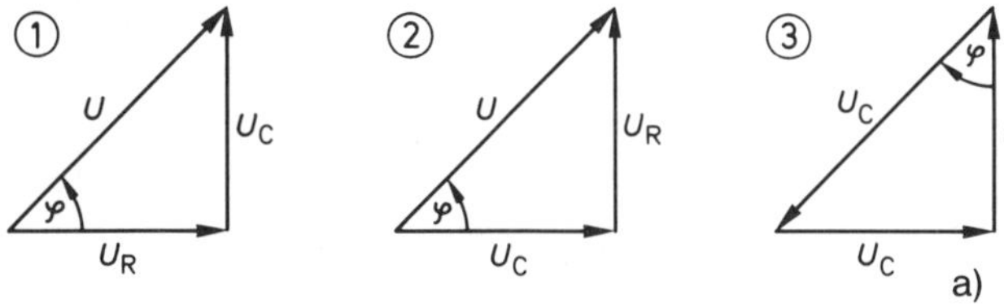

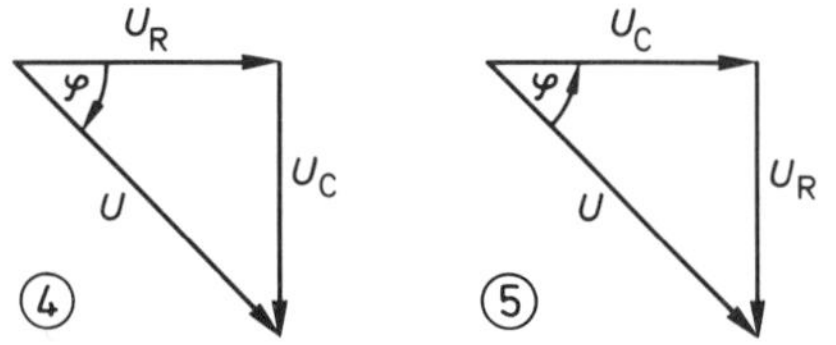

a) Diagramm ①

b) Diagramm ②

c) Diagramm ③

d) Diagramm ④

e) Diagramm ⑤

Wertigkeit **1** P Bewertung P

Sind Wirk- und Blindwiderstände an eine sinusförmige Wechselspannung angeschlossen, so lassen sich die Zusammenhänge der Spannungen mit Hilfe von Zeigerdiagrammen darstellen.	I. 8 A 17

Für welche Schaltung gilt das dargestellte Zeigerdiagramm?

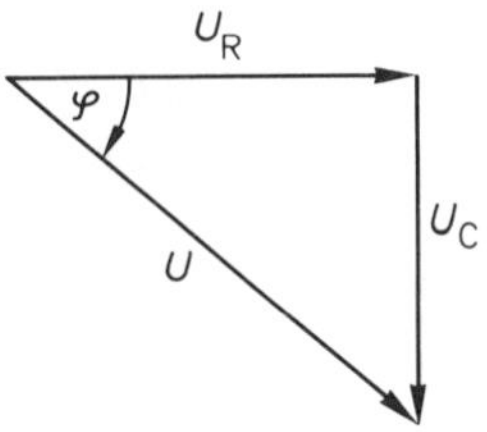

a) R-L-Reihenschaltung

b) R-C-Reihenschaltung

c) R-L-Parallelschaltung

d) R-C-Parallelschaltung

e) Parallelschwingkreis

Wertigkeit **1** P Bewertung P

Kap. 8.3.1.6

I. 8
A 23

Die Grenzfrequenz f_g ist eine charakteristische Frequenz einer Reihenschaltung aus R und C.

In welchem Verhältis stehen die Teilspannungen U_R und U_C bei Betrieb der Schaltung mit der Grenzfrequenz?

a) $U_R = 0{,}5\, U_C$

b) $U_C = 0{,}5\, U_R$

c) $U_R = \sqrt{2} \cdot U_C$

d) $U_C = \sqrt{2} \cdot U_R$

e) $U_R = U_C$

Wertigkeit **1** P

Bewertung P

Kap. 8.3.2.1; 8.3.2.5

I. 8
A 25

Die dargestellte Schaltung aus Widerständen und Spulen ist an eine sinusförmige Wechselspannung U angeschlossen.

Welcher Zusammenhang besteht zwischen den Bauteilgrößen, der Wechselspannung U und dem Wechselstrom I?

I R1 L1 G ~ U L2 L3 R2

a) $I = \frac{U}{R_1 + R_2}$

b) $I = \frac{U}{R_1 + R_2 + L_1 + L_2 + L_3}$

c) $I = \frac{U}{R_1 + R_2 + X_{L1} + X_{L2} + X_{L3}}$

d) $I = \frac{U}{\sqrt{(R_1 + R_2)^2 + (X_{L1} + X_{L2} + X_{L3})^2}}$

e) $I = \frac{U}{\sqrt{(R_1 + R_2)^2} + \sqrt{(X_{L1} + X_{L2} + X_{L3})^2}}$

Wertigkeit **1** P

Bewertung P

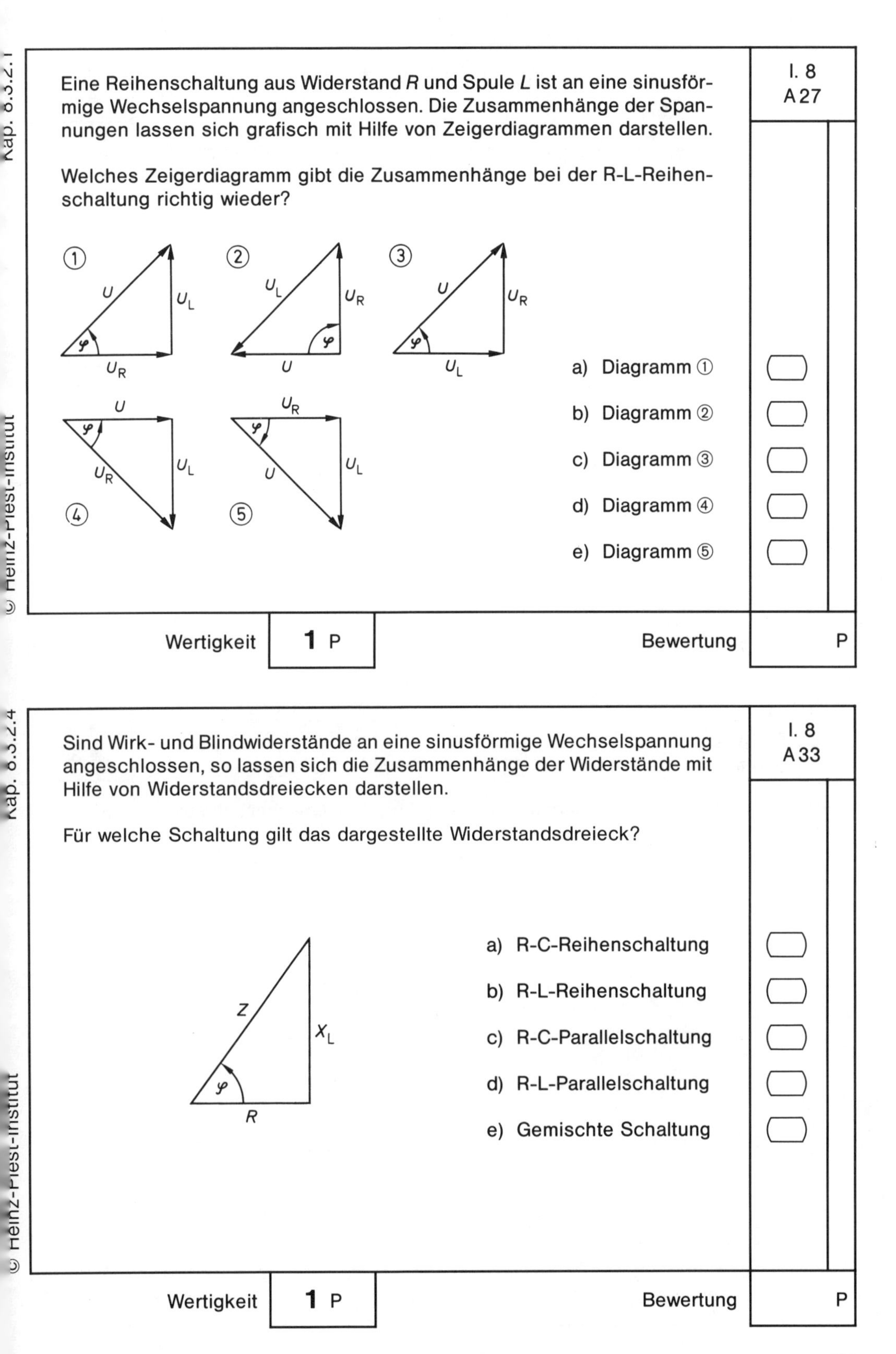

Kap. 8.3.2.1

I. 8
A 27

Eine Reihenschaltung aus Widerstand R und Spule L ist an eine sinusförmige Wechselspannung angeschlossen. Die Zusammenhänge der Spannungen lassen sich grafisch mit Hilfe von Zeigerdiagrammen darstellen.

Welches Zeigerdiagramm gibt die Zusammenhänge bei der R-L-Reihenschaltung richtig wieder?

a) Diagramm ①

b) Diagramm ②

c) Diagramm ③

d) Diagramm ④

e) Diagramm ⑤

Wertigkeit **1** P | Bewertung P

Kap. 8.3.2.4

I. 8
A 33

Sind Wirk- und Blindwiderstände an eine sinusförmige Wechselspannung angeschlossen, so lassen sich die Zusammenhänge der Widerstände mit Hilfe von Widerstandsdreiecken darstellen.

Für welche Schaltung gilt das dargestellte Widerstandsdreieck?

a) R-C-Reihenschaltung

b) R-L-Reihenschaltung

c) R-C-Parallelschaltung

d) R-L-Parallelschaltung

e) Gemischte Schaltung

Wertigkeit **1** P | Bewertung P

Kap. 8.3.3.1

I. 8
A 35

Bei R-C- und R-L-Reihenschaltungen, die an sinusförmige Wechselspannungen angeschlossen sind, treten verschiedene Leistungen auf.

Wie wird die Leistung bezeichnet, die in einem ohmschen Widerstand umgesetzt wird?

a) Scheinleistung P mit der Einheit W

b) Blindleistung Q mit der Einheit W oder var

c) Wirkleistung S mit der Einheit VA

d) Wirkleistung P mit der Einheit W

e) Scheinleistung S mit der Einheit VA

Wertigkeit **1** P   Bewertung P

Kap. 8.3.3.1

I. 8
A 37

Bei R-C- und R-L-Reihenschaltungen, die an sinusförmige Wechselspannungen angeschlossen sind, treten verschiedene Leistungen auf.

Wie wird die Leistung bezeichnet, die in einer R-C-Reihenschaltung auftritt?

a) Wirkleistung P mit der Einheit W

b) Blindleistung Q mit der Einheit W oder var

c) Wirkleistung S mit der Einheit VA

d) Scheinleistung Q mit der Einheit W oder var

e) Scheinleistung S mit der Einheit VA

Wertigkeit **1** P   Bewertung P

I. 8
A 46

Ist eine R-C-Parallelschaltung an eine sinusförmige Wechselspannung angeschlossen, treten Wirk-, Blind- und Scheinleistung auf. Die Zusammenhänge lassen sich als Leistungsdreieck grafisch darstellen.

Welches Dreieck gibt die Zusammenhänge der Leistungen einer R-C-Parallelschaltung richtig wieder?

a) Diagramm ①

b) Diagramm ②

c) Diagramm ③

d) Diagramm ④

e) Diagramm ⑤

Wertigkeit **1** P

Bewertung P

I. 8
A 56

Eine R-L-C-Reihenschaltung wird bei Resonanzfrequenz betrieben.

Welches Zeigerdiagramm gibt den Zusammenhang der Widerstände bei Resonanz richtig wieder?

a) Diagramm ①

b) Diagramm ②

c) Diagramm ③

d) Diagramm ④

e) Diagramm ⑤

Wertigkeit **1** P

Bewertung P

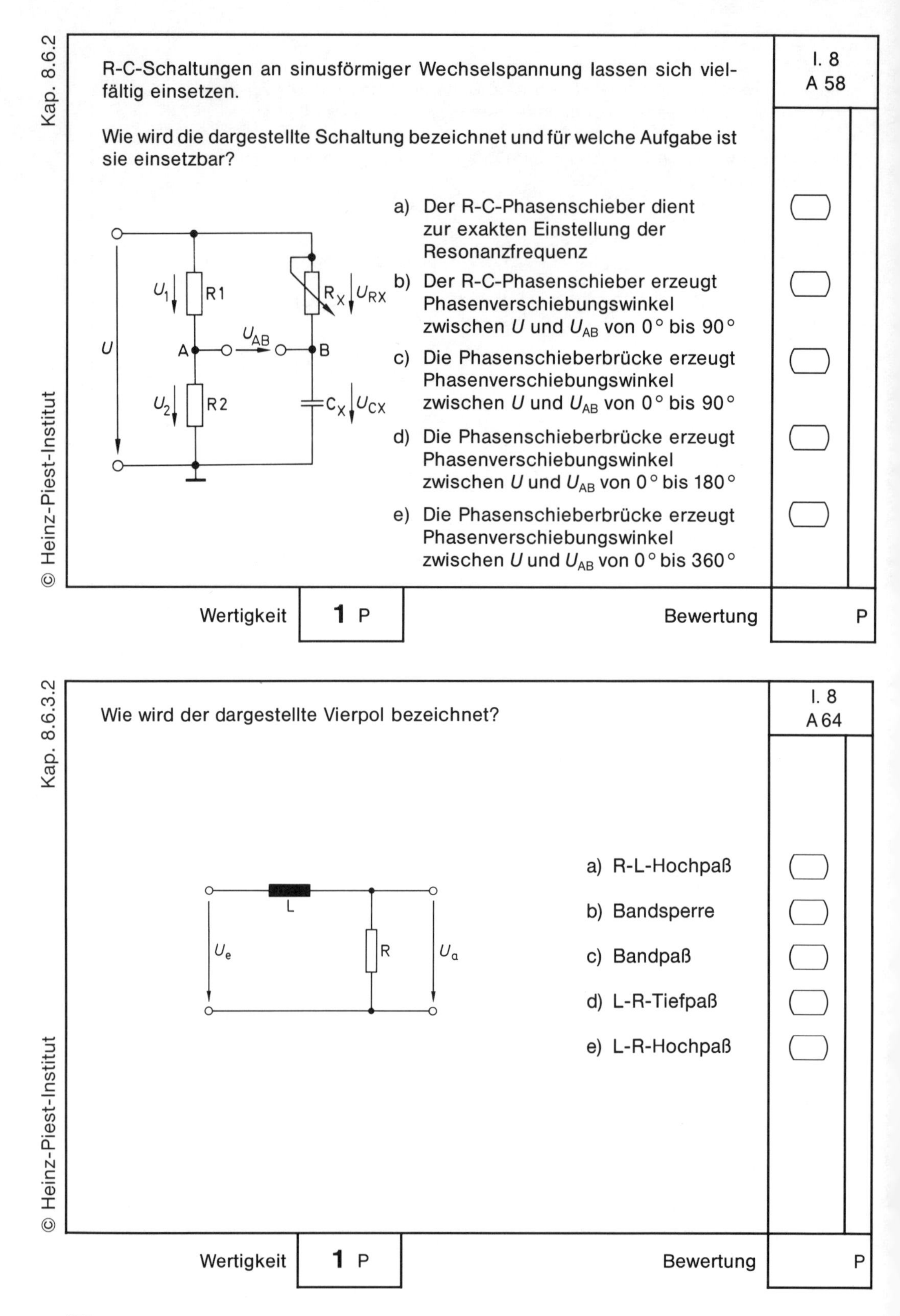

I. 8
A 58

R-C-Schaltungen an sinusförmiger Wechselspannung lassen sich vielfältig einsetzen.

Wie wird die dargestellte Schaltung bezeichnet und für welche Aufgabe ist sie einsetzbar?

a) Der R-C-Phasenschieber dient zur exakten Einstellung der Resonanzfrequenz

b) Der R-C-Phasenschieber erzeugt Phasenverschiebungswinkel zwischen U und U_{AB} von 0° bis 90°

c) Die Phasenschieberbrücke erzeugt Phasenverschiebungswinkel zwischen U und U_{AB} von 0° bis 90°

d) Die Phasenschieberbrücke erzeugt Phasenverschiebungswinkel zwischen U und U_{AB} von 0° bis 180°

e) Die Phasenschieberbrücke erzeugt Phasenverschiebungswinkel zwischen U und U_{AB} von 0° bis 360°

Wertigkeit **1** P — Bewertung P

I. 8
A 64

Wie wird der dargestellte Vierpol bezeichnet?

a) R-L-Hochpaß

b) Bandsperre

c) Bandpaß

d) L-R-Tiefpaß

e) L-R-Hochpaß

Wertigkeit **1** P — Bewertung P

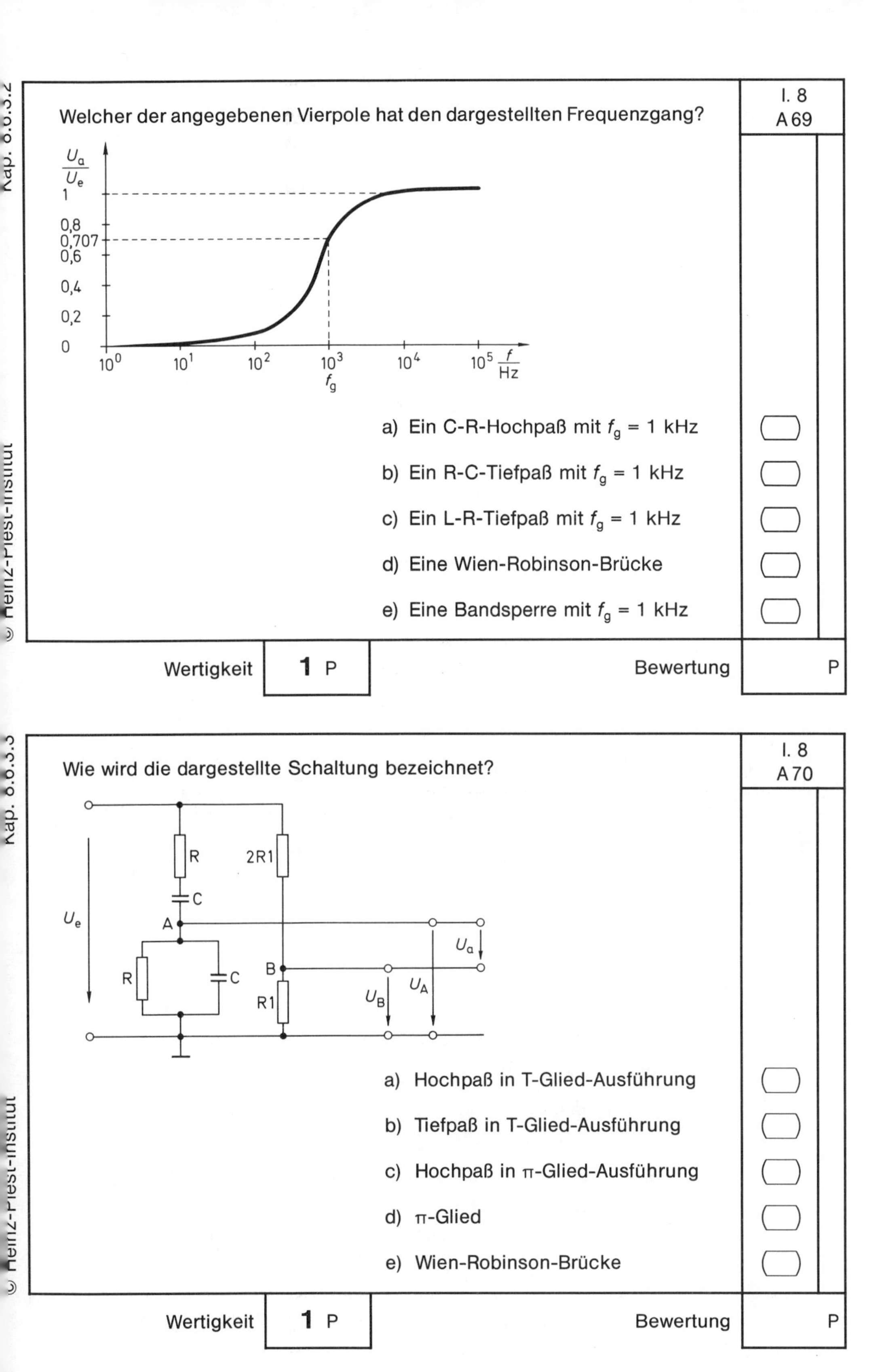
Welcher der angegebenen Vierpole hat den dargestellten Frequenzgang?
I. 8
A 69
Ua/Ue
1
0,8
0,707
0,6
0,4
0,2
0
10^0
10^1
10^2
10^3
fg
10^4
10^5
f/Hz
a) Ein C-R-Hochpaß mit fg = 1 kHz
b) Ein R-C-Tiefpaß mit fg = 1 kHz
c) Ein L-R-Tiefpaß mit fg = 1 kHz
d) Eine Wien-Robinson-Brücke
e) Eine Bandsperre mit fg = 1 kHz
Wertigkeit
1 P
Bewertung
P
Wie wird die dargestellte Schaltung bezeichnet?
I. 8
A 70
R
2R1
C
Ue
A
Ua
R
C
B
R1
UB
UA
a) Hochpaß in T-Glied-Ausführung
b) Tiefpaß in T-Glied-Ausführung
c) Hochpaß in π-Glied-Ausführung
d) π-Glied
e) Wien-Robinson-Brücke
Wertigkeit
1 P
Bewertung
P

Kap. 8.6.3.4

Wie wird die dargestellte Schaltung bezeichnet?

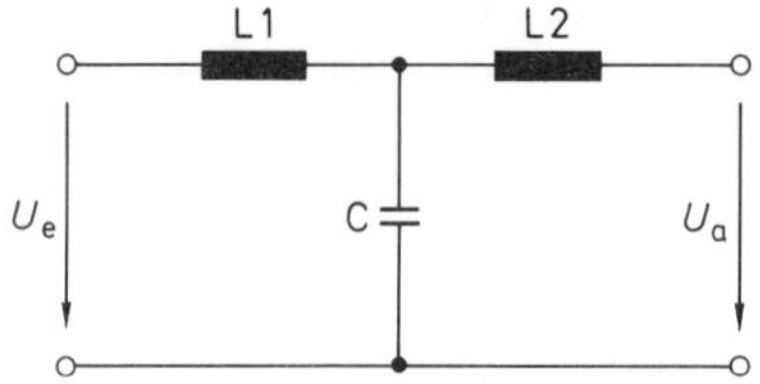

I. 8
A 73

L1 L2 U_e C U_a

a) Hochpaß in T-Glied-Ausführung

b) Tiefpaß in T-Glied-Ausführung

c) Hochpaß in π-Glied-Ausführung

d) π-Glied

e) Wien-Robinson-Brücke

Wertigkeit **1** P

Bewertung P

Kap. 8.3.1.2

Eine Reihenschaltung aus Widerstand R und Kondensator C ist an eine sinusförmige Wechselspannung angeschlossen. Die Zusammenhänge der Spannungen lassen sich grafisch mit Hilfe von Liniendiagrammen darstellen.

I. 8
B 1

Welche Behauptung für die Phasenverschiebung zwischen Gesamtstrom *i* und Gesamtspannung *u*, bezogen auf den Gesamtstrom *i*, ist richtig?

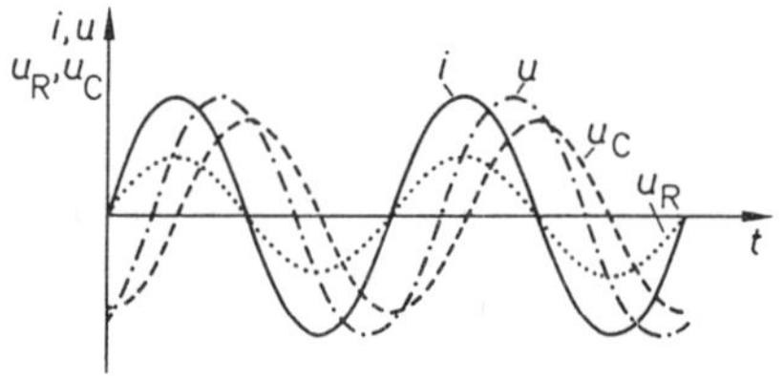

i, u u_R, u_C i u u_C u_R t

a) Der Strom *i* eilt der Spannung *u* um $\varphi = 90°$ voraus

b) Der Strom *i* eilt der Spannung *u* um $\varphi = 90°$ nach

c) Der Strom *i* und die Spannung *u* sind phasengleich, der Winkel beträgt $\varphi = 0°$

d) Der Strom *i* eilt der Spannung *u* voraus, für den Winkel gilt $0° > \varphi > -90°$

e) Der Strom *i* eilt der Spannung *u* nach, für den Winkel gilt $0° > \varphi > +90°$

Wertigkeit **2** P

Bewertung P

 Kap. 8.3.1.6

Eine R-C-Reihenschaltung ist an eine konstante sinusförmige Wechselspannung U angeschlossen.

Welche Änderung tritt ein, wenn das Potentiometer in Richtung des Anschlages a verstellt wird?

I. 8
B 3

a) Die Spannung U_R bleibt konstant

b) Die Spannung U_R wird kleiner

c) Die Spannung U_R wird größer

d) Die Spannung U_C wird größer

e) Die Spannung U_C bleibt konstant

Wertigkeit **2** P | Bewertung P

 Kap. 8.3.1.6

Eine R-C-Reihenschaltung ist an eine konstante sinusförmige Wechselspannung U angeschlossen.

Welche Änderung tritt ein, wenn das Potentiometer in Richtung des Anschlages a verstellt wird?

I. 8
B 5

a) Der Wert des Phasenverschiebungswinkels φ zwischen U und I bleibt konstant

b) Der Wert des Phasenverschiebungswinkels φ zwischen U und I wird größer

c) Der Wert des Phasenverschiebungswinkels φ zwischen U und I wird kleiner

d) Die Spannung U_R wird kleiner

e) Die Spannung U_C wird größer

Wertigkeit **2** P | Bewertung P

Kap. 8.3.1.6

Eine R-C-Reihenschaltung ist an eine konstante sinusförmige Wechselspannung U angeschlossen.

Welche Änderung tritt ein, wenn das Potentiometer in Richtung des Anschlages a verstellt wird?

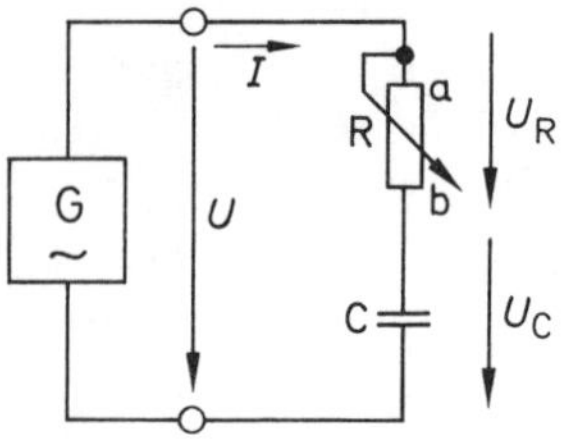

I. 8
B 7

a) Der Strom I wird kleiner

b) Der Scheinwiderstand Z wird kleiner

c) Der Blindwiderstand X_C des Kondensators wird größer

d) Der Wert des Widerstandes R wird kleiner

e) Die Gesamtspannung U bleibt nicht konstant, sondern wird kleiner

Wertigkeit **2** P   Bewertung P

Kap. 8.3.1.6

Eine R-C-Reihenschaltung ist an eine konstante sinusförmige Wechselspannung U angeschlossen.

Welche Änderung tritt ein, wenn das Potentiometer in Richtung des Anschlages b verstellt wird?

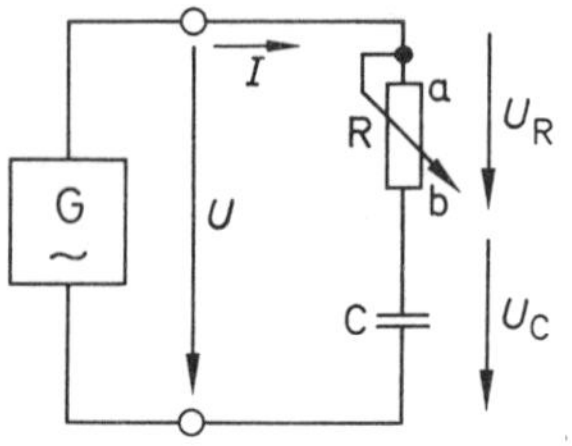

I. 8
B 13

a) Der Wert des Phasenverschiebungswinkels φ zwischen U und I wird kleiner

b) Der Scheinwiderstand Z wird größer

c) Der Scheinwiderstand Z wird kleiner

d) Der Strom I bleibt konstant

e) Der Strom I wird kleiner

Wertigkeit **2** P   Bewertung P

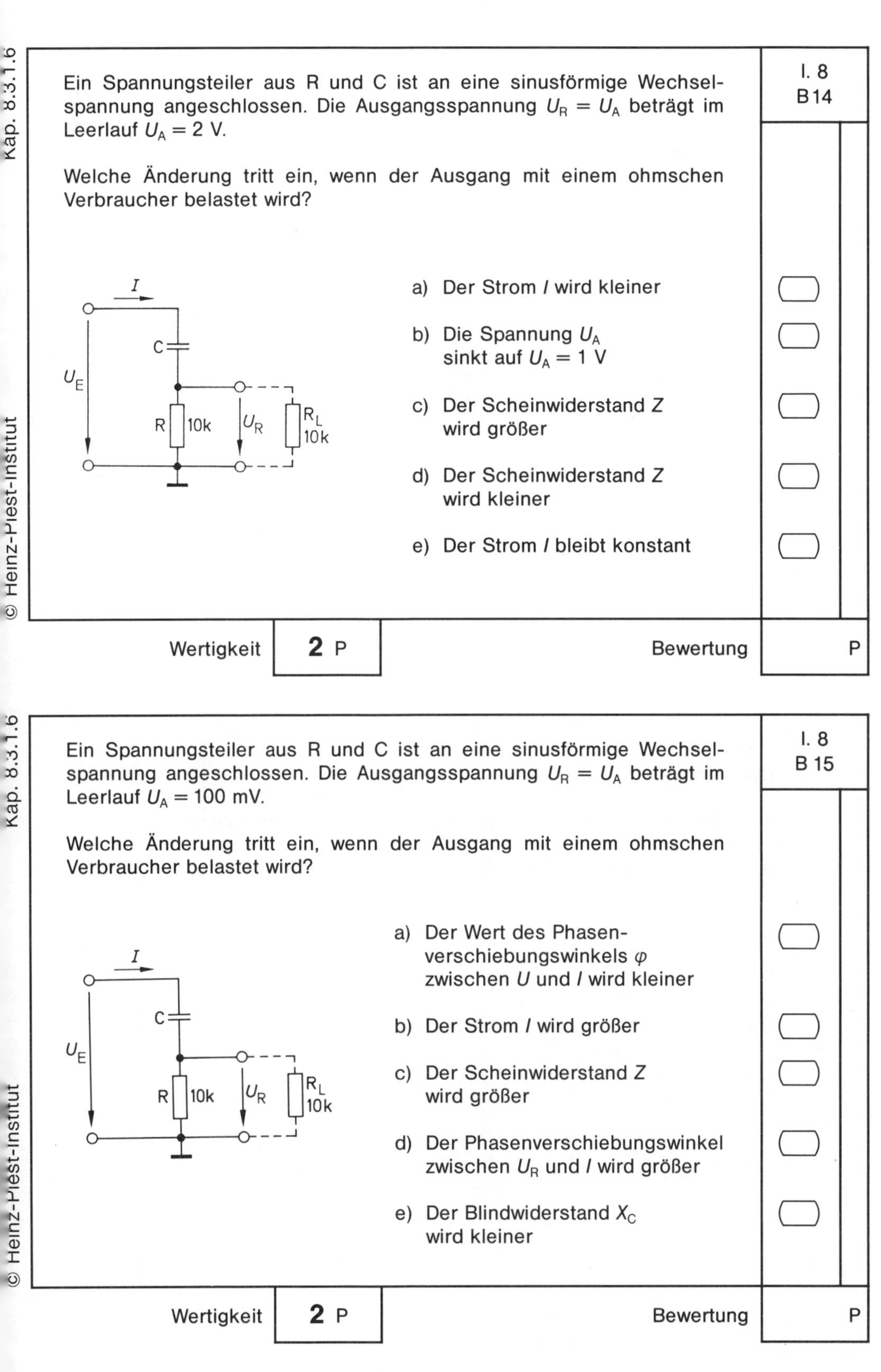

Kap. 8.3.1.6

I. 8
B14

Ein Spannungsteiler aus R und C ist an eine sinusförmige Wechselspannung angeschlossen. Die Ausgangsspannung $U_R = U_A$ beträgt im Leerlauf $U_A = 2$ V.

Welche Änderung tritt ein, wenn der Ausgang mit einem ohmschen Verbraucher belastet wird?

a) Der Strom I wird kleiner ☐

b) Die Spannung U_A sinkt auf $U_A = 1$ V ☐

c) Der Scheinwiderstand Z wird größer ☐

d) Der Scheinwiderstand Z wird kleiner ☐

e) Der Strom I bleibt konstant ☐

Wertigkeit **2** P Bewertung P

Kap. 8.3.1.6

I. 8
B 15

Ein Spannungsteiler aus R und C ist an eine sinusförmige Wechselspannung angeschlossen. Die Ausgangsspannung $U_R = U_A$ beträgt im Leerlauf $U_A = 100$ mV.

Welche Änderung tritt ein, wenn der Ausgang mit einem ohmschen Verbraucher belastet wird?

a) Der Wert des Phasenverschiebungswinkels φ zwischen U und I wird kleiner ☐

b) Der Strom I wird größer ☐

c) Der Scheinwiderstand Z wird größer ☐

d) Der Phasenverschiebungswinkel zwischen U_R und I wird größer ☐

e) Der Blindwiderstand X_C wird kleiner ☐

Wertigkeit **2** P Bewertung P

Kap. 8.3.1.6

I. 8
B16

Wird eine Reihenschaltung aus R und C an eine sinusförmige Wechselspannung angeschlossen, so tritt ein Sonderfall bei Grenzfrequenz auf.

Welche Zusammenhänge gelten für eine R-C-Reihenschaltung bei Grenzfrequenz?

a) $\frac{U}{U_R} = \frac{1}{\sqrt{2}}$; $\frac{R}{X_C} = 1$; $\varphi = +45°$

b) $\frac{U}{U_R} = \sqrt{2}$; $\frac{R}{Z} = 1$; $\varphi = -45°$

c) $\frac{U}{U_R} = \sqrt{2}$; $\frac{R}{X_C} = 1$; $\varphi = -45°$

d) $\frac{U}{U_R} = 1$; $\frac{R}{Z} = \sqrt{2}$; $\varphi = +45°$

e) $\frac{U}{U_R} = \sqrt{2}$; $\frac{Z}{R} = \sqrt{2}$; $\varphi = +45°$

Wertigkeit **2** P

Bewertung P

Kap. 8.3.2.2

I. 8
B21

Das Bild zeigt ein Liniendiagramm für Strom und Spannungen einer R-L-Reihenschaltung.

In welchem der angegebenen Bereiche kann der Phasenverschiebungswinkel zwischen der Spannung u_L und der Spannung u_R, bezogen auf u_R, bei einer R-L-Reihenschaltung liegen?

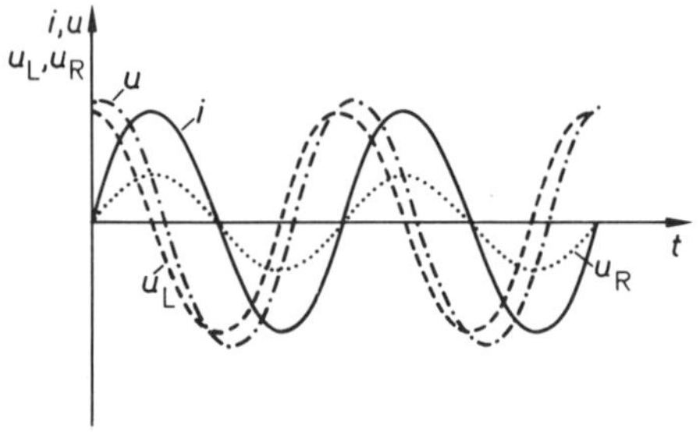

a) $\varphi = 90°$

b) $\varphi = -90°$

c) $0° < \varphi < 90°$

d) $0° > \varphi > -90°$

e) $\varphi = 0°$

Wertigkeit **2** P

Bewertung P

Kap. 8.3.2.6

Eine R-L-Reihenschaltung ist an eine konstante sinusförmige Wechselspannung angeschlossen.

Welche Änderung tritt ein, wenn das Potentiometer in Richtung des Anschlages a verstellt wird?

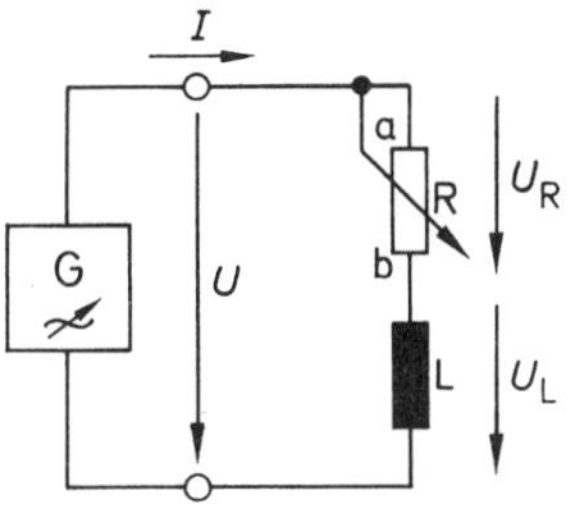

I. 8
B 26

a) Die Spannung U_L wird größer

b) Die Spannung U_R wird kleiner

c) Der Strom I wird kleiner

d) Der Wert des Phasenverschiebungswinkels φ bleibt konstant

e) Der Wert des Phasenverschiebungswinkels φ wird größer

Wertigkeit **2** P — Bewertung P

Kap. 8.3.2.6

Eine R-L-Reihenschaltung ist an eine konstante sinusförmige Wechselspannung angeschlossen.

Welche Aussage trifft zu, wenn das Potentiometer in Richtung des Anschlages b verstellt wird?

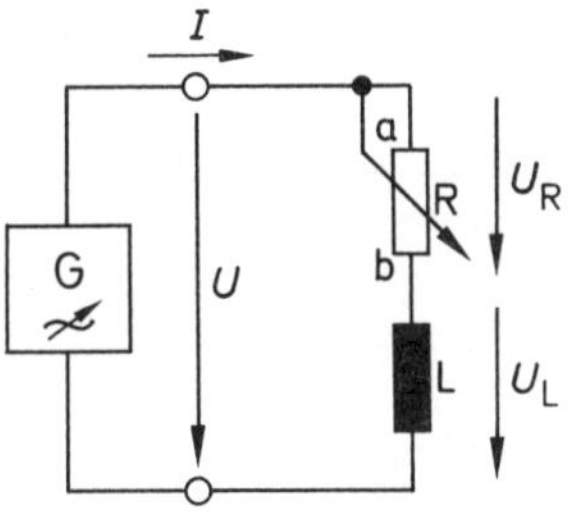

I. 8
B 27

a) Der Blindwiderstand X_L bleibt konstant

b) Die Spannung U_R wird größer

c) Der Wert des Phasenverschiebungswinkels φ wird kleiner

d) Der Scheinwiderstand Z bleibt konstant

e) Der Strom I wird kleiner

© Heinz-Piest-Institut

Wertigkeit **2** P — Bewertung P

Kap. 8.3.2.6

I. 8
B 29

Eine R-L-Reihenschaltung ist an eine konstante sinusförmige Wechselspannung angeschlossen.

Welche Änderung tritt ein, wenn das Potentiometer in Richtung des Anschlages b verstellt wird?

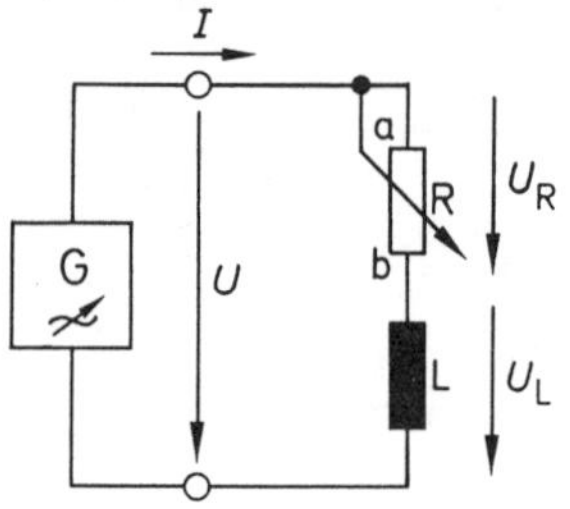

a) Der Widerstand R wird größer

b) Der Blindwiderstand X_L wird größer

c) Der Scheinwiderstand Z bleibt konstant

d) Der Wert des Phasenverschiebungswinkels φ wird kleiner

e) Der Strom I wird größer

Wertigkeit **2** P

Bewertung P

Kap. 8.3.2.6

I. 8
B 30

Ein Spannungsteiler aus Widerstand und Spule ist so aufgebaut, daß die Induktivität in bestimmten Grenzen einstellbar ist.

Wie muß die Induktivität L der Spule geändert werden, damit die Ausgangsspannung U_A steigt?

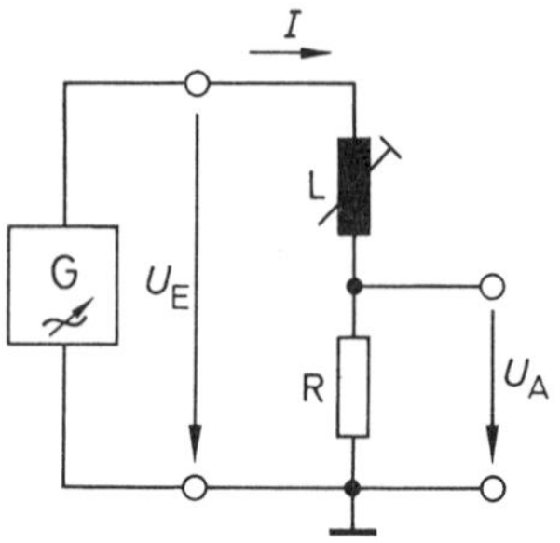

a) Die Induktivität L muß größer werden, damit X_L größer wird

b) Die Induktivität L muß kleiner werden, damit X_L größer wird

c) Die Induktivität L muß kleiner werden, damit X_L kleiner wird

d) Die Induktivität L muß konstant bleiben, da nur eine Erhöhung der Frequenz eine Vergrößerung von U_A bewirken kann

e) Die Induktivität L muß konstant bleiben, da durch die Verringerung des Stromes ein Vergrößern der Ausgangsspannung bewirkt wird

Wertigkeit **2** P

Bewertung P

I. 8
B 32

Ein Spannungsteiler aus Widerstand und Spule wird von einer sinusförmigen Wechselspannung U_E veränderbarer Frequenz gespeist.

Wie ändert sich die Ausgangsspannung U_A, wenn bei Verdopplung der Frequenz auch die Induktivität L verdoppelt wird?

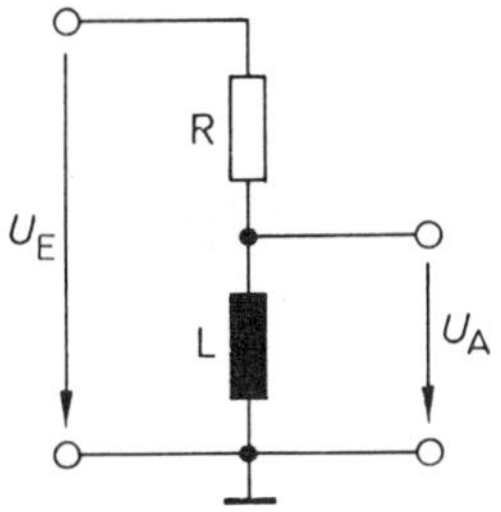

a) Die Ausgangsspannung U_A verdoppelt sich

b) Die Ausgangsspannung U_A steigt auf den vierfachen Wert

c) Die Ausgangsspannung U_A sinkt

d) Die Ausgangsspannung U_A sinkt auf den vierten Teil

e) Die Ausgangsspannung U_A steigt

Wertigkeit **2** P Bewertung P

I. 8
B 33

Ein Spannungsteiler aus Widerstand und Spule wird von einer sinusförmigen Wechselspannung U_E veränderbarer Frequenz gespeist.

Wie ändert sich die Ausgangsspannung U_A, wenn bei Halbierung der Frequenz auch die Induktivität L halbiert wird?

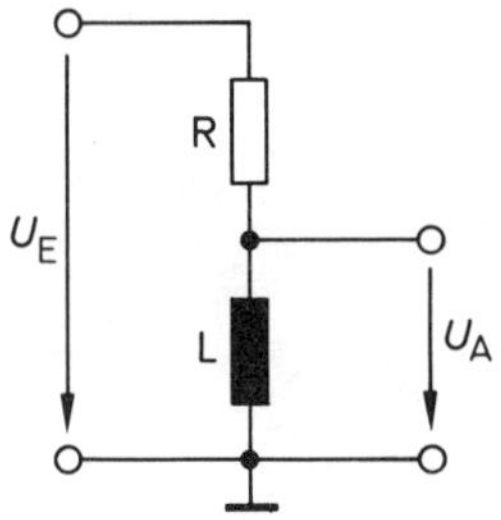

a) Die Ausgangsspannung U_A halbiert sich

b) Die Ausgangsspannung U_A steigt auf den vierfachen Wert

c) Die Ausgangsspannung U_A sinkt

d) Die Ausgangsspannung U_A sinkt auf den vierten Teil

e) Die Ausgangsspannung U_A verdoppelt sich

Wertigkeit **2** P Bewertung P

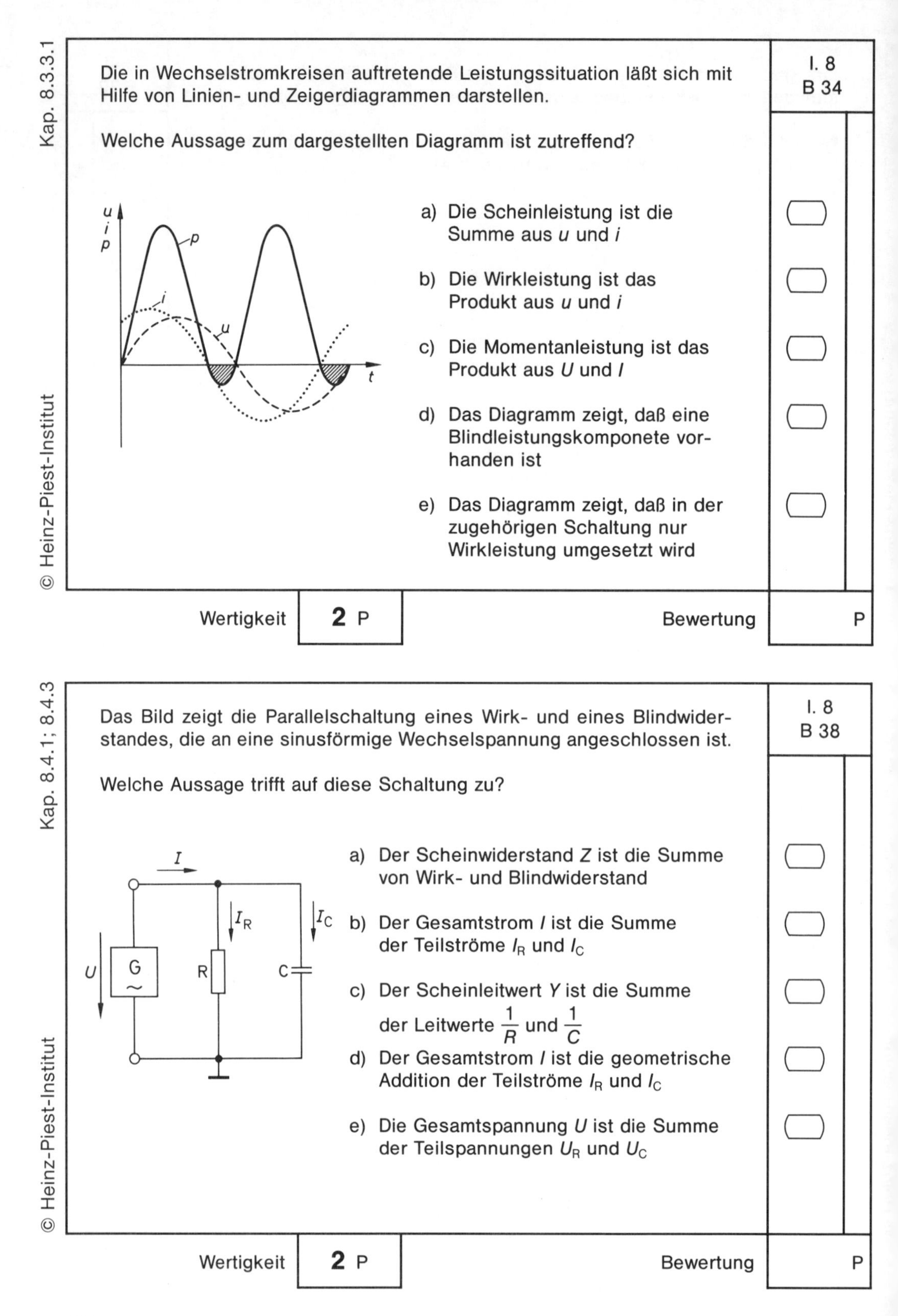

Kap. 8.3.3.1

I. 8
B 34

Die in Wechselstromkreisen auftretende Leistungssituation läßt sich mit Hilfe von Linien- und Zeigerdiagrammen darstellen.

Welche Aussage zum dargestellten Diagramm ist zutreffend?

a) Die Scheinleistung ist die Summe aus u und i

b) Die Wirkleistung ist das Produkt aus u und i

c) Die Momentanleistung ist das Produkt aus U und I

d) Das Diagramm zeigt, daß eine Blindleistungskomponete vorhanden ist

e) Das Diagramm zeigt, daß in der zugehörigen Schaltung nur Wirkleistung umgesetzt wird

Wertigkeit **2** P

Bewertung P

Kap. 8.4.1; 8.4.3

I. 8
B 38

Das Bild zeigt die Parallelschaltung eines Wirk- und eines Blindwiderstandes, die an eine sinusförmige Wechselspannung angeschlossen ist.

Welche Aussage trifft auf diese Schaltung zu?

a) Der Scheinwiderstand Z ist die Summe von Wirk- und Blindwiderstand

b) Der Gesamtstrom I ist die Summe der Teilströme I_R und I_C

c) Der Scheinleitwert Y ist die Summe der Leitwerte $\frac{1}{R}$ und $\frac{1}{C}$

d) Der Gesamtstrom I ist die geometrische Addition der Teilströme I_R und I_C

e) Die Gesamtspannung U ist die Summe der Teilspannungen U_R und U_C

Wertigkeit **2** P

Bewertung P

Das Bild zeigt die Parallelschaltung eines Wirk- und eines Blindwiderstandes, die an eine sinusförmige Wechselspannung angeschlossen ist.

Welche Aussage trifft auf diese Schaltung zu?

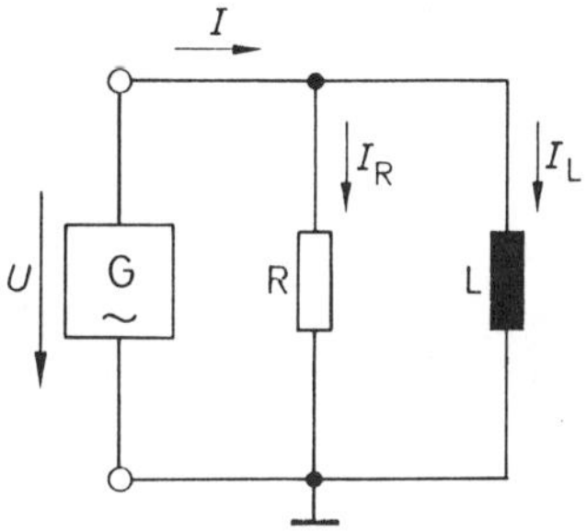

I. 8
B 39

a) Der Scheinleitwert Y ist die Summe von Blindleitwert B_L und Wirkleitwert G

b) Die Bauelemente R und L liegen an der gleichen Spannung U

c) Die Bauelemente R und L werden vom gleichen Strom durchflossen

d) Der Gesamtstrom I ist die Differenz der Teilströme I_L und I_R, da zwischen diesen ein Phasenverschiebungswinkel von 90° auftritt

e) Wenn X_L und R gleiche Werte haben, tritt Parallelresonanz auf

Wertigkeit	2 P	Bewertung	P

Eine Parallelschaltung aus Widerstand R und Kondensator C ist an eine sinusförmige Wechselspannung angeschlossen. Die Zusammenhänge lassen sich grafisch mit Hilfe von Liniendiagrammen darstellen.

I. 8
B 40

Welche Behauptung für die Phasenverschiebung zwischen der Spannung u und dem Strom i, bezogen auf den Strom i, ist richtig?

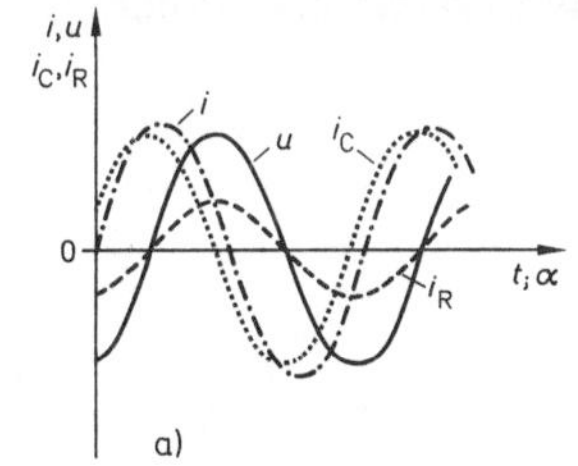

a) Der Strom i eilt der Spannung u um $\varphi = 90°$ nach

b) Der Strom i eilt der Spannung u um $\varphi = 90°$ voraus

c) Der Strom i ist mit der Spannung u phasengleich

d) Der Strom i eilt der Spannung u nach, für den Winkel gilt $0° > \varphi > -90°$

e) Der Strom i eilt der Spannung u voraus, für den Winkel gilt $0° > \varphi > -90°$

Wertigkeit	2 P	Bewertung	P

Kap. 8.4.1; 8.4.2

I. 8
B 42

Eine Parallelschaltung aus Widerstand R und Spule L ist an eine sinusförmige Wechselspannung angeschlossen. Die Zusammenhänge lassen sich grafisch mit Hilfe von Liniendiagrammen darstellen.

Welche Behauptung für die Phasenverschiebung zwischen der Spannung *u* und dem Strom *i*, bezogen auf den Strom *i*, ist richtig?

a) Der Strom *i* eilt der Spannung *u* um $\varphi = 90°$ nach

b) Der Strom *i* eilt der Spannung *u* nach, für den Winkel gilt $0° < \varphi < 90°$

c) Der Strom *i* eilt der Spannung *u* voraus, für den Winkel gilt $0° > \varphi > 90°$

d) Der Strom *i* eilt der Spannung *u* nach, für den Winkel gilt $90° > \varphi > 0°$

e) Der Strom *i* und die Spannung *u* sind phasengleich

Wertigkeit **2** P   Bewertung P

Kap. 8.4.3; 8.4.4; 8.4.6

I. 8
B 44

Eine R-C-Parallelschaltung ist an eine konstante sinusförmige Wechselspannung angeschlossen.

Welche Änderung tritt ein, wenn das Potentiometer in Richtung des Anschlages a verstellt wird?

a) Der Strom I_C wird größer

b) Der Strom I_R wird größer

c) Der Strom *I* wird kleiner

d) Der Strom *I* bleibt konstant

e) Der Strom I_C nimmt um den gleichen Betrag zu, wie I_R abnimmt.

Wertigkeit **2** P   Bewertung P

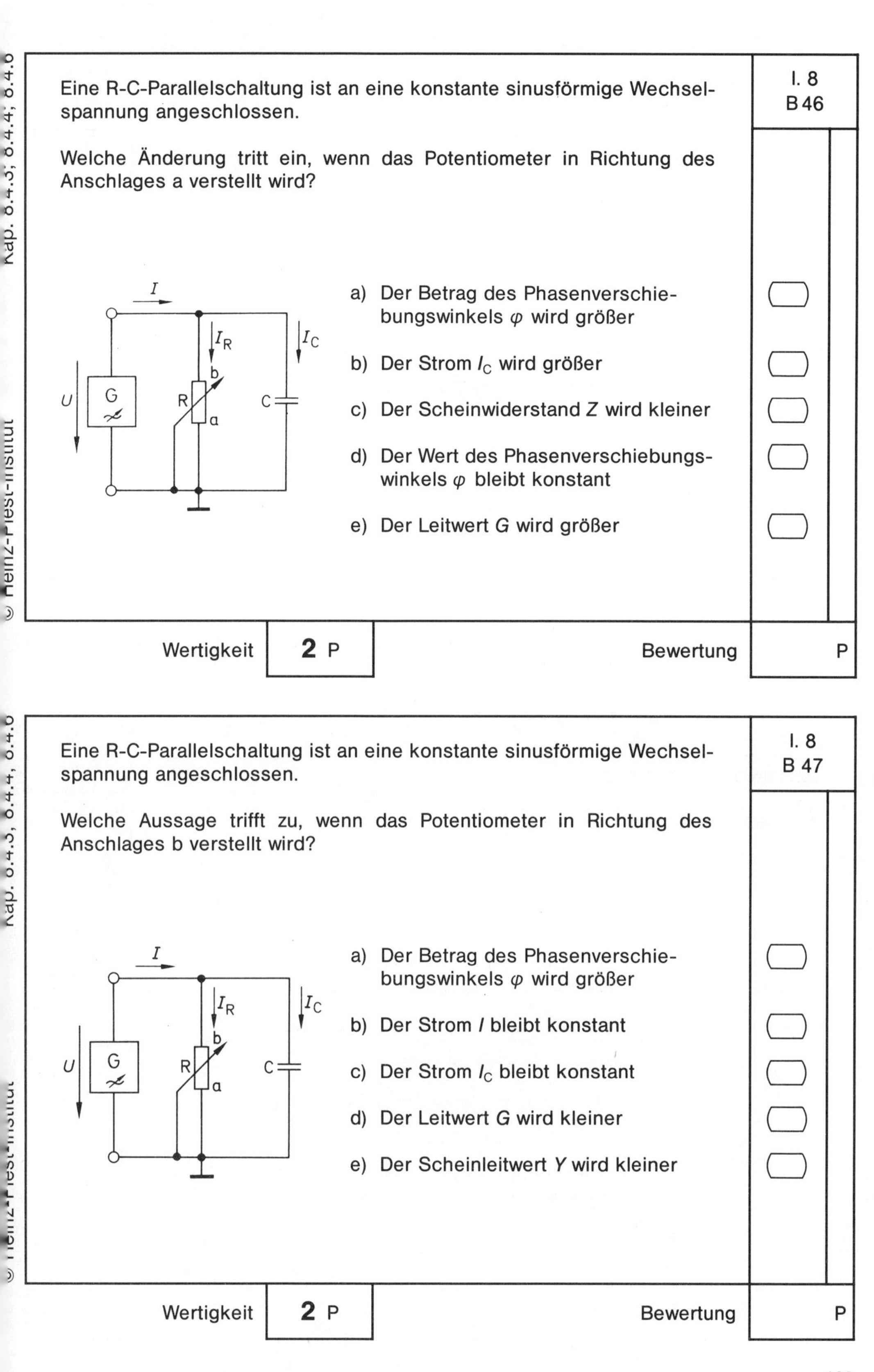

I. 8
B 46

Eine R-C-Parallelschaltung ist an eine konstante sinusförmige Wechselspannung angeschlossen.

Welche Änderung tritt ein, wenn das Potentiometer in Richtung des Anschlages a verstellt wird?

a) Der Betrag des Phasenverschiebungswinkels φ wird größer

b) Der Strom I_C wird größer

c) Der Scheinwiderstand Z wird kleiner

d) Der Wert des Phasenverschiebungswinkels φ bleibt konstant

e) Der Leitwert G wird größer

Wertigkeit **2** P | Bewertung P

I. 8
B 47

Eine R-C-Parallelschaltung ist an eine konstante sinusförmige Wechselspannung angeschlossen.

Welche Aussage trifft zu, wenn das Potentiometer in Richtung des Anschlages b verstellt wird?

a) Der Betrag des Phasenverschiebungswinkels φ wird größer

b) Der Strom I bleibt konstant

c) Der Strom I_C bleibt konstant

d) Der Leitwert G wird kleiner

e) Der Scheinleitwert Y wird kleiner

Wertigkeit **2** P | Bewertung P

Kap. 8.4.3; 8.4.4; 8.4.6

I. 8
B 48

Eine R-C-Parallelschaltung ist an eine konstante sinusförmige Wechselspannung angeschlossen.

Welche Änderung tritt ein, wenn das Potentiometer in Richtung des Anschlages b verstellt wird?

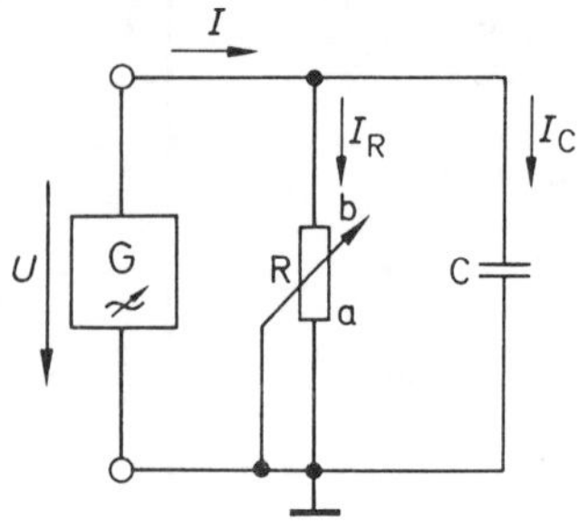

I I_R I_C U G R b a C

a) Der Blindleitwert B_C wird größer

b) Der Leitwert G wird kleiner

c) Der Betrag des Phasenverschiebungswinkels φ bleibt konstant

d) Der Strom I_R wird kleiner

e) Der Scheinleitwert Y wird größer

Wertigkeit **2** P Bewertung P

Kap. 8.4.6

I. 8
B 49

Eine R-C-Parallelschaltung wird an sinusförmiger Wechselspannung variabler Frequenz betrieben.

Wodurch wird die Grenzfrequenz der Schaltung bestimmt?

a) Die Grenzfrequenz wird durch die Resonanzfrequenz bestimmt

b) Die Grenzfrequenz wird durch das Verhältnis von Widerstand R und Kapazität C bestimmt

c) Die Grenzfrequenz wird durch die Werte der Bauelemente R und C bestimmt

d) Die Grenzfrequenz wird durch die Amplitude der Wechselspannung bestimmt.

e) Die Grenzfrequenz wird durch den Leistungsfaktor $\cos\varphi$ bestimmt

Wertigkeit **2** P Bewertung P

Eine R-L-Parallelschaltung wird an sinusförmiger Wechselspannung variabler Frequenz betrieben.	I. 8 B 51

Wodurch wird die Grenzfrequenz der Schaltung bestimmt?

a) Die Grenzfrequenz wird durch die Resonanzfrequenz bestimmt

b) Die Grenzfrequenz wird durch das Produkt von Widerstand R und Induktivität L bestimmt

c) Die Grenzfrequenz wird durch die Amplitude der Wechselspannung bestimmt

d) Die Grenzfrequenz wird durch die Werte der Bauelemente R und L bestimmt

e) Die Grenzfrequenz wird durch den Leistungsfaktor $\cos\varphi$ bestimmt

Wertigkeit **2** P Bewertung P

Das Verhalten eines realen Kondensators an Wechselspannung wird häufig durch eine Parallelschaltung eines idealen Kondensators mit einem ohmschen Widerstand beschrieben.	I. 8 B 53

Welche Aussage ist für einen realen Kondensator zutreffend?

a) Wenn die Ströme I_R und I_C gleiche Werte haben, hat der Kondensator eine maximale Güte

b) Die Güte ist das Verhältnis von Blindwiderstand X_C zu Parallelwiderstand R_P

c) Die Güte ist das Verhältnis von Parallelwiderstand R_P zu Blindwiderstand X_C

d) Der Verlustfaktor $\tan\delta$ eines realen Kondensators ist unabhängig von der Frequenz

e) Der Verlustwinkel δ ist die Summe aus Leistungsfaktor $\cos\varphi$ und 90°

Wertigkeit **2** P Bewertung P

Kap. 8.5.1.1

I. 8
B 55

Eine Reihenschaltung von Widerstand, Kondensator und Spule wird an sinusförmiger Wechselspannung betrieben.

Welche Aussage trifft auf eine derartige Schaltung zu?

a) Der Verbraucher setzt grundsätzlich nur Wirkleistung um, da sich die Blindanteile kompensieren

b) Mit steigender Frequenz der angelegten Spannung wird der induktive Blindwiderstand größer

c) Mit steigender Frequenz der angelegten Spannung wird der kapazitive Blindwiderstand größer

d) Der Wirkwiderstand muß wesentlich größer sein als die Blindwiderstände, da sonst Reihenresonanz auftritt

e) Die Grenzfrequenz der Schaltung ist abhängig von der Amplitude der angelegten Spannung

Wertigkeit **2** P — Bewertung P

Kap. 8.5.1.1; 8.5.1.2

I. 8
B 58

Eine Reihenschaltung aus Widerstand, Spule und Kondensator ist an eine sinusförmige Wechselspannung angeschlossen, deren Frequenz veränderlich ist und oberhalb der Resonanzfrequenz liegt.

Wie ändern sich die Teilspannungen, wenn die Frequenz vergrößert wird?

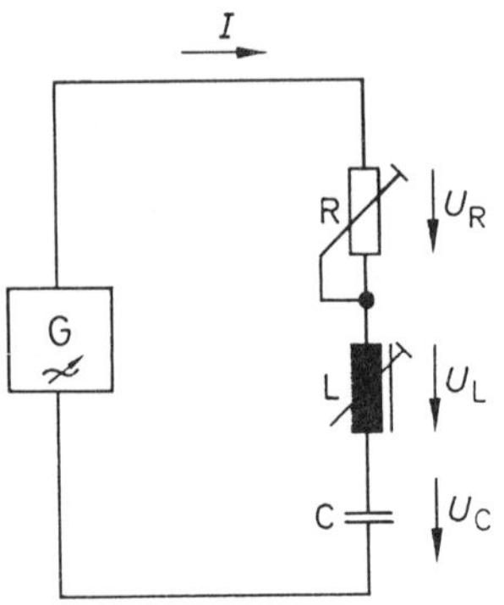

a) U_R bleibt konstant
U_L wird größer
U_C wird kleiner

b) U_R wird größer
U_L und U_C werden kleiner

c) U_R wird kleiner
U_L wird kleiner
U_C wird kleiner

d) U_R wird größer
U_L wird größer
U_C wird kleiner

e) U_R bleibt konstant
U_L wird größer
U_C wird größer

Wertigkeit **2** P — Bewertung P

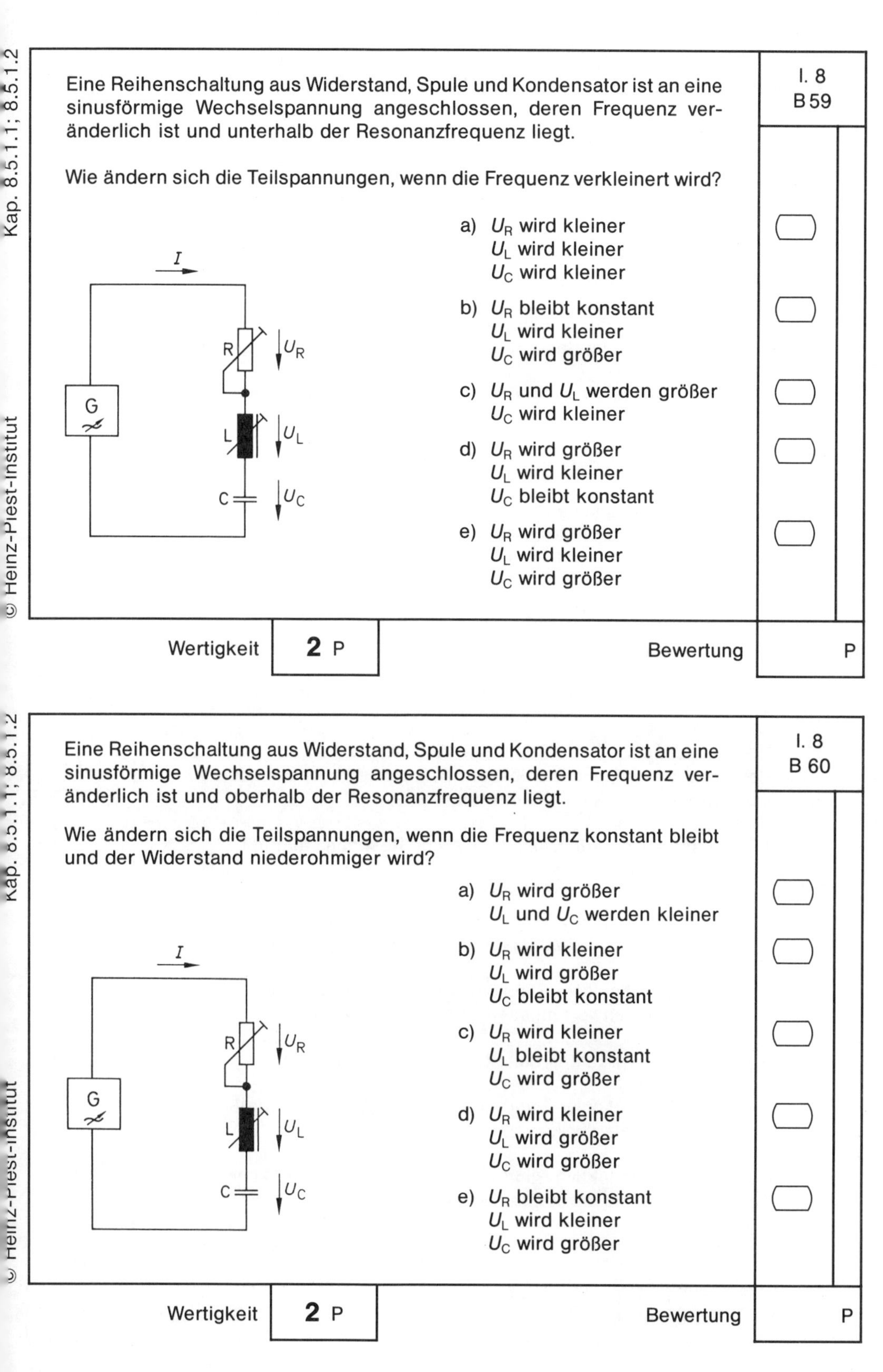

Kap. 8.5.1.1; 8.5.1.2

I. 8
B59

Eine Reihenschaltung aus Widerstand, Spule und Kondensator ist an eine sinusförmige Wechselspannung angeschlossen, deren Frequenz veränderlich ist und unterhalb der Resonanzfrequenz liegt.

Wie ändern sich die Teilspannungen, wenn die Frequenz verkleinert wird?

a) U_R wird kleiner
U_L wird kleiner
U_C wird kleiner

b) U_R bleibt konstant
U_L wird kleiner
U_C wird größer

c) U_R und U_L werden größer
U_C wird kleiner

d) U_R wird größer
U_L wird kleiner
U_C bleibt konstant

e) U_R wird größer
U_L wird kleiner
U_C wird größer

Wertigkeit **2** P — Bewertung P

Kap. 8.5.1.1; 8.5.1.2

I. 8
B 60

Eine Reihenschaltung aus Widerstand, Spule und Kondensator ist an eine sinusförmige Wechselspannung angeschlossen, deren Frequenz veränderlich ist und oberhalb der Resonanzfrequenz liegt.

Wie ändern sich die Teilspannungen, wenn die Frequenz konstant bleibt und der Widerstand niederohmiger wird?

a) U_R wird größer
U_L und U_C werden kleiner

b) U_R wird kleiner
U_L wird größer
U_C bleibt konstant

c) U_R wird kleiner
U_L bleibt konstant
U_C wird größer

d) U_R wird kleiner
U_L wird größer
U_C wird größer

e) U_R bleibt konstant
U_L wird kleiner
U_C wird größer

Wertigkeit **2** P — Bewertung P

Kap. 8.5.1.2

I. 8
B 61

Ist eine Reihenschaltung von Spule und Kondensator an eine sinusförmige Wechselspannung angeschlossen, so kann unter bestimmten Voraussetzungen Reihenresonanz auftreten.

Welche Voraussetzung muß erfüllt sein, damit Resonanz auftritt?

a) Der Phasenverschiebungswinkel zwischen dem Strom I und der Gesamtspannung U muß 90° betragen

b) Der induktive Blindwiderstand und der kapazitive Blindwiderstand müssen den gleichen Wert haben

c) Der Wirkanteil der Schaltung muß Null sein

d) Der induktive Blindwiderstand muß sehr viel größer sein als der kapazitive Blindwiderstand

e) Der induktive Blindwiderstand muß sehr viel kleiner sein als der kapazitive Blindwiderstand

Wertigkeit **2** P Bewertung P

Kap. 8.5.2.2

I. 8
B 63

Ist eine Parallelschaltung von Spule und Kondensator an eine sinusförmige Wechselspannung angeschlossen, so kann unter bestimmten Voraussetzungen Parallelresonanz auftreten.

Welche Voraussetzung muß erfüllt sein, damit Resonanz auftritt?

a) Der Phasenverschiebungswinkel zwischen dem Strom I und der Gesamtspannung U muß 90° betragen

b) Der induktive Blindleitwert und der kapazitive Blindleitwert müssen den gleichen Wert haben

c) Der Wirkanteil der Schaltung muß Null sein

d) Der induktive Blindwiderstand muß sehr viel größer sein als der kapazitive Blindwiderstand

e) Der induktive Blindwiderstand muß sehr viel kleiner sein als der kapazitive Blindwiderstand

Wertigkeit **2** P Bewertung P

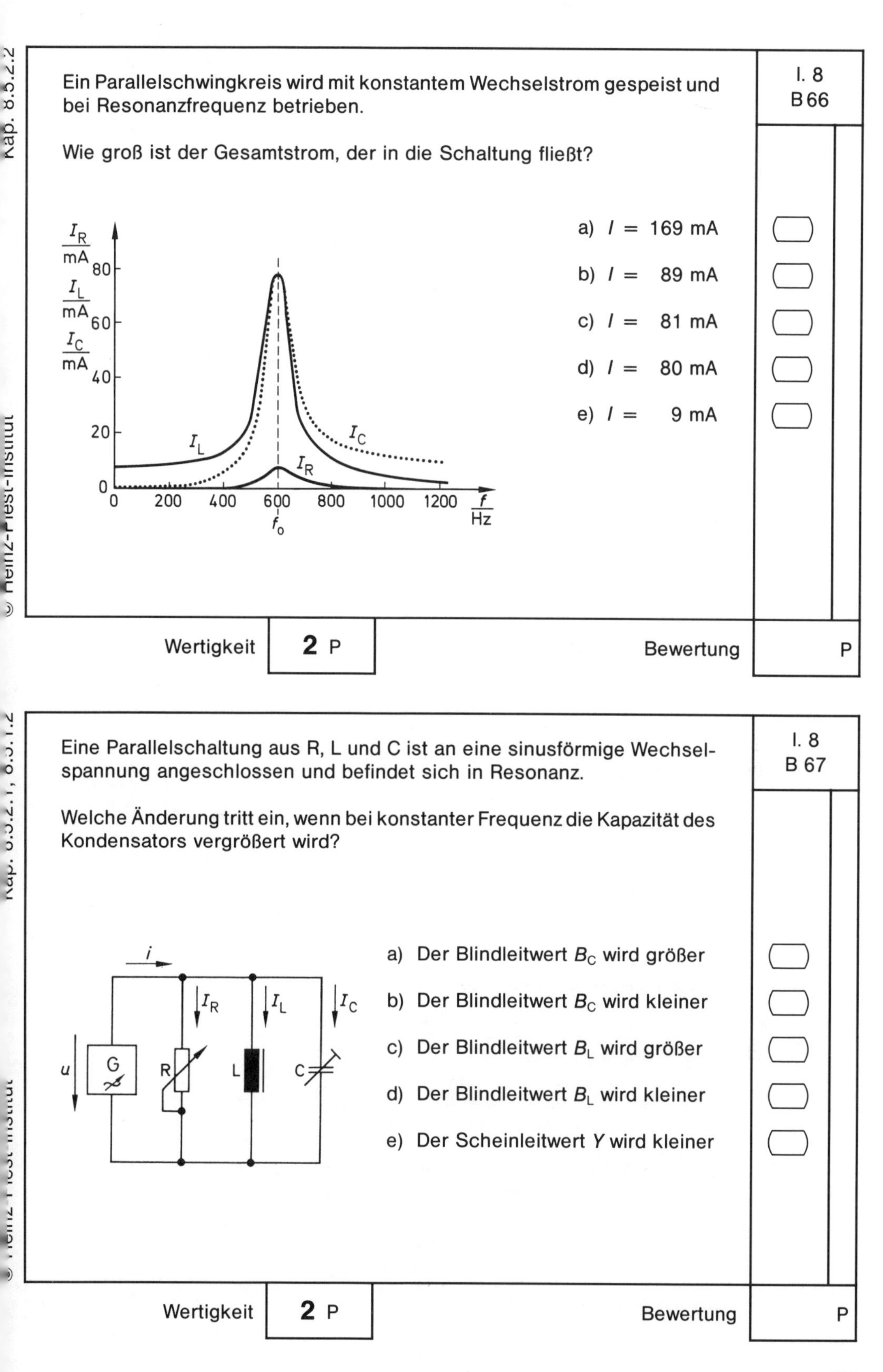

I. 8
B 66

Ein Parallelschwingkreis wird mit konstantem Wechselstrom gespeist und bei Resonanzfrequenz betrieben.

Wie groß ist der Gesamtstrom, der in die Schaltung fließt?

a) I = 169 mA

b) I = 89 mA

c) I = 81 mA

d) I = 80 mA

e) I = 9 mA

Wertigkeit **2** P

Bewertung P

I. 8
B 67

Eine Parallelschaltung aus R, L und C ist an eine sinusförmige Wechselspannung angeschlossen und befindet sich in Resonanz.

Welche Änderung tritt ein, wenn bei konstanter Frequenz die Kapazität des Kondensators vergrößert wird?

a) Der Blindleitwert B_C wird größer

b) Der Blindleitwert B_C wird kleiner

c) Der Blindleitwert B_L wird größer

d) Der Blindleitwert B_L wird kleiner

e) Der Scheinleitwert Y wird kleiner

Wertigkeit **2** P

Bewertung P

Kap. 8.5.2.1; 8.5.2.2

Eine Parallelschaltung aus R, L und C ist an eine sinusförmige Wechselspannung angeschlossen und befindet sich in Resonanz.

Welche Änderung tritt ein, wenn bei konstanter Frequenz die Kapazität des Kondensators verkleinert wird?

I. 8
B 69

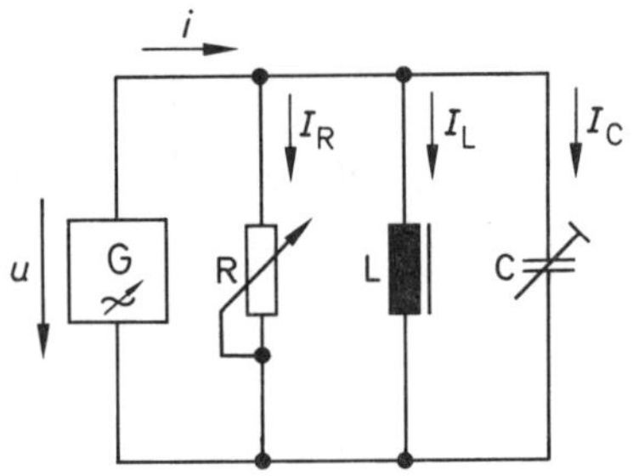

i, I_R, I_L, I_C, u, G, R, L, C

a) Der Blindwiderstand X_C wird kleiner

b) Der Betrag des Phasenverschiebungswinkels φ zwischen P und S wird kleiner

c) Der Blindleitwert B_L bleibt konstant

d) Der Blindleitwert B_L wird größer

e) Der Scheinwiderstand Z wird größer

Wertigkeit **2** P | Bewertung P

Kap. 8.6.1

Gemischt-induktive Verbraucher belasten das Versorgungsnetz durch induktive Blindleistung.

Welches Verfahren kann angewandt werden, diese Belastung zu verringern?

I. 8
B 71

a) Eine Reihenschaltung derartiger Verbraucher reduziert die Blindleistungsaufnahme

b) Eine Parallelschaltung derartiger Verbraucher reduziert die Blindleistungsaufnahme

c) Durch Parallelschalten eines ohmschen Verbrauchers wird die Blindleistungsaufnahme reduziert

d) Durch Reihen- oder Parallelschaltung eines Kondensators wird die Blindleistungsaufnahme reduziert

e) Durch Einbau eines Blindleistungszählers kann die Blindleistungsaufnahme reduziert werden.

Wertigkeit **2** P | Bewertung P

I. 8
B 72

Eine Kompensation der Blindleistung erfolgt üblicherweise nicht vollständig, sondern mit einem Leistungsfaktor $\cos\varphi \approx 0{,}8$ bis 0,9.

Aus welchem Grund wird eine Kompensation mit $\cos\varphi = 1$ vermieden?

a) Bei Kompensation mit $\cos\varphi = 1$ sinkt die Wirkleistungsaufnahme des Verbrauchers

b) Bei Kompensation mit $\cos\varphi = 1$ tritt Resonanz auf, so daß es zur Spannungsüberhöhung kommen kann

c) Bei Kompensation mit $\cos\varphi = 1$ werden die Eigenschaften des Verbrauchers unzulässig verändert

d) Eine Kompensation mit $\cos\varphi = 1$ ist für einzelne Verbraucher nicht möglich

e) Eine Kompensation mit $\cos\varphi = 1$ ist nur mit idealen Kondensatoren möglich

Wertigkeit **2** P — Bewertung P

I. 8
B 73

Eine Anwendung der R-C-Reihenschaltung ist der Phasenschieber, bei dem eine definierte Phasenverschiebung zwischen Spannung U und Strom I erzeugt werden kann.

Wie ändert sich der Betrag des Phasenverschiebungswinkels φ zwischen Spannung U und Strom I und wie ändert sich U_C, wenn der Widerstand R niederohmiger wird?

a) Der Betrag des Winkels φ wird kleiner und U_C wird kleiner

b) Der Betrag des Winkels φ wird größer und U_C bleibt konstant

c) Der Betrag des Winkels φ wird kleiner und U_C wird größer

d) Der Betrag des Winkels φ bleibt konstant und U_C wird größer

e) Der Betrag des Winkels φ wird größer und U_C wird größer

Wertigkeit **2** P — Bewertung P

Kap. 8.6.2

I. 8
B 74

Eine Anwendung der R-C-Reihenschaltung ist der Phasenschieber, bei dem eine definierte Phasenverschiebung zwischen Spannung U und Strom I erzeugt werden kann.

Wie ändert sich der Betrag des Phasenverschiebungswinkels φ zwischen Spannung U und Strom I und wie ändert sich U_C, wenn der Widerstand R hochohmiger wird?

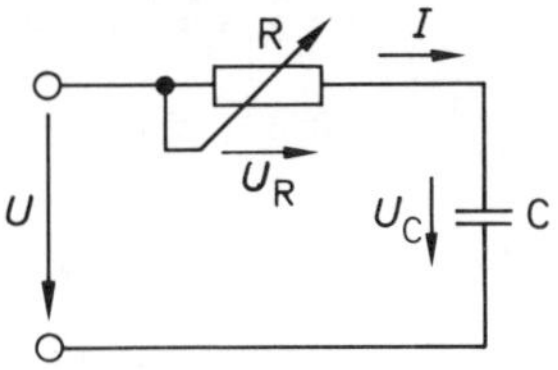

R I U_R U U_C C

a) Der Betrag des Winkels φ wird kleiner und U_C wird kleiner

b) Der Betrag des Winkels φ wird größer und U_C bleibt konstant

c) Der Betrag des Winkels φ wird kleiner und U_C wird größer

d) Der Betrag des Winkels φ bleibt konstant und U_C wird größer

e) Der Betrag des Winkels φ wird größer und U_C wird größer

Wertigkeit **2** P Bewertung P

Kap. 8.6.3.2

I. 8
B76

Das Bild zeigt das Widerstandsdreieck eines Vierpols.

Welcher der fünf dargestellten Vierpole gehört zu dem Widerstandsdreieck?

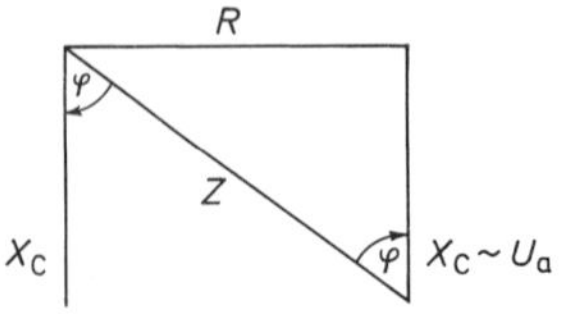

R φ Z X_C φ $X_C \sim U_a$

a) Vierpol A

b) Vierpol B

c) Vierpol C

d) Vierpol D

e) Vierpol E

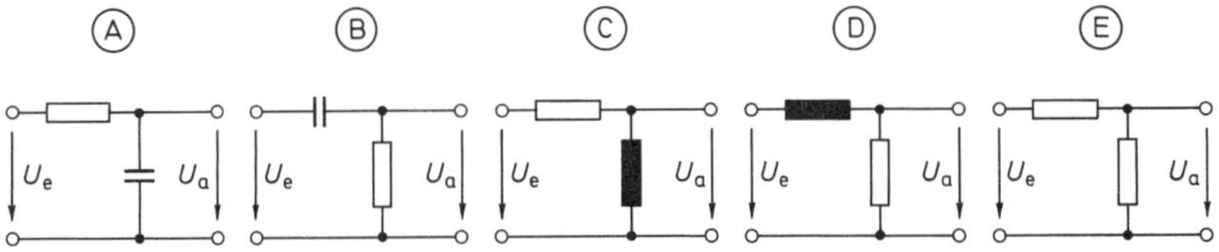

Ⓐ Ⓑ Ⓒ Ⓓ Ⓔ

U_e U_a U_e U_a U_e U_a U_e U_a U_e U_a

Wertigkeit **2** P Bewertung P

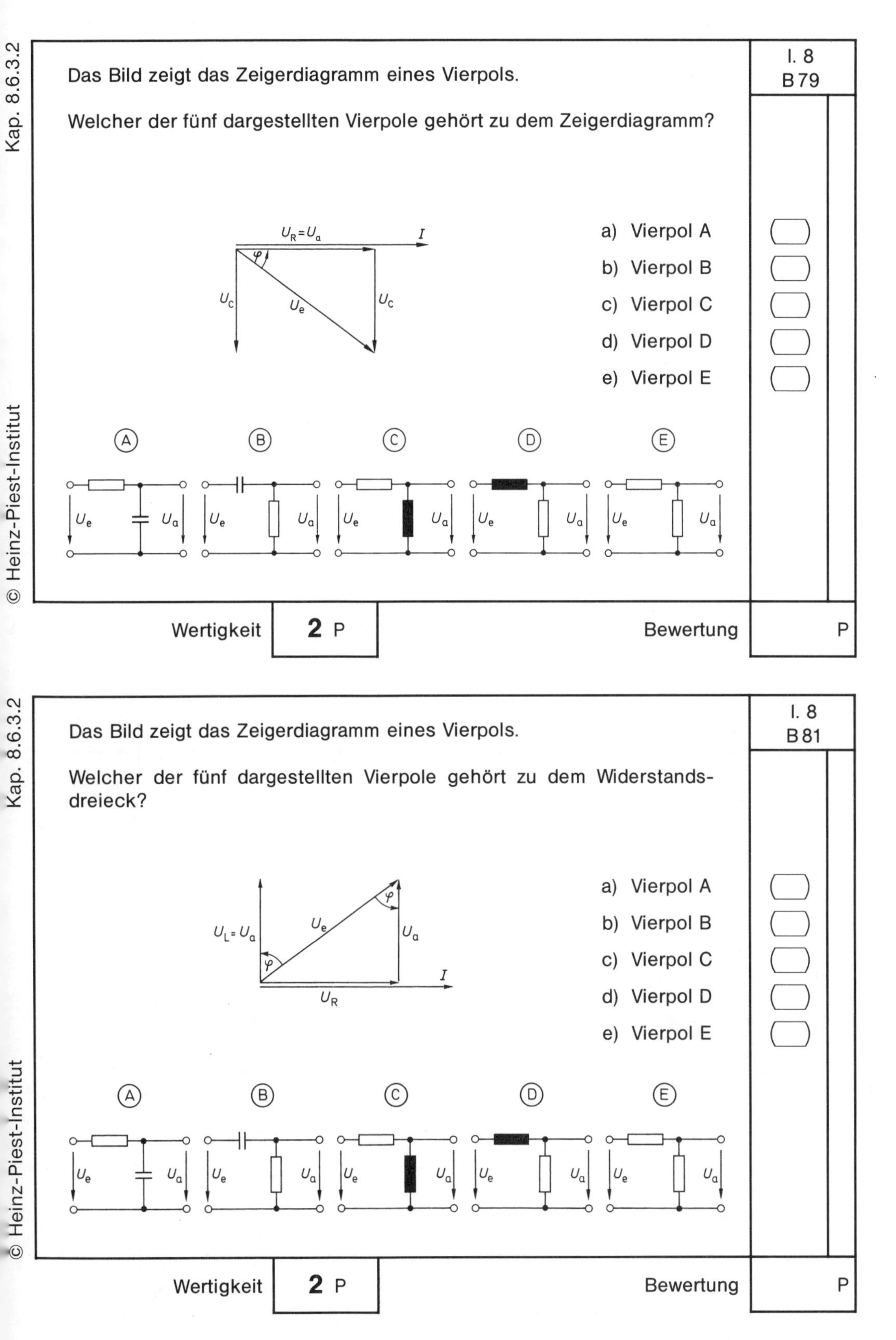

Das Bild zeigt das Zeigerdiagramm eines Vierpols.

Welcher der fünf dargestellten Vierpole gehört zu dem Zeigerdiagramm?

I. 8
B 79

a) Vierpol A
b) Vierpol B
c) Vierpol C
d) Vierpol D
e) Vierpol E

Wertigkeit **2** P

Bewertung P

Kap. 8.6.3.2

Das Bild zeigt das Zeigerdiagramm eines Vierpols.

Welcher der fünf dargestellten Vierpole gehört zu dem Widerstandsdreieck?

I. 8
B 81

a) Vierpol A
b) Vierpol B
c) Vierpol C
d) Vierpol D
e) Vierpol E

Wertigkeit **2** P

Bewertung P

© Heinz-Piest-Institut

I. 8
B 82

Wie lautet die Gleichung für die Ausgangsspannung U_a des dargestellten R-C-Tiefpasses?

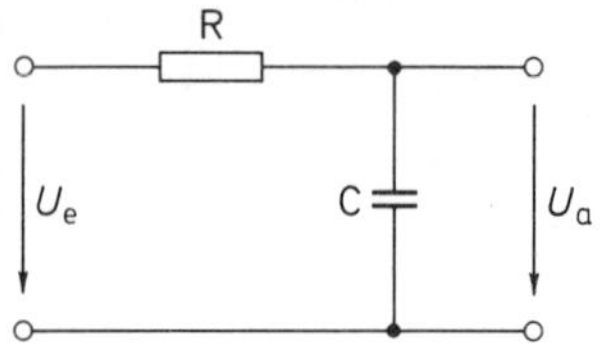

R C U_e U_a

a) $U_a = \sqrt{2} \cdot U_e$

b) $U_a = U_e \cdot \frac{X_C}{R + X_C}$

c) $U_a = U_e \cdot \frac{R + X_C}{X_C}$

d) $U_a = U_e \cdot \frac{X_C}{\sqrt{R^2 + X_C^2}}$

e) $U_a = U_e \cdot \frac{R}{\sqrt{R^2 + X_C^2}}$

Wertigkeit **2** P Bewertung P

I. 8
B 89

Welche der angegebenen Änderungen tritt ein, wenn bei dem dargestellten C-R-Hochpaß ein Kondensator mit kleinerer Kapazität verwendet wird?

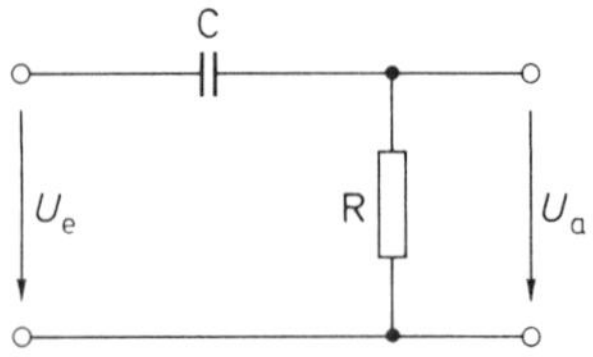

C R U_e U_a

a) Die Dämpfung a bei f_g wird kleiner

b) Die Dämpfung a bei f_g wird größer

c) Die Grenzfrequenz f_g wird größer

d) Die Grenzfrequenz f_g wird kleiner

e) Die Spannungsverstärkung V_u wird größer

Wertigkeit **2** P Bewertung P

I. 8
B 94

Welche der angegebenen Funktionen erfüllt der dargestellte Vierpol?

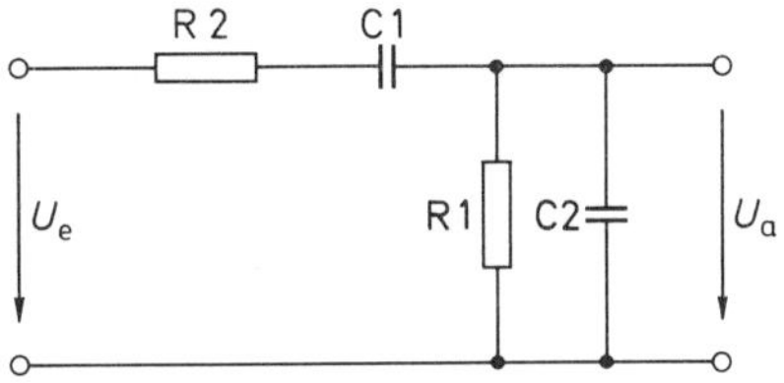

a) Die Funktion eines Hochpasses

b) Die Funktion eines Bandpasses

c) Die Funktion einer Bandsperre

d) Die Funktion eines Tiefpasses

e) Die Funktion eines frequenzunabhängigen Vierpols

Wertigkeit **2** P   Bewertung P

I. 8
B 99

Das Diagramm zeigt die Eingangs- und Ausgangsspannung eines R-C-Integriergliedes.

Wie groß etwa ist das Verhältnis zwischen der Impulsdauer t_i und der Zeitkonstanten τ des Integriergliedes?

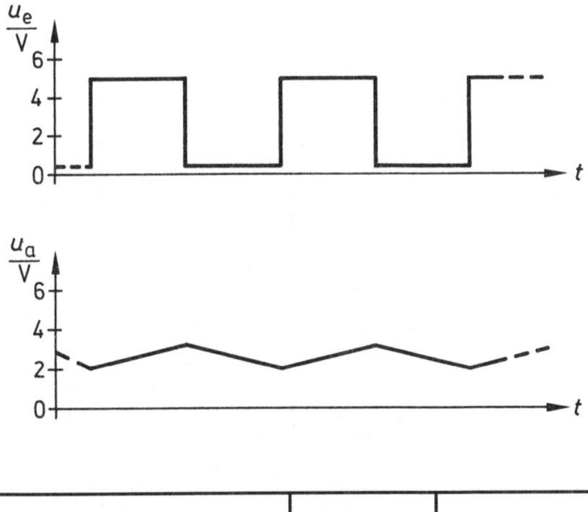

a) $t_i/\tau \approx 100$

b) $t_i/\tau \approx 20$

c) $t_i/\tau \approx 1$

d) $t_i/\tau \approx \frac{1}{5}$

e) $t_i/\tau \approx \frac{1}{100}$

Wertigkeit **2** P   Bewertung P

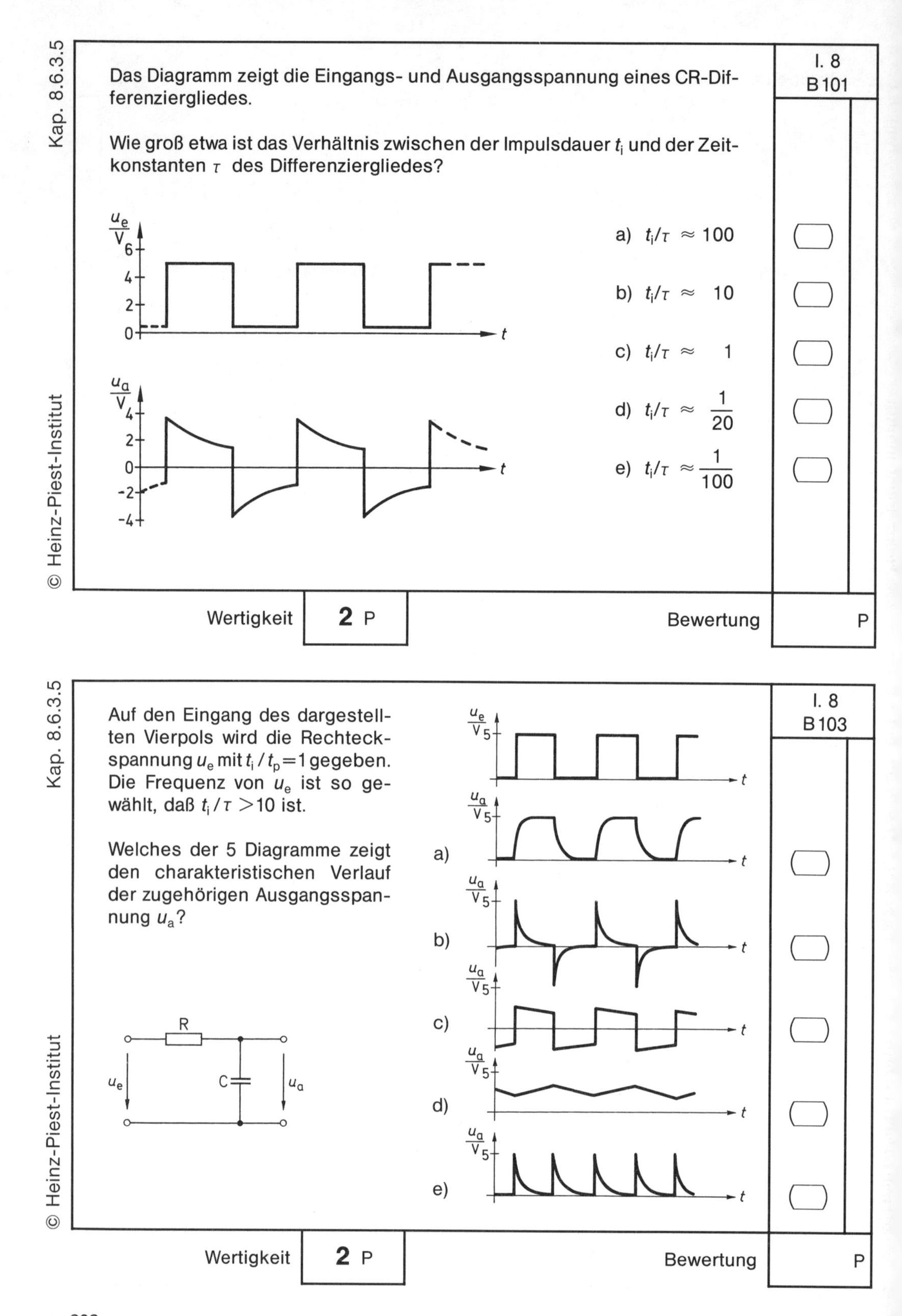

Kap. 8.6.3.5

I. 8
B 101

Das Diagramm zeigt die Eingangs- und Ausgangsspannung eines CR-Differenziergliedes.

Wie groß etwa ist das Verhältnis zwischen der Impulsdauer t_i und der Zeitkonstanten τ des Differenziergliedes?

a) $t_i/\tau \approx 100$

b) $t_i/\tau \approx 10$

c) $t_i/\tau \approx 1$

d) $t_i/\tau \approx \frac{1}{20}$

e) $t_i/\tau \approx \frac{1}{100}$

Wertigkeit **2** P

Bewertung P

Kap. 8.6.3.5

I. 8
B 103

Auf den Eingang des dargestellten Vierpols wird die Rechteckspannung u_e mit $t_i/t_p = 1$ gegeben. Die Frequenz von u_e ist so gewählt, daß $t_i/\tau > 10$ ist.

Welches der 5 Diagramme zeigt den charakteristischen Verlauf der zugehörigen Ausgangsspannung u_a?

Wertigkeit **2** P

Bewertung P

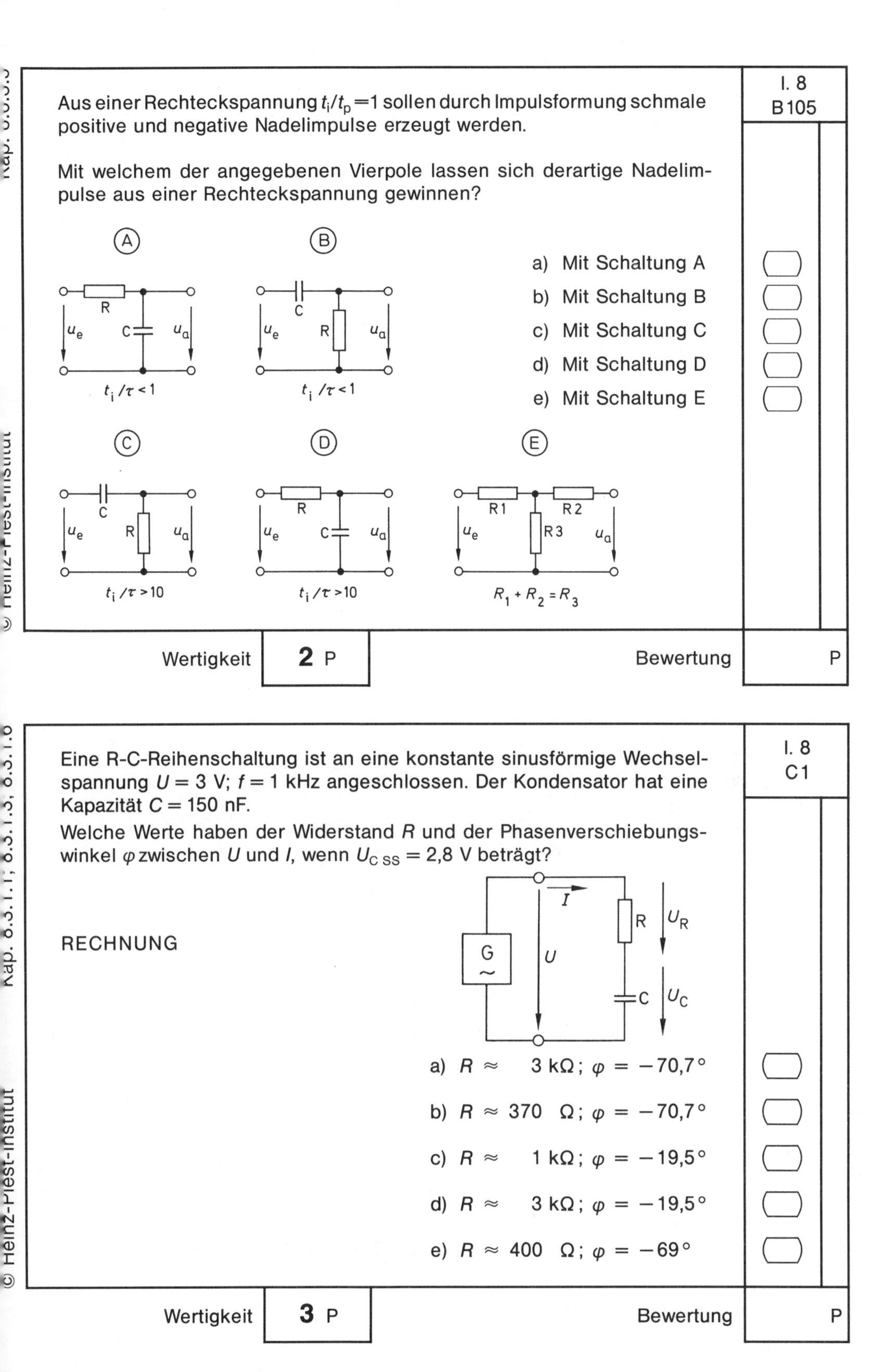

I. 8
B 105

Aus einer Rechteckspannung $t_i/t_p = 1$ sollen durch Impulsformung schmale positive und negative Nadelimpulse erzeugt werden.

Mit welchem der angegebenen Vierpole lassen sich derartige Nadelimpulse aus einer Rechteckspannung gewinnen?

a) Mit Schaltung A
b) Mit Schaltung B
c) Mit Schaltung C
d) Mit Schaltung D
e) Mit Schaltung E

Wertigkeit **2** P — Bewertung P

Kap. 8.3.1.1; 8.3.1.3; 8.3.1.6

I. 8
C 1

Eine R-C-Reihenschaltung ist an eine konstante sinusförmige Wechselspannung $U = 3$ V; $f = 1$ kHz angeschlossen. Der Kondensator hat eine Kapazität $C = 150$ nF.
Welche Werte haben der Widerstand R und der Phasenverschiebungswinkel φ zwischen U und I, wenn $U_{C\,SS} = 2{,}8$ V beträgt?

RECHNUNG

a) $R \approx 3\ \text{k}\Omega$; $\varphi = -70{,}7°$
b) $R \approx 370\ \Omega$; $\varphi = -70{,}7°$
c) $R \approx 1\ \text{k}\Omega$; $\varphi = -19{,}5°$
d) $R \approx 3\ \text{k}\Omega$; $\varphi = -19{,}5°$
e) $R \approx 400\ \Omega$; $\varphi = -69°$

Wertigkeit **3** P — Bewertung P

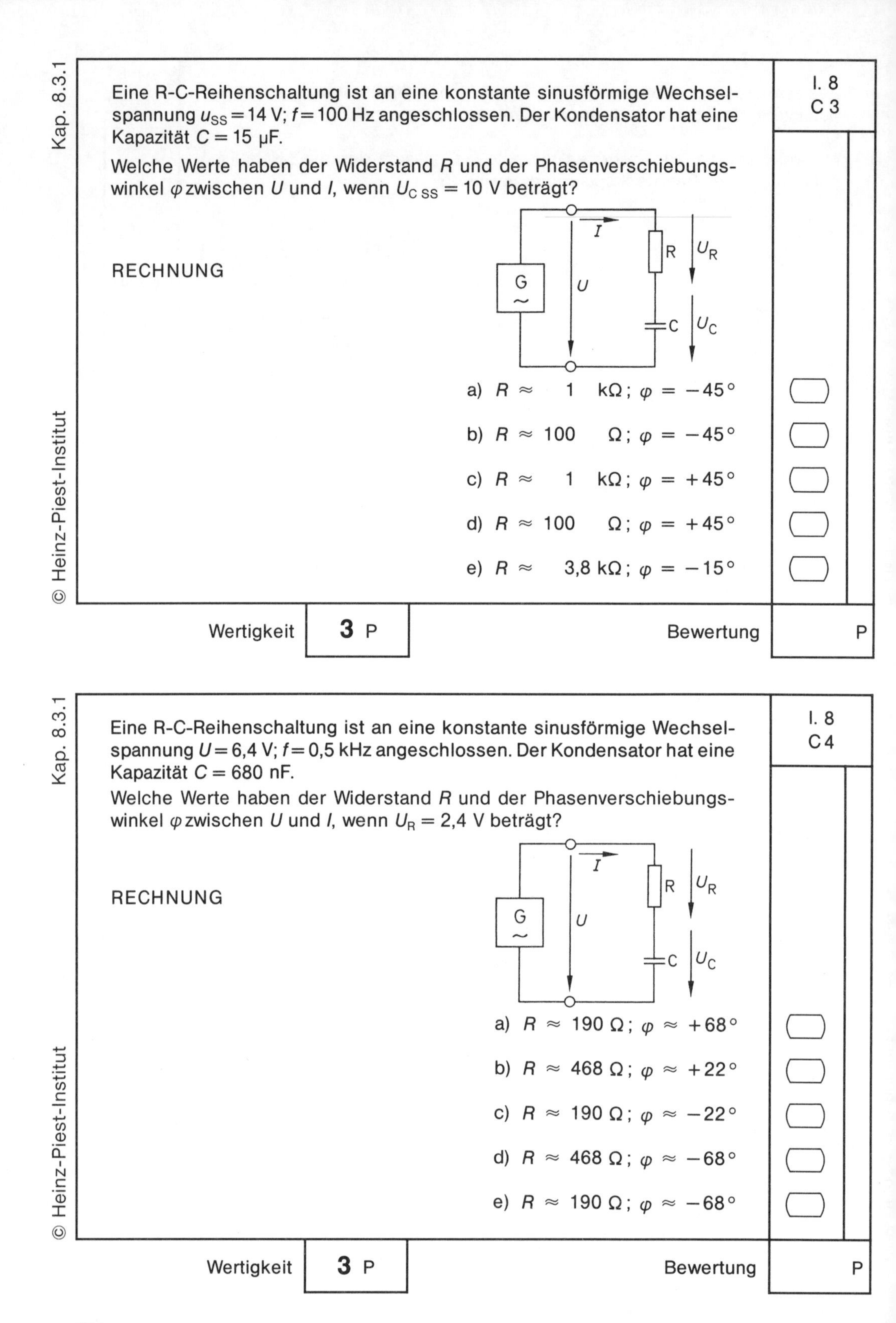

Kap. 8.3.1

I. 8
C 3

Eine R-C-Reihenschaltung ist an eine konstante sinusförmige Wechselspannung $u_{SS} = 14$ V; $f = 100$ Hz angeschlossen. Der Kondensator hat eine Kapazität $C = 15$ µF.

Welche Werte haben der Widerstand R und der Phasenverschiebungswinkel φ zwischen U und I, wenn $U_{C\,SS} = 10$ V beträgt?

RECHNUNG

a) $R \approx 1$ kΩ; $\varphi = -45°$

b) $R \approx 100$ Ω; $\varphi = -45°$

c) $R \approx 1$ kΩ; $\varphi = +45°$

d) $R \approx 100$ Ω; $\varphi = +45°$

e) $R \approx 3{,}8$ kΩ; $\varphi = -15°$

Wertigkeit **3** P | Bewertung P

Kap. 8.3.1

I. 8
C 4

Eine R-C-Reihenschaltung ist an eine konstante sinusförmige Wechselspannung $U = 6{,}4$ V; $f = 0{,}5$ kHz angeschlossen. Der Kondensator hat eine Kapazität $C = 680$ nF.

Welche Werte haben der Widerstand R und der Phasenverschiebungswinkel φ zwischen U und I, wenn $U_R = 2{,}4$ V beträgt?

RECHNUNG

a) $R \approx 190$ Ω; $\varphi \approx +68°$

b) $R \approx 468$ Ω; $\varphi \approx +22°$

c) $R \approx 190$ Ω; $\varphi \approx -22°$

d) $R \approx 468$ Ω; $\varphi \approx -68°$

e) $R \approx 190$ Ω; $\varphi \approx -68°$

Wertigkeit **3** P | Bewertung P

Eine R-C-Reihenschaltung mit $R = 6{,}8\ \text{k}\Omega$ und $C = 10\ \text{nF}$ ist an eine sinusförmige Wechselspannung $U = 4\ \text{V}$; $f = 6\ \text{kHz}$ angeschlossen.	I. 8 C 6

Wie groß sind der Strom I und die Spannung U_C am Kondensator?

RECHNUNG

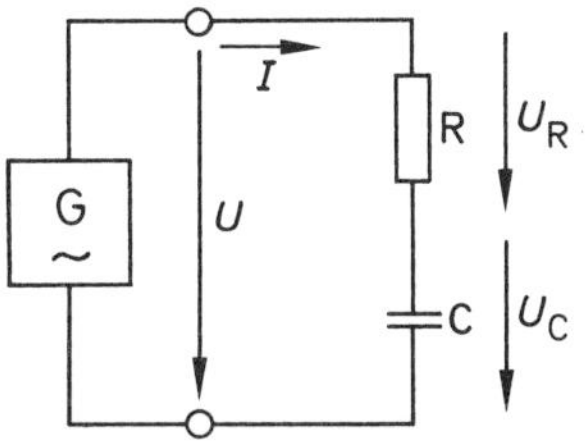

a) $I =$ 0,55 mA; U_C = 1,45 V

b) $I =$ 0,55 mA; U_C = 3,74 V

c) $I =$ 0,42 mA; U_C = 1,12 V

d) $I =$ 0,42 mA; U_C = 2,86 V

e) $I =$ 55 mA; U_C = 1,45 V

Wertigkeit **3** P — Bewertung P

Der dargestellte Spannungsteiler ist an eine sinusförmige Wechselspannung $u_{E\,SS} = 220\ \text{V}$ angeschlossen.	I. 8 C 8

Bei welcher Frequenz f beträgt die Ausgangsspannung $U_R = 30\ \text{V}$?

RECHNUNG

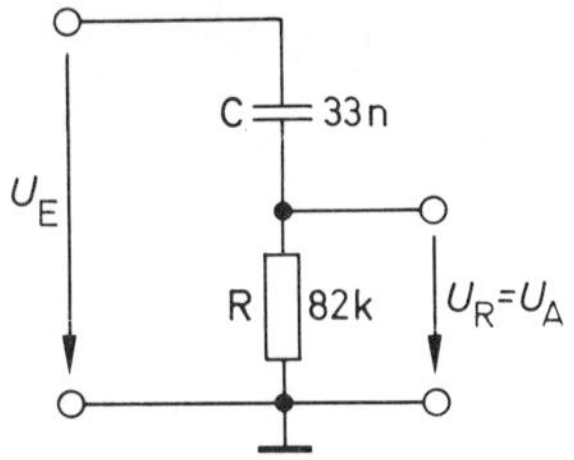

a) $f \approx$ 7 kHz

b) $f \approx$ 490 Hz

c) $f \approx$ 54 Hz

d) $f \approx$ 25 Hz

e) $f \approx$ 8 Hz

Wertigkeit **3** P — Bewertung P

Kap. 8.3.2.1; 8.3.2.3; 8.3.2.5

I. 8
C 10

Die dargestelle Reihenschaltung wird von einem sinusförmigen Wechselstrom durchflossen. Der Kondensator C wurde so eingestellt, daß bei einer Frequenz $f = 1{,}5$ kHz die Spannungen $U_C = U_R = 1$ V betragen.

Auf welchen Kapazitätswert C ist der Kondensator eingestellt und wie groß ist die Spannung U, an die die Schaltung angeschlossen ist?

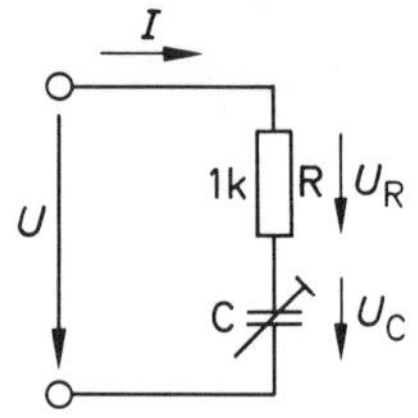

RECHNUNG

a) $C \approx 10\,\mu F$; $U \approx 2{,}8$ V

b) $C \approx 100$ nF; $U \approx 1{,}4$ V

c) $C \approx 100$ nF; $U \approx 2{,}8$ V

d) $C \approx 1000\,\mu F$; $U \approx 2$ V

e) $C \approx 10\,\mu F$; $U \approx 2$ V

Wertigkeit **3** P — Bewertung P

Kap. 8.3.2.1; 8.3.2.3; 8.3.2.5

I. 8
C 12

Eine Reihenschaltung aus $R = 680\ \Omega$ und $L = 100$ mH wird an einer sinusförmigen Wechselspannung $U = 14$ V; $f = 1{,}5$ kHz betrieben.

Welche Werte haben die Spannung U_R und der Strom I?

RECHNUNG

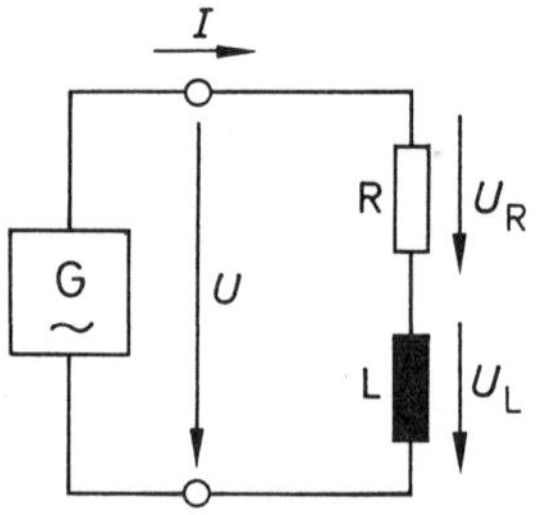

a) $U_R = 0{,}82$ V; $I = 1{,}2$ mA

b) $U_R = 8{,}2$ V; $I = 12$ mA

c) $U_R = 5{,}9$ V; $I = 8{,}6$ mA

d) $U_R = 5{,}9$ V; $I = 86$ mA

e) $U_R = 10$ V; $I = 15$ mA

Wertigkeit **3** P — Bewertung P

	I. 8 C 14

Eine Reihenschaltung aus $R = 56\ \Omega$ und $L = 0{,}22$ H wird an einer sinusförmigen Wechselspannung $U = 5$ V; $f = 100$ Hz betrieben.

Welche Werte haben die Spannung U_L und der Scheinwiderstand Z?

RECHNUNG

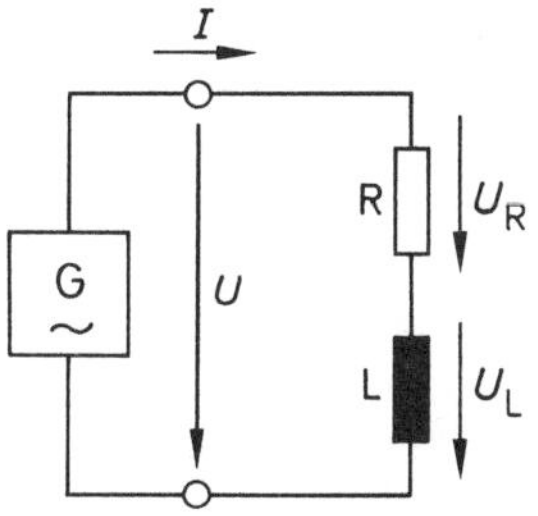

a) $U_L = 3{,}5$ V; $Z = 149\ \Omega$

b) $U_L = 4{,}6$ V; $Z = 194\ \Omega$

c) $U_L = 4{,}6$ V; $Z = 149\ \Omega$

d) $U_L = 1{,}9$ V; $Z = 149\ \Omega$

e) $U_L = 3{,}5$ V; $Z = 194\ \Omega$

Wertigkeit **3** P Bewertung P

	I. 8 C 16

Um die Induktivität einer Spule zu ermitteln, wurde diese in Reihe mit einem Vorwiderstand $R_V = 680\ \Omega$ an einen Funktionsgenerator angeschlossen. Dieser liefert eine sinusförmige Spannung $U_G = 3{,}5$ V; $f = 1$ kHz.

Welche Induktivität L hat die Spule und welche Belastbarkeit P_{RV} muß der Widerstand haben, wenn am Widerstand eine Spannung $u_{RVSS} = 6{,}8$ V gemessen wird?

RECHNUNG

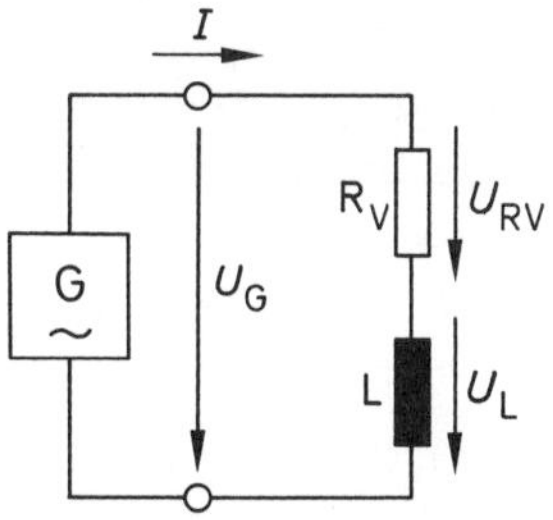

a) $L = 115$ mH; $P_{RV} = 68$ mW

b) $L = 180$ mH; $P_{RV} = 8{,}5$ mW

c) $L = 51$ mH; $P_{RV} = 68$ mW

d) $L = 115$ mH; $P_{RV} = 8{,}5$ mW

e) $L = 51$ mH; $P_{RV} = 8{,}5$ mW

Wertigkeit **3** P Bewertung P

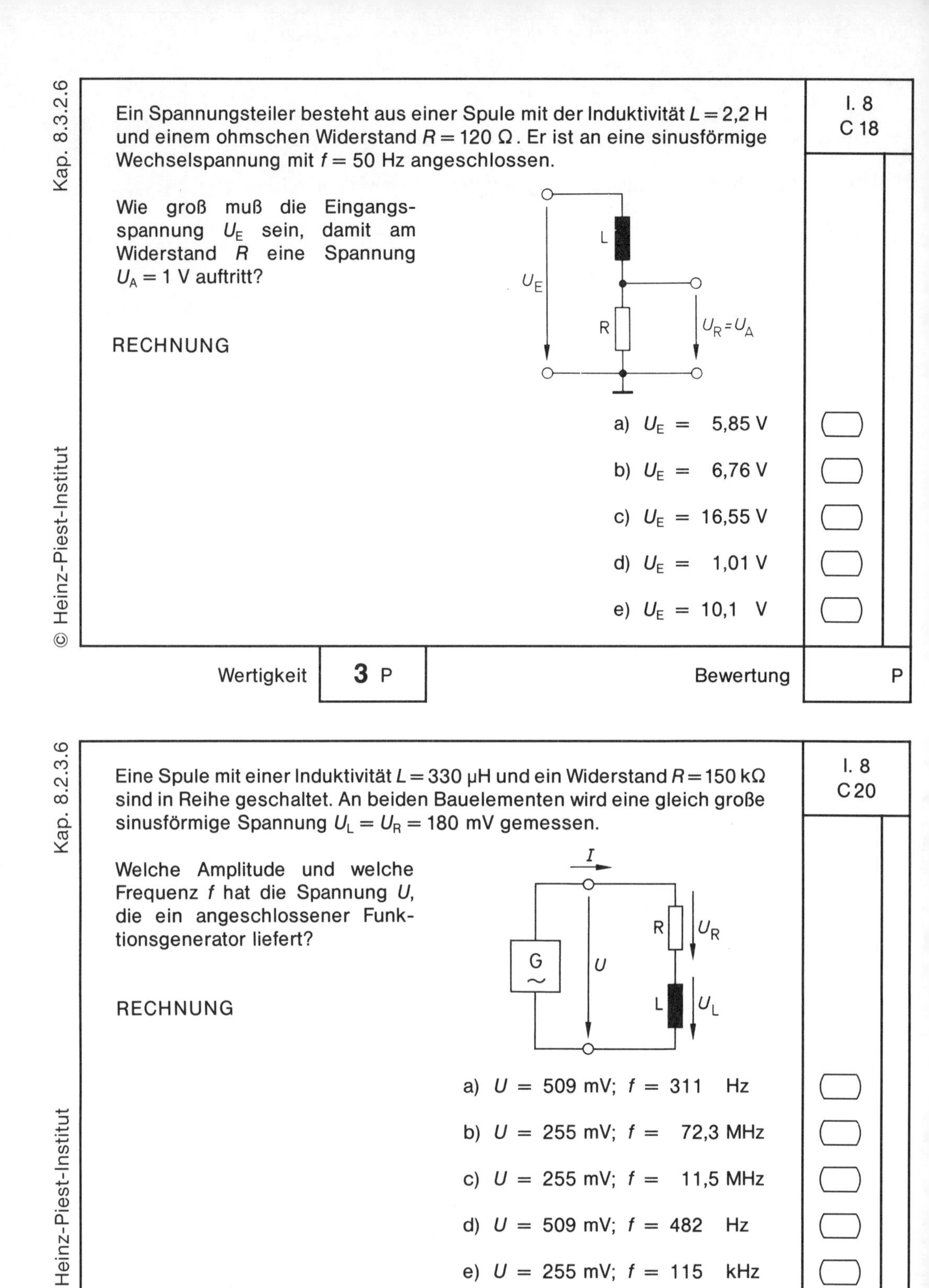

Kap. 8.3.2.6

I. 8
C 18

Ein Spannungsteiler besteht aus einer Spule mit der Induktivität $L = 2{,}2$ H und einem ohmschen Widerstand $R = 120\ \Omega$. Er ist an eine sinusförmige Wechselspannung mit $f = 50$ Hz angeschlossen.

Wie groß muß die Eingangsspannung U_E sein, damit am Widerstand R eine Spannung $U_A = 1$ V auftritt?

RECHNUNG

a) $U_E = 5{,}85$ V

b) $U_E = 6{,}76$ V

c) $U_E = 16{,}55$ V

d) $U_E = 1{,}01$ V

e) $U_E = 10{,}1$ V

Wertigkeit **3** P — Bewertung P

Kap. 8.2.3.6

I. 8
C 20

Eine Spule mit einer Induktivität $L = 330\ \mu$H und ein Widerstand $R = 150$ kΩ sind in Reihe geschaltet. An beiden Bauelementen wird eine gleich große sinusförmige Spannung $U_L = U_R = 180$ mV gemessen.

Welche Amplitude und welche Frequenz f hat die Spannung U, die ein angeschlossener Funktionsgenerator liefert?

RECHNUNG

a) $U = 509$ mV; $f = 311$ Hz

b) $U = 255$ mV; $f = 72{,}3$ MHz

c) $U = 255$ mV; $f = 11{,}5$ MHz

d) $U = 509$ mV; $f = 482$ Hz

e) $U = 255$ mV; $f = 115$ kHz

Wertigkeit **3** P — Bewertung P

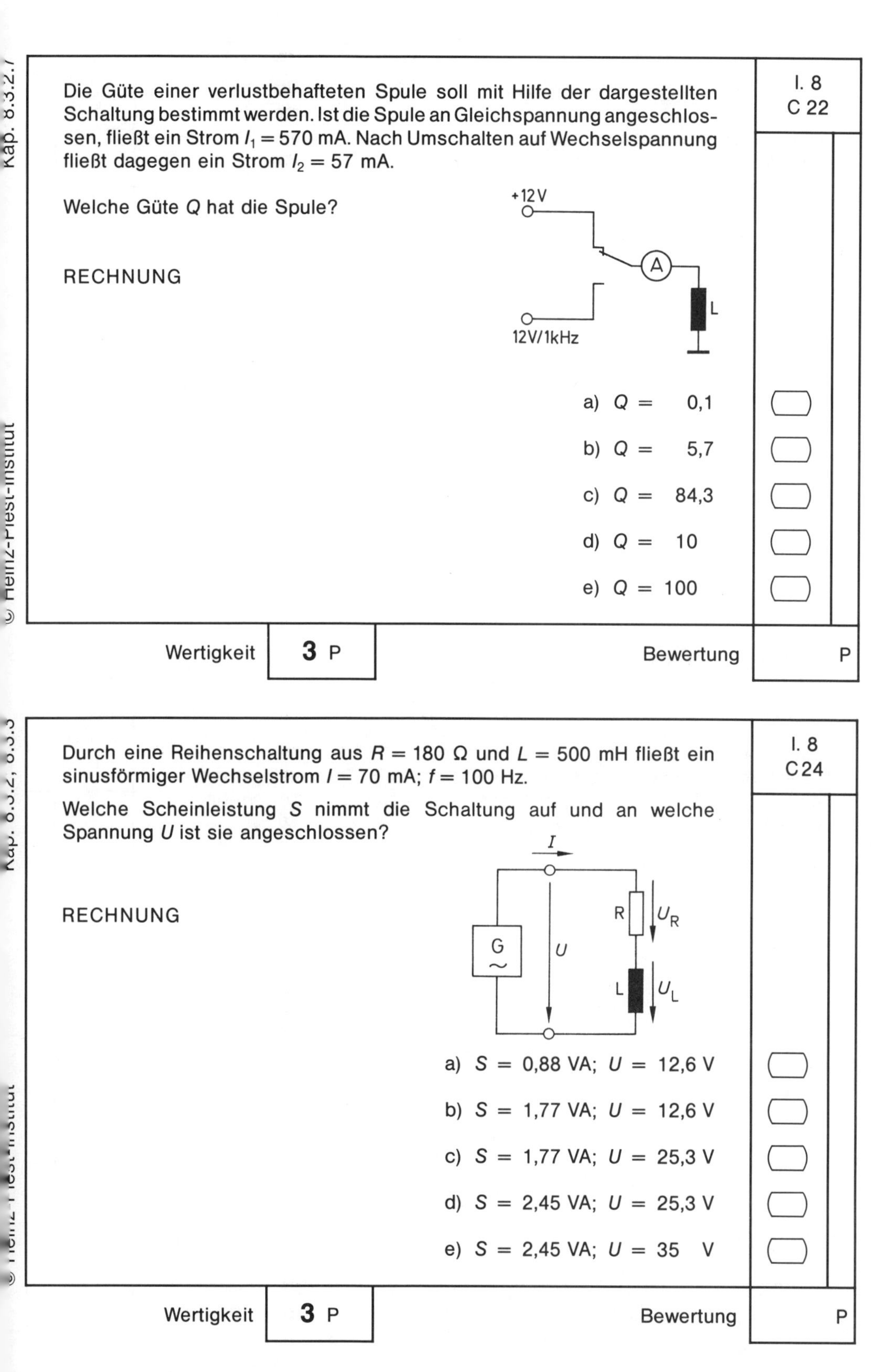

I. 8
C 22

Die Güte einer verlustbehafteten Spule soll mit Hilfe der dargestellten Schaltung bestimmt werden. Ist die Spule an Gleichspannung angeschlossen, fließt ein Strom $I_1 = 570$ mA. Nach Umschalten auf Wechselspannung fließt dagegen ein Strom $I_2 = 57$ mA.

Welche Güte Q hat die Spule?

RECHNUNG

a) $Q = 0{,}1$

b) $Q = 5{,}7$

c) $Q = 84{,}3$

d) $Q = 10$

e) $Q = 100$

Wertigkeit **3** P — Bewertung P

I. 8
C 24

Durch eine Reihenschaltung aus $R = 180\ \Omega$ und $L = 500$ mH fließt ein sinusförmiger Wechselstrom $I = 70$ mA; $f = 100$ Hz.

Welche Scheinleistung S nimmt die Schaltung auf und an welche Spannung U ist sie angeschlossen?

RECHNUNG

a) $S = 0{,}88$ VA; $U = 12{,}6$ V

b) $S = 1{,}77$ VA; $U = 12{,}6$ V

c) $S = 1{,}77$ VA; $U = 25{,}3$ V

d) $S = 2{,}45$ VA; $U = 25{,}3$ V

e) $S = 2{,}45$ VA; $U = 35$ V

Wertigkeit **3** P — Bewertung P

Kap. 8.3.3

I. 8
C 26

Eine R-C-Reihenschaltung hat einen Scheinwiderstand $Z = 1{,}58\ \mathrm{k\Omega}$.

Welche Scheinleistung S nimmt die Schaltung an sinusförmiger Wechselspannung auf, wenn ein Strom $I = 112$ mA fließt?

RECHNUNG

a) $S \approx$ 20 VA

b) $S \approx$ 2 W

c) $S \approx$ 8 VA

d) $S \approx$ 177 W

e) $S \approx$ 177 VA

Wertigkeit **3** P

Bewertung P

Kap. 8.3.1.6; 8.3.3

I. 8
C 28

Ein Lötkolben hat eine Leistungsaufnahme $P_N = 30$ W, wenn er an Nennspannung $U = 220$ V/50 Hz betrieben wird. Durch eine Reihenschaltung mit einem Kondensator soll die Leistungsaufnahme auf $P = 20$ W verringert werden.

Welche Kapazität C muß der Vorschaltkondensator haben und welche Blindleistung Q_C nimmt die Anordnung dann auf?

RECHNUNG

a) $C =$ 2,8 µF; $Q_C =$ 4,5 var

b) $C =$ 2,8 µF; $Q_C =$ 14 var

c) $C =$ 280 µF; $Q_C =$ 14 var

d) $C =$ 3,9 µF; $Q_C =$ 10 var

e) $C =$ 5,9 µF; $Q_C =$ 10 var

Wertigkeit **3** P

Bewertung P

Dem Typenschild eines induktiven Verbrauchers mit ohmschen Anteil ist zu entnehmen, daß bei U = 230 V/50 Hz die Stromaufnahme I = 3,5 A beträgt. Der Leistungsfaktor ist mit $\cos \varphi$ = 0,82 angegeben.

I. 8
C 30

Welche Wirkleistung P wird vom Verbraucher aufgenommen?

RECHNUNG

a) P = 660,1 W

b) P = 769,9 W

c) P = 982 W

d) P = 6,6 W

e) P = 26,9 W

Wertigkeit **3** P

Bewertung P

Für den Eingang eines Oszilloskops wird angegeben:
R = 1 MΩ parallel C = 30 pF.

I. 8
C 32

Mit welchem Scheinwiderstand Z wird ein Meßobjekt belastet, wenn die Frequenz der Meßspannung 800 kHz beträgt?

RECHNUNG

a) Z = 12,28 mΩ

b) Z = 81,4 Ω

c) Z = 1 MΩ

d) Z = 1 kΩ

e) Z = 6,63 kΩ

Wertigkeit **3** P

Bewertung P

Kap. 8.4.3; 8.4.5; 8.4.6

I. 8
C 36

Zu einer Spule $L = 0{,}068$ H wird ein Widerstand R parallelgeschaltet. Mit einem Oszilloskop wird ermittelt, daß die Schaltung an eine Spannung $u_{SS} = 2{,}8$ V/5 kHz angeschlossen ist.

Welchen Wert muß der Widerstand R mindestens haben, damit der Strom den Wert I = 500 µA nicht überschreitet?

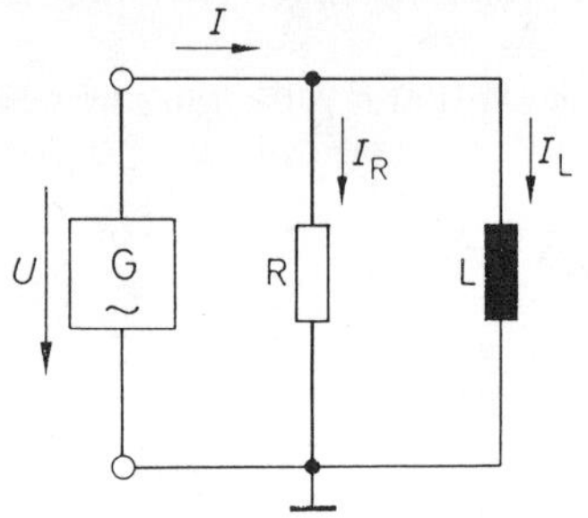

I, I_R, I_L, U, G ~, R, L

RECHNUNG

a) R = 5,28 kΩ

b) R = 52,8 kΩ

c) R = 2 kΩ

d) R = 20 kΩ

e) R = 200 kΩ

Wertigkeit **3** P

Bewertung P

Kap. 8.4.3; 8.4.5

I. 8
C 37

Zu einer Spule $L = 10$ mH wird ein Widerstand R parallelgeschaltet. Mit einem Oszilloskop wird ermittelt, daß die Schaltung an eine Spannung $u_{SS} = 1000$ mV/80 kHz angeschlossen ist.

Welchen Wert muß der Widerstand R mindestens haben, damit der Strom den Wert I = 149 µA nicht überschreitet?

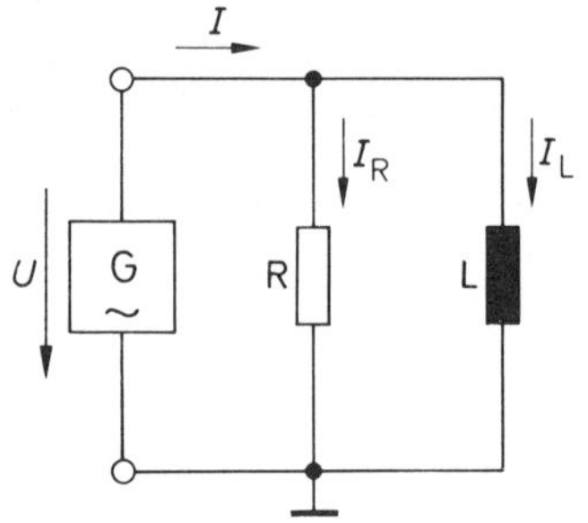

I, I_R, I_L, U, G ~, R, L

RECHNUNG

a) R = 2,4 MΩ

b) R = 5 kΩ

c) R = 2,4 kΩ

d) R = 2,7 kΩ

e) R = 27 kΩ

Wertigkeit **3** P

Bewertung P

Kap. 8.4.4; 8.4.5

I. 8
C 38

Die Betriebsspannung eines Meldesystems beträgt $U = 24$ V/400 Hz. Die angeschlossene R-L-Parallelschaltung hat einen Scheinwiderstand $Z = 2{,}5$ kΩ, der Widerstand beträgt $R = 5{,}6$ kΩ.

Wie groß ist die Induktivität L der Spule und welcher Phasenverschiebungswinkel φ zwischen Strom und Spannung tritt auf?

RECHNUNG

a) $L = 2$ H; $\varphi = 41{,}8°$

b) $L = 1{,}1$ H; $\varphi = 63{,}5°$

c) $L = 1{,}8$ H; $\varphi = 33{,}5°$

d) $L = 2$ H; $\varphi = 63{,}5°$

e) $L = 1{,}1$ H; $\varphi = 33{,}5°$

Wertigkeit **3** P Bewertung P

Kap. 8.4.7

I. 8
C 40

Aus den Angaben des Herstellers wurde für den Verlustfaktor $\tan\delta$ eines MP-Kondensators $C = 50$ µF bei $f = 50$ Hz, $\vartheta = 20$ °C ein Wert $\tan\delta = 0{,}1 \cdot 10^{-3}$ ermittelt.

Welche Güte Q hat der Kondensator und welchen Wert hat ein Widerstand R_P, wenn die Ersatzschaltung als R-C-Parallelschaltung angenommen wird?

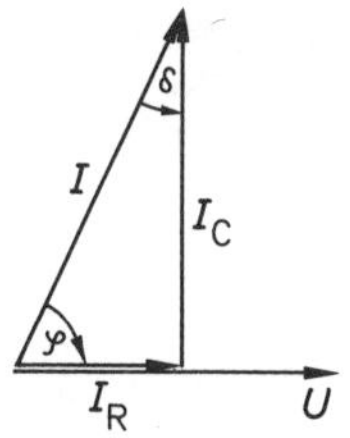

RECHNUNG

a) $Q = 1\,000$; $R_P = 63{,}7$ MΩ

b) $Q = 10\,000$; $R_P = 31{,}8$ MΩ

c) $Q = 10\,000$; $R_P = 637$ kΩ

d) $Q = 1 \cdot 10^{-4}$; $R_P = 3{,}2$ kΩ

e) $Q = 5{,}7 \cdot 10^{-3}$; $R_P = 1{,}6 \cdot 10^{-6}$ Ω

Wertigkeit **3** P Bewertung P

Kap. 8.4.7

I. 8
C 41

Aus den Angaben des Herstellers wurde für den Verlustfaktor $\tan\delta$ eines keramischen Kondensators $C = 180$ pF bei $f = 1$ MHz, $\vartheta = 20$ °C ein Wert $\tan\delta = 0{,}8 \cdot 10^{-3}$ ermittelt.

Welche Güte Q hat der Kondensator und welchen Wert hat ein Widerstand R_P, wenn die Ersatzschaltung als R-C-Parallelschaltung angenommen wird?

RECHNUNG

a) $Q = 125$; $R_P = 110$ kΩ

b) $Q = 0{,}46$; $R_P = 614$ Ω

c) $Q = 7{,}2 \cdot 10^4$; $R_P = 1{,}1$ MΩ

d) $Q = 1250$; $R_P = 1{,}1$ MΩ

e) $Q = 1250$; $R_P = 614$ Ω

Wertigkeit **3** P Bewertung P

Kap. 8.4.8

I. 8
C 43

Die Parallelschaltung einer Spule $L = 68$ mH mit einem ohmschen Widerstand $R = 7{,}5$ kΩ ist an einer Spannung $U = 4$ V; $f = 10$ kHz angeschlossen.

Wie groß sind Wirk-, Blind- und Scheinleistung sowie der Leistungsfaktor $\cos\varphi$ der Schaltung?

RECHNUNG

	P / W	Q_L / var	S / VA	$\cos\varphi$
a)	$2{,}1 \cdot 10^{-3}$	$3{,}8 \cdot 10^{-3}$	$4{,}3 \cdot 10^{-3}$	0,5
b)	$2{,}1 \cdot 10^{-3}$	$0{,}6 \cdot 10^{-3}$	$2{,}7 \cdot 10^{-3}$	0,23
c)	$2{,}7 \cdot 10^{-3}$	$1{,}7 \cdot 10^{-3}$	$2{,}1 \cdot 10^{-3}$	0,5
d)	$3{,}8 \cdot 10^{-3}$	$2{,}1 \cdot 10^{-3}$	$5{,}9 \cdot 10^{-3}$	0,36
e)	$4{,}3 \cdot 10^{-3}$	$2{,}1 \cdot 10^{-3}$	$6{,}4 \cdot 10^{-3}$	0,16

Wertigkeit **3** P Bewertung P

I. 8
C 45

Eine Reihenschaltung mit $R = 82\ \Omega$, $L = 100\ \mu H$ und $C = 15$ nF ist an eine sinusförmige Wechselspannung angeschlossen, deren Frequenz veränderlich ist.

Wie groß sind die Teilspannungen U_R, U_C und U_L, wenn die Schaltung an eine Spannung $U = 9$ V, $f = 150$ kHz angeschlossen ist?

RECHNUNG

	$\frac{U_R}{V}$	$\frac{U_L}{V}$	$\frac{U_C}{V}$
a)	8,65	9,94	7,46
b)	2,83	2,25	1,25
c)	7,46	8,65	2,25
d)	8,65	0,22	0,13
c)	2,26	3,08	8,65

Wertigkeit **3** P

Bewertung P

I. 8
C 48

Eine Reihenschwingkreis mit $R = 27\ \Omega$, $L = 0{,}1$ mH und $C = 100$ nF wird bei Resonanzfrequenz betrieben.

Wie groß sind die Teilspannungen U_R, U_L und U_C an den Bauelementen, wenn die Schaltung an $U = 12$ V betrieben wird?

RECHNUNG

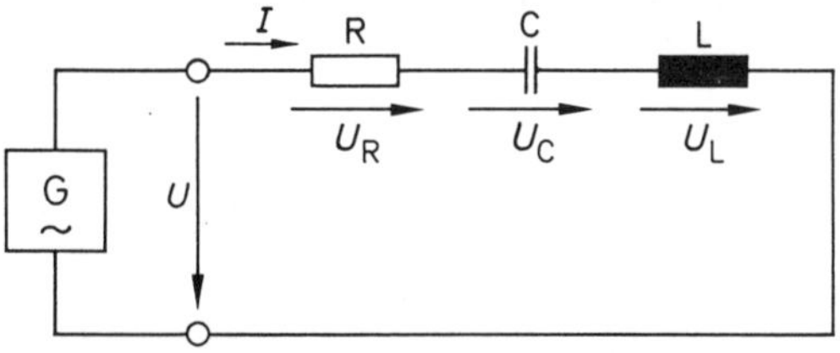

a) $U_R = 4$ V; $U_L = U_C = 4$ V

b) $U_R = 12$ V; $U_L = U_C = 14$ V

c) $U_R = 4$ V; $U_L = U_C = 14$ V

d) $U_R = 12$ V; $U_L = U_C = 0$ V

e) $U_R = 5{,}5$ V; $U_L = U_C = 6{,}5$ V

Wertigkeit **3** P

Bewertung P

Kap. 8.5.1.2

I. 8
C 49

Eine Reihenschwingkreis mit $R = 10\ \text{k}\Omega$, $L = 0{,}5\ \text{H}$ und $C = 22\ \text{nF}$ wird bei Resonanzfrequenz betrieben.

Wie groß sind die Teilspannungen U_R, U_L und U_C an den Bauelementen, wenn die Schaltung an $U = 30\ \text{V}$ betrieben wird?

RECHNUNG

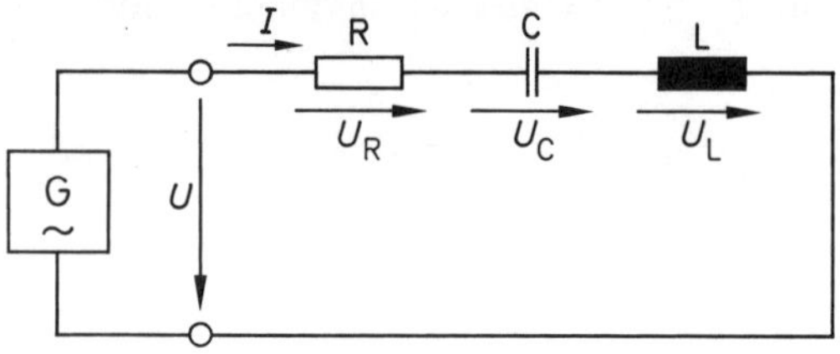

a) $U_R = 21\ \text{V}$; $U_L = U_C = 14{,}5\ \text{V}$

b) $U_R = 25{,}5\ \text{V}$; $U_L = U_C = 4{,}5\ \text{V}$

c) $U_R = 30\ \text{V}$; $U_L = U_C = 45\ \text{V}$

d) $U_R = 30\ \text{V}$; $U_L = U_C = 14{,}3\ \text{V}$

e) $U_R = 30\ \text{V}$; $U_L = U_C = 47\ \text{V}$

Wertigkeit **3** P

Bewertung P

Kap. 8.5.2.2

I. 8
C 50

Ein Parallelschwingkreis ist aus einer Spule $L = 50\ \mu\text{H}$, einem Kondensator $C = 0{,}15\ \mu\text{F}$ und einem unbekannten Widerstand R aufgebaut. Im Resonanzfall fließt bei einer Generatorspannung $U = 8\ \text{V}$ ein konstanter Strom $I = 0{,}4\ \text{mA}$ in den Schwingkreis.

Welchen Wert hat der Widerstand R und bei welcher Frequenz f tritt Resonanz auf?

RECHNUNG

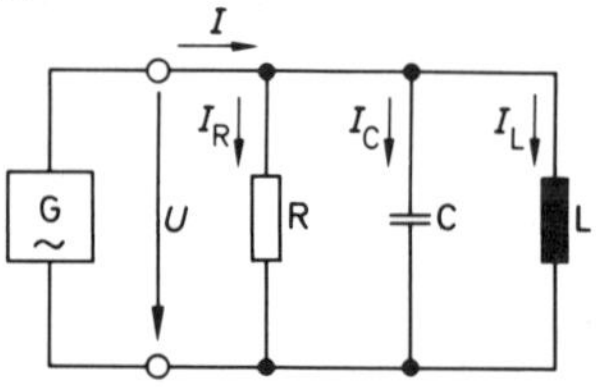

a) $f_0 = 364\ \text{kHz}$; $R = 20\ \text{k}\Omega$

b) $f_0 = 58\ \text{kHz}$; $R = 20\ \text{k}\Omega$

c) $f_0 = 58\ \text{kHz}$; $R = 3{,}2\ \text{k}\Omega$

d) $f_0 = 20\ \text{kHz}$; $R = 58\ \text{k}\Omega$

e) $f_0 = 47\ \text{MHz}$; $R = 58\ \text{k}\Omega$

Wertigkeit **3** P

Bewertung P

	I. 8 C56

Wie groß ist die Dämpfung *a* (in dB) eines R-C-Tiefpasses, wenn bei einer Eingangsspannung U_e = 5 V eine Ausgangsspannung U_a = 3,5 V gemessen wird?

RECHNUNG

a) $a =$ 0,16 dB

b) $a =$ 6,5 dB

c) $a =$ −3 dB

d) $a =$ 3 dB

e) $a =$ 20 dB

Wertigkeit **3** P — Bewertung P

	I. 8 C60

Wie ändert sich die Grenzfrequenz f_g des C-R-Hochpasses, wenn das Potentiometer von Anschlag a auf Anschlag b verstellt wird?

RECHNUNG

	Anschlag a	Anschlag b
a)	f_g = 398 Hz	f_g = 1061 Hz
b)	f_g = 1061 Hz	f_g = 398 Hz
c)	f_g = 1061 Hz	f_g = 1061 Hz
d)	f_g = 1061 Hz	f_g = 637 Hz
e)	f_g = 636 Hz	f_g = 1061 Hz

Wertigkeit **3** P — Bewertung P

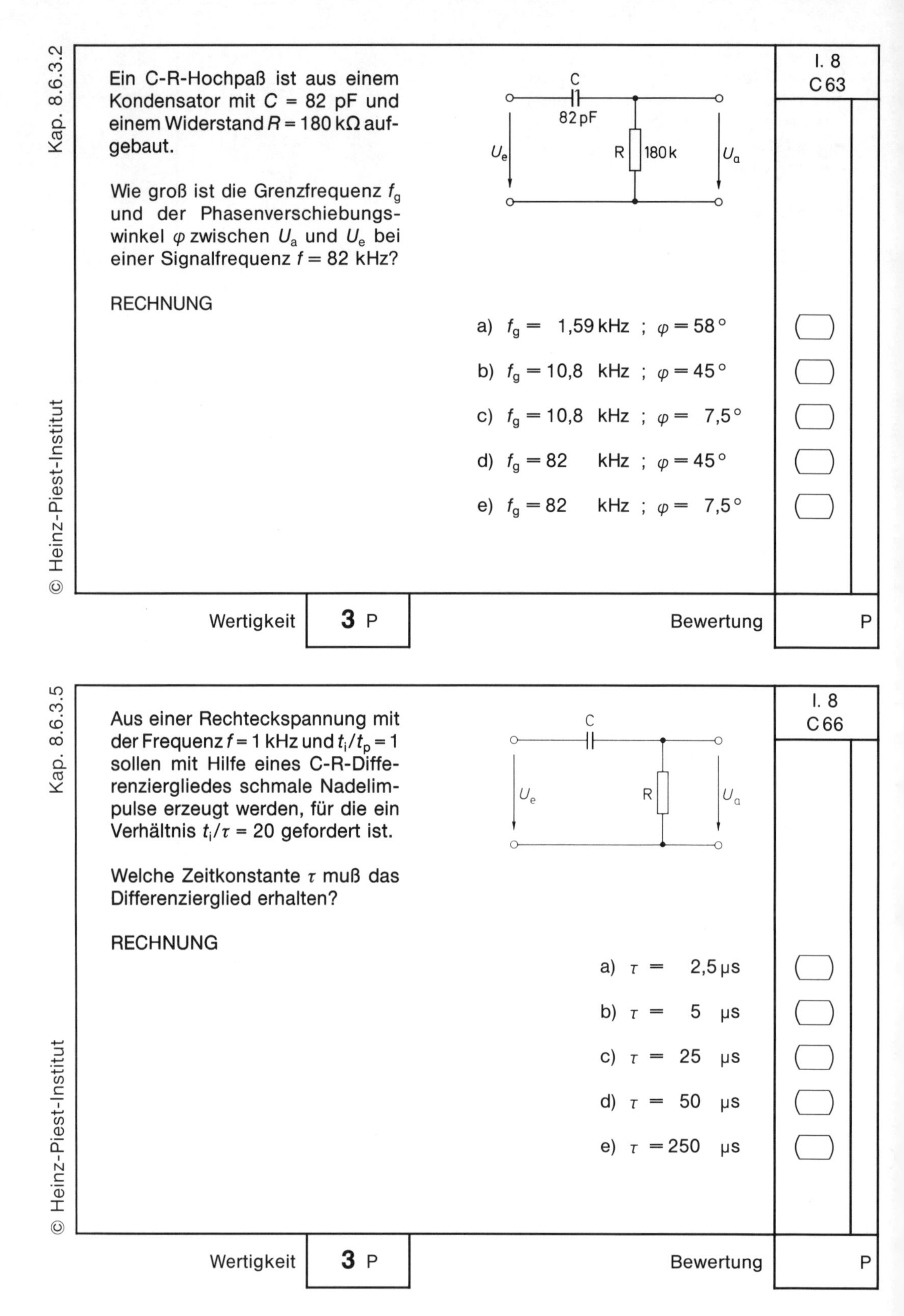

Kap. 8.6.3.2

I. 8
C 63

Ein C-R-Hochpaß ist aus einem Kondensator mit C = 82 pF und einem Widerstand R = 180 kΩ aufgebaut.

Wie groß ist die Grenzfrequenz f_g und der Phasenverschiebungswinkel φ zwischen U_a und U_e bei einer Signalfrequenz f = 82 kHz?

RECHNUNG

a) f_g = 1,59 kHz ; φ = 58°

b) f_g = 10,8 kHz ; φ = 45°

c) f_g = 10,8 kHz ; φ = 7,5°

d) f_g = 82 kHz ; φ = 45°

e) f_g = 82 kHz ; φ = 7,5°

Wertigkeit **3** P

Bewertung P

Kap. 8.6.3.5

I. 8
C 66

Aus einer Rechteckspannung mit der Frequenz f = 1 kHz und t_i/t_p = 1 sollen mit Hilfe eines C-R-Differenziergliedes schmale Nadelimpulse erzeugt werden, für die ein Verhältnis t_i/τ = 20 gefordert ist.

Welche Zeitkonstante τ muß das Differenzierglied erhalten?

RECHNUNG

a) τ = 2,5 μs

b) τ = 5 μs

c) τ = 25 μs

d) τ = 50 μs

e) τ = 250 μs

Wertigkeit **3** P

Bewertung P

I. 9
Meßtechnik

I. 9
A1

Ein Drehspulmeßwerk besteht aus einer Spule, die in dem homogenen Magnetfeld eines Dauermagneten drehbar gelagert ist.

Welche elektrischen Größen lassen sich mit einem Drehspulmeßwerk messen?

a) Gleich- und Wechselspannungen sowie Gleich- und Wechselströme

b) Nur Gleichspannungen und Gleichströme

c) Nur Wechselspannungen und Wechselströme niedriger Frequenz

d) Nur Wechselstromwiderstände

e) Nur Frequenzen

Wertigkeit **1** P — Bewertung P

I. 9
A 11

Auf einer Skala von analogen Multimetern befinden sich meistens Symbole, die Auskunft über Art und Verwendungsmöglichkeit des Meßinstrumentes geben.

Um was für ein analoges Meßinstrument handelt es sich, wenn auf der Skala die dargestellten Symbole angegeben sind?

1,5 2

a) Drehspulmeßwerk, Klasse 1,5; waagerechte Gebrauchslage, Prüfspannung 1500 V

b) Drehspulmeßwerk, Klasse 1,5; waagerechte Gebrauchslage, Prüfspannung 2000 V

c) Dreheisenmeßwerk, Klasse 1,5; senkrechte Gebrauchslage, Prüfspannung 1500 V

d) Drehspulmeßwerk mit Gleichrichter, Klasse 1,5; waagerechte Gebrauchslage, Prüfspannung 2000 V

e) Drehspulmeßwerk mit Gleichrichter, Klasse 2; waagerechte Gebrauchslage, Prüfspannung 1,5 kV

Wertigkeit **1** P — Bewertung P

I. 9
A 14

Auf der Skala eines analogen Vielfachmeßinstrumentes befindet sich u. a. die Angabe 10 kΩ/V.

Welche Information liefert diese Angabe?

a) In dem Meßinstrument ist ein Vorwiderstand $R_V = 10$ kΩ eingebaut

b) Das Vielfachmeßinstrument hat einen Widerstandsbereich von 0 bis 10 kΩ bei einer Meßspannung $U = 1$ V

c) Das Vielfachmeßinstrument hat bei Spannungsmessungen einen konstanten Innenwiderstand $R_i = 10$ kΩ

d) Das Meßinstrument hat einen Kennwiderstand von 10 kΩ/V

e) In dem 10 kΩ-Widerstandsmeßbereich muß der Widerstandswert auf der Spannungsskala abgelesen werden

Wertigkeit **1** P | Bewertung P

I. 9
A 16

Das Bild zeigt die Skala eines analogen Meßinstrumentes.

Zu welchem der angegebenen Meßinstrumente gehört diese Skala?

a) Zu einem Gleichspannungs-Meßinstrument

b) Zu einem Wechselspannungs-Meßinstrument

c) Zu einem Dreheisen-Meßinstrument

d) Zu einem Frequenz-Meßinstrument

e) Zu einem Widerstands-Meßinstrument

Wertigkeit **1** P | Bewertung P

Kap. 9.4.1

Bei der Durchführung von Meßreihen ist es oft zweckmäßig, den Strom durch den Verbraucher und den Spannungsabfall am Verbraucher gleichzeitig zu messen.

Wie wird die dargestellte Schaltung zum gleichzeitigen Messen von Strom und Spannung üblicherweise genannt?

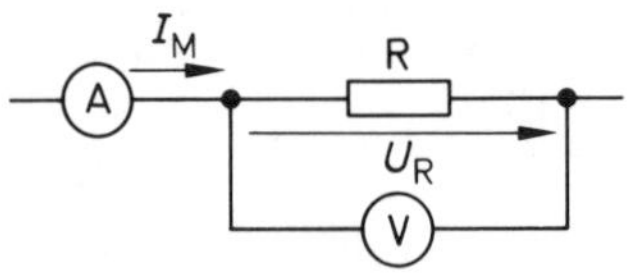

I. 9
A 17

a) Brückenschaltung

b) Stromrichtige Messung

c) Falsche Spannungsmessung

d) Spannungsrichtige Messung

e) Kompensationsmessung

Wertigkeit **1** P   Bewertung P

Kap. 9.5.1.1

Nach dem Einschalten eines Oszilloskops erscheint auf dem Bildschirm eine unscharfe, waagerechte Linie.

Welche Einstellung des Oszilloskops muß verändert werden, damit die Spur des Elektronenstrahles scharf abgebildet wird?

I. 9
A 19

a) FOCUS (Fokussierung)

b) INTENS (Intensität)

c) X-Position

d) Y-Position

e) X-Magn. (Dehnung)

Wertigkeit **1** P   Bewertung P

I. 9
A 25

Nichtelektrische Größen lassen sich durch Meßgrößenumformer in entsprechende elektrische Spannungen umwandeln.

Wie wird der in Blockdarstellung angegebene Meßgrößenumformer bezeichnet?

ϑ / U

a) Winkelgeber

b) Längengeber

c) Temperaturgeber

d) Kraftgeber

e) Flußdichtegeber

Wertigkeit **1** P — Bewertung P

I. 9
A 31

In dem Prospekt für ein digitales Multimeter ist angegeben, daß es eine $4\frac{1}{2}$stellige Anzeige besitzt.

Welche Information kann dieser Angabe entnommen werden?

a) Die Anzeigeeinheit hat 3 Ziffern für den Wert und eine Stelle für die Polarität

b) Die Anzeigeeinheit hat 4 Ziffern für den Wert und $\frac{1}{2}$ Stelle für die Polarität

c) Die Anzeigeeinheit hat 5 Ziffern für den Wert

d) Die Anzeigeeinheit hat 4 Ziffern für den Wert und $\frac{1}{2}$ Stelle für die Batteriekontrolle

e) Die Anzeigeeinheit hat 3 Ziffern für den Wert und $1\frac{1}{2}$ Stellen für die Betriebsspannung

Wertigkeit **1** P — Bewertung P

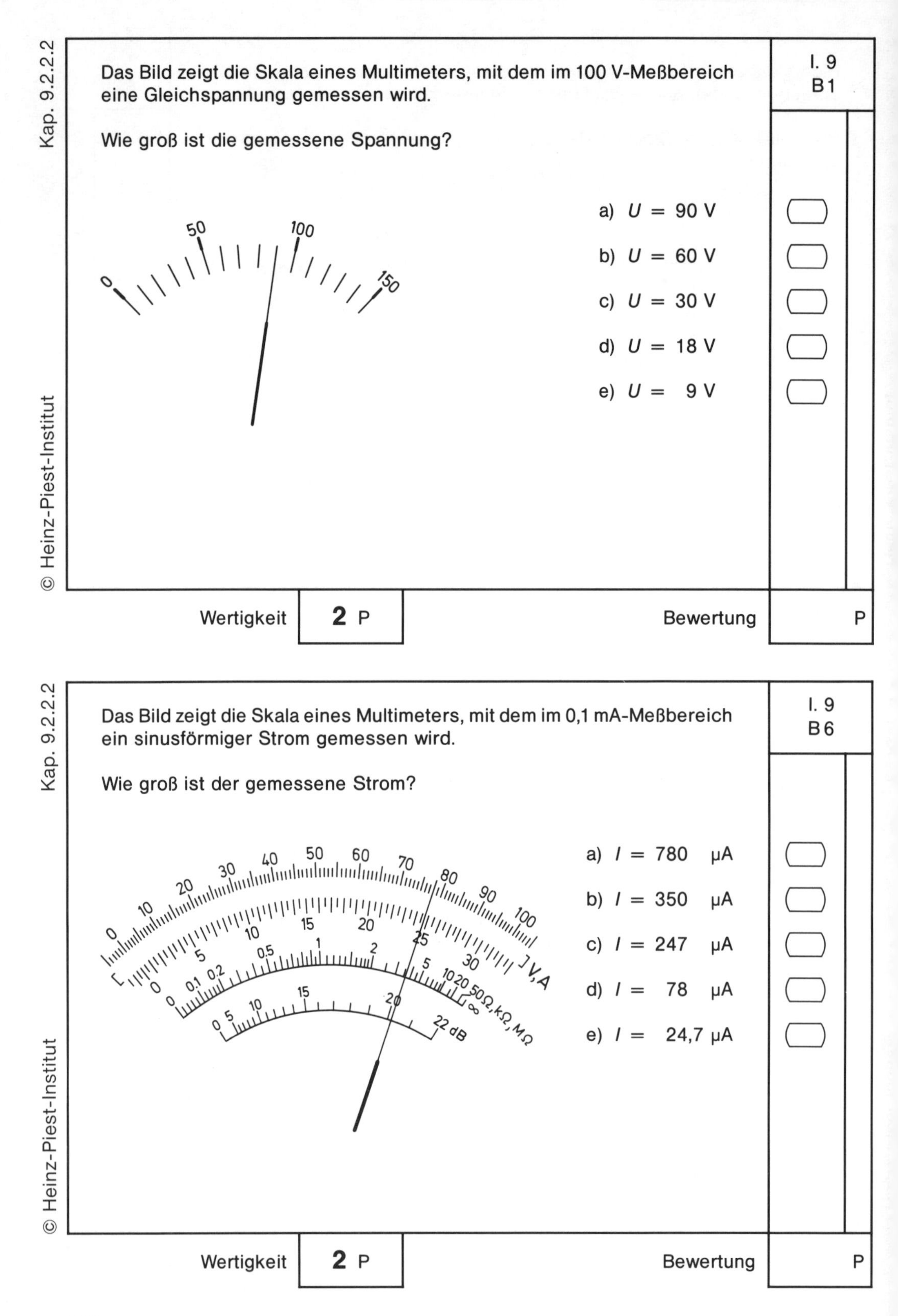
Kap. 9.2.2.2
© Heinz-Piest-Institut
Das Bild zeigt die Skala eines Multimeters, mit dem im 100 V-Meßbereich eine Gleichspannung gemessen wird.
Wie groß ist die gemessene Spannung?
0
50
100
150
a) U = 90 V
b) U = 60 V
c) U = 30 V
d) U = 18 V
e) U = 9 V
I. 9
B1
Wertigkeit
2 P
Bewertung
P
Kap. 9.2.2.2
© Heinz-Piest-Institut
Das Bild zeigt die Skala eines Multimeters, mit dem im 0,1 mA-Meßbereich ein sinusförmiger Strom gemessen wird.
Wie groß ist der gemessene Strom?
0 10 20 30 40 50 60 70 80 90 100
0 5 10 15 20 25 30
V,A
0 0.1 0.2 0.5 1 2 5 10 20 50 ∞
Ω, kΩ, MΩ
0 5 10 15 20 22 dB
a) I = 780 μA
b) I = 350 μA
c) I = 247 μA
d) I = 78 μA
e) I = 24,7 μA
I. 9
B6
Wertigkeit
2 P
Bewertung
P

Ein analoges Strommeßgerät mit dem Meßbereich 100 mA soll entsprechend der angegebenen Schaltung um einen Meßbereich 1 A erweitert werden.

Welcher Wert muß für den Widerstand R2 gewählt werden?

I. 9
B 9

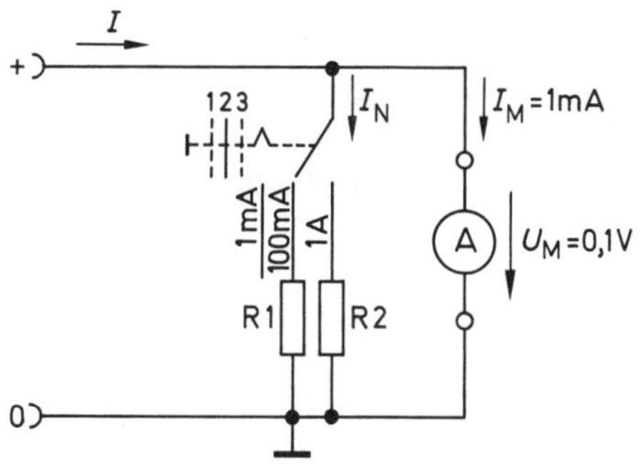

+ 0 I 1 2 3 I_N I_M =1mA 1mA 100mA 1A A U_M =0,1V R1 R2

a) $R_2 \approx 10 \cdot R_1$

b) $R_2 \approx 9 \cdot R_1$

c) $R_2 \approx \frac{R_1}{10}$

d) $R_2 \approx \frac{R_1}{9}$

e) $R_2 \approx \frac{R_1}{0{,}1}$

Wertigkeit **2** P Bewertung P

Das Bild zeigt das Prinzip einer bestimmten Meßschaltung für mehrere Meßbereiche.

Für welche der genannten Meßaufgaben wird diese Schaltung verwendet?

I. 9
B 10

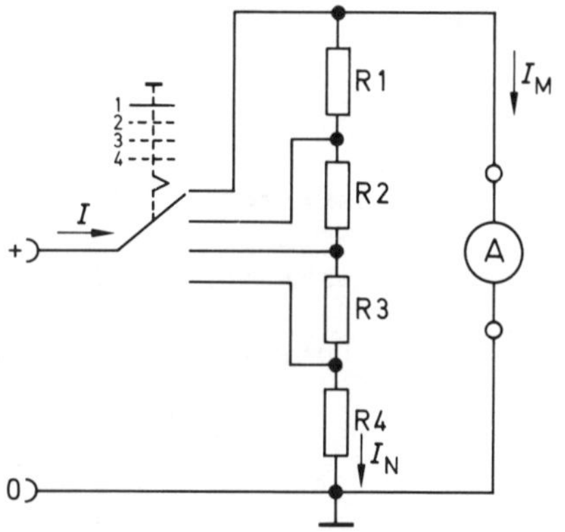

1 2 3 4 I + 0 R1 R2 R3 R4 I_M A I_N

a) Zur Spannungsmessung in mehreren Bereichen

b) Zur Strommessung in mehreren Bereichen

c) Zur Leistungsmessung in mehreren Bereichen

d) Zur Frequenzmessung in mehreren Bereichen

e) Zur Widerstandsmessung in mehreren Bereichen

Wertigkeit **2** P Bewertung P

Kap. 9.2.3.3

I. 9
B 11

Das Bild zeigt die Prinzipschaltung für die Widerstandsmessung mit einem Vielfachmeßgerät. Um eine richtige Anzeige zu erhalten, muß vor jeder Messung ein Abgleich mit dem Potentiometer R_P vorgenommen werden.

Wie erfolgt der Abgleich vor einer Messung?

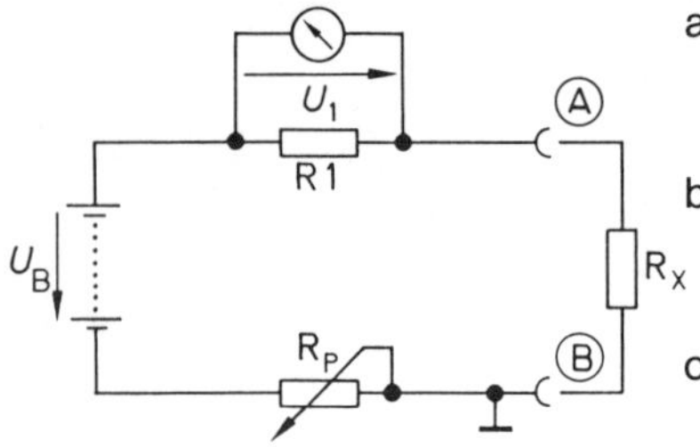

U_1 R1 A B U_B R_P R_X

a) Bei kurzgeschlossenen Anschlüssen A und B wird der Skalenzeiger auf den Skalenwert ∞ eingestellt

b) Bei offenen Anschlüssen A und B wird der Skalenzeiger auf den Skalenwert ∞ eingestellt

c) Bei kurzgeschlossenen Anschlüssen A und B wird der Skalenzeiger auf Skalenmitte eingestellt

d) Bei kurzgeschlossenen Anschlüssen A und B wird der Skalenzeiger auf den Skalenwert 0 eingestellt

e) Bei offenen Anschlüssen A und B wird der Skalenzeiger auf den Skalenwert 0 eingestellt

Wertigkeit **2** P

Bewertung P

Kap. 9.2.3.3

I. 9
B 12

Der Widerstandswert eines unbekannten Widerstandes soll mit Hilfe eines Multimeters ermittelt werden. Beim Abgleich im Ohmbereich läßt sich aber bei kurzgeschlossener Meßleitung der Zeiger mit dem Potentiometer nicht mehr genau auf den Skalenwert 0 Ω einstellen.

Welcher der fünf genannten Fehler liegt wahrscheinlich vor?

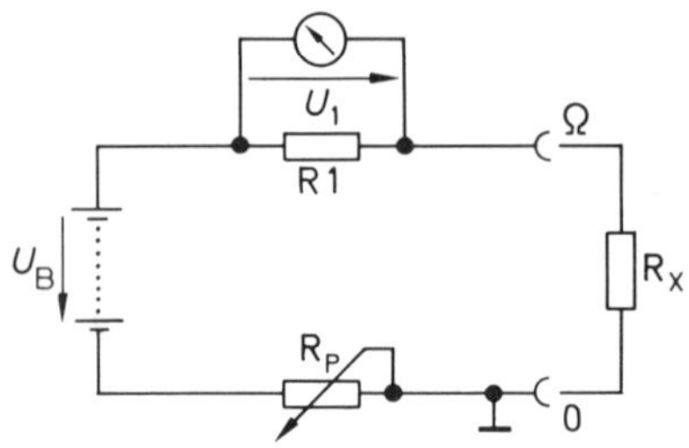

U_1 R1 Ω 0 U_B R_P R_X

a) Die Batterien sind verbraucht

b) Die Meßleitung ist unterbrochen

c) Der Widerstand R_1 ist verbrannt

d) Der Meßbereichsschalter wurde nicht auf den kleinsten Widerstandsmeßbereich umgeschaltet

e) Die Batterie wurde falsch gepolt in das Meßinstrument eingesetzt

Wertigkeit **2** P

Bewertung P

I. 9 B 14

Die Hersteller von Digitalmultimetern geben neben der Fehlergrenze auch noch die Auflösung an.

Wie groß ist die Auflösung eines $4\frac{1}{2}$stelligen Multimeters im 2 V-Bereich?

a) $U =$ 1 V

b) $U =$ 100 mV

c) $U =$ 10 mV

d) $U =$ 1 mV

e) $U =$ 0,1 mV

Wertigkeit **2** P — Bewertung P

I. 9 B 15

Das Bild zeigt eine bestimmte Meßschaltung.

Für welche der genannten Meßaufgaben läßt sich diese Schaltung zweckmäßigerweise einsetzen?

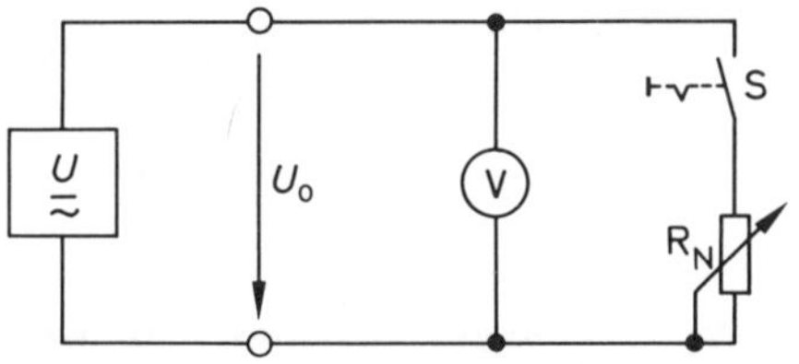

a) Zur Messung der Ausgangskapazität des Generators

b) Zur Messung des Innenwiderstandes, wenn dieser niederohmig ist

c) Zur Messung des Innenwiderstandes, wenn dieser hochohmig ist

d) Zur Messung von Scheinwiderständen

e) Zur Messung des Energieinhaltes des Generators

Wertigkeit **2** P — Bewertung P

Kap. 9.4.3

Das Bild zeigt eine bestimmte Meßschaltung.

Für welche der genannten Meßaufgaben läßt sich diese Schaltung zweckmäßigerweise einsetzen?

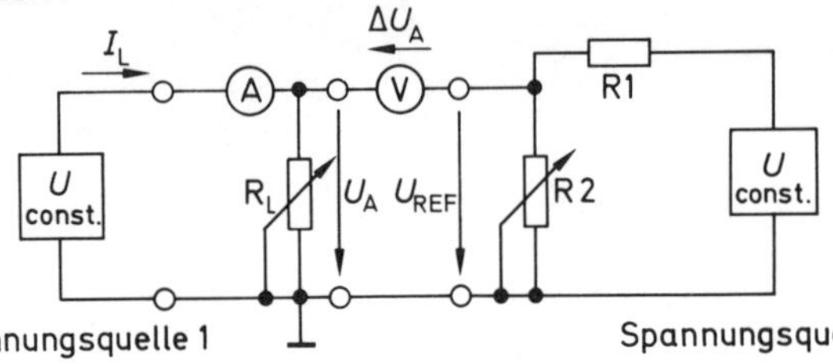

a) Zur Messung der Ausgangskapazität des Generators
b) Zur Messung des Innenwiderstandes, wenn dieser niederohmig ist
c) Zur Messung des Innenwiderstandes, wenn dieser hochohmig ist
d) Zur Messung von Scheinwiderständen
e) Zur Messung des Energieinhaltes des Generators

I. 9
B 16

Wertigkeit **2** P

Bewertung P

Kap. 9.2.2.1; 9.2.4; 9.4.1

In Stromkreisen mit hochohmigen Widerständen sollten für Spannungsmessungen stets Spannungsmesser mit einem möglichst großen Innenwiderstand verwendet werden.

Aus welchem der fünf genannten Gründe wird diese Forderung gestellt?

a) Um das Meßinstrument nicht zu überlasten
b) Um kleinere Meßfehler zu erreichen, wenn die Temperatur sich ändert
c) Um Meßfehler infolge des Eigenverbrauchs des Meßinstrumentes möglichst klein zu halten
d) Um den Widerstand, dessen Spannungsabfall gemessen wird, nicht zu überlasten
e) Um Ablesefehler durch Parallaxe zu vermeiden

I. 9
B18

Wertigkeit **2** P

Bewertung P

Ein Multimeter hat die angegebene Skala und ist auf den 60 V-Meßbereich eingestellt.

In welchem der genannten Bereiche ist der prozentuale Anzeigefehler des Meßgerätes am größten?

I. 9
B 19

0 20 40 60

a) Im Bereich 0 V bis 10 V
b) Im Bereich 20 V bis 40 V
c) Im Bereich 40 V bis 50 V
d) Im Bereich 50 V bis 60 V
e) In der Skalenmitte (30 V)

Wertigkeit **2** P

Bewertung P

 Kap. 9.2.2.2

Das Schaltbild zeigt eine bestimmte Meßschaltung.

Für welche der genannten Meßaufgaben läßt sich diese Schaltung zweckmäßigerweise einsetzen?

I. 9
B 21

① ② ③ ⑤
L1
N

a) Zur Bestimmung niederohmiger Widerstände
b) Zur Bestimmung hochohmiger Widerstände
c) Zur Bestimmung von Blindwiderständen
d) Zur Bestimmung von Wirkleistungen
e) Zur Bestimmung von Blindleistungen

Wertigkeit **2** P

Bewertung P

 Kap. 9.4.4

Kap. 9.4.3

Welche der genannten Meßmethoden wird zweckmäßigerweise angewandt, wenn der Innenwiderstand R_i einer Konstantspannungsquelle ermittelt werden soll?

I. 9
B 23

a) Die Methode des halben Ausschlages

b) Das Kompensationsverfahren

c) Eine Strom- und Spannungsmessung

d) Die Drei-Spannungsmesser-Methode

e) Die spannungsrichtige Messung

Wertigkeit **2** P

Bewertung P

Kap. 9.2.2

In Stromkreisen mit hochohmigen Widerständen können bei Spannungsmessungen erhebliche Meßfehler entstehen, wenn ungeeignete Meßinstrumente verwendet werden.

Welche der fünf genannten Eigenschaften muß ein Spannungsmesser haben, wenn Spannungen in Stromkreisen mit hochohmigen Widerständen gemessen werden sollen?

I. 9
B 25

a) Der Innenwiderstand des Spannungsmessers soll möglichst hochohmig gegenüber dem Meßwiderstand sein

b) Der Innenwiderstand des Spannungsmessers soll möglichst niederohmig sein

c) Die Spannungsfestigkeit des Spannungsmessers soll möglichst groß sein

d) Die Skaleneinteilung des Spannungsmessers muß unbedingt linear sein

e) Der Nullpunkt des Spannungsmessers muß in der Mitte der Skala liegen

Wertigkeit **2** P

Bewertung P

Mit einem Oszilloskop wurde in der angegebenen Schaltung eine sinusförmige Spannung $u_{a\,SS} = 56{,}6$ V gemessen.

Welcher Wert wird angezeigt, wenn die Spannung U_e mit einem Vielfachmeßinstrument gemessen wird?

I. 9
B26

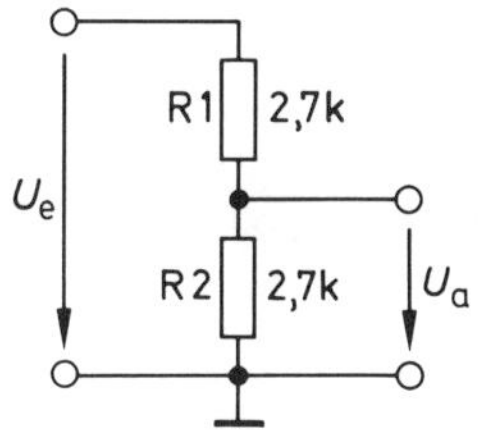

R1 2,7k
R2 2,7k
U_e
U_a

a) $U_e = 113{,}2$ V

b) $U_e = 80$ V

c) $U_e = 40$ V

d) $U_e = 20$ V

e) $U_e = 14{,}1$ V

Wertigkeit **2** P   Bewertung P

Bei einer Messung erscheint auf dem Bildschirm eines Oszilloskops die dargestellte rechteckförmige Spannung.

Welche Einstellung des Oszilloskops muß verändert werden, damit weniger Perioden auf dem Bildschirm abgebildet werden?

I. 9
B 27

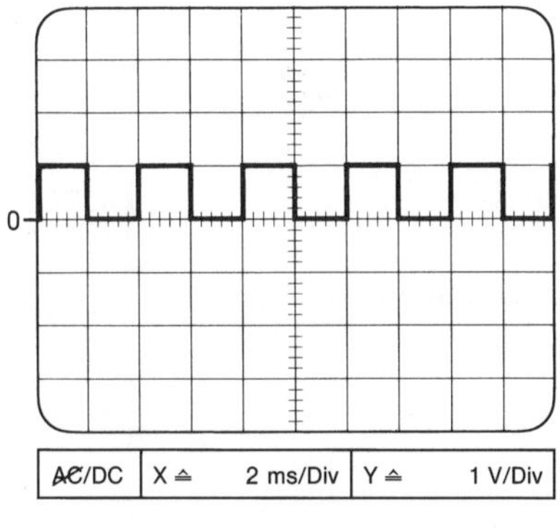

0

AC/DC	X ≙ 2 ms/Div	Y ≙ 1 V/Div

a) Die X-Position muß verändert werden

b) Die Y-Ablenkung muß auf z. B. 0,5 V/Div verändert werden

c) Die Y-Ablenkung muß auf z. B. 5 V/Div verändert werden

d) Die X-Ablenkung muß auf z. B. 0,5 ms/Div verändert werden

e) Die X-Ablenkung muß auf z. B. 10 ms/Div verändert werden

Wertigkeit **2** P   Bewertung P

Kap. 9.5.1.2

I. 9
B 29

Bei einer Messung erscheint auf dem Bildschirm eines Oszilloskops die dargestellte rechteckförmige Spannung.

Welche Einstellung des Oszilloskops muß verändert werden, damit die Amplitude dieser Spannung größer auf dem Bildschirm erscheint?

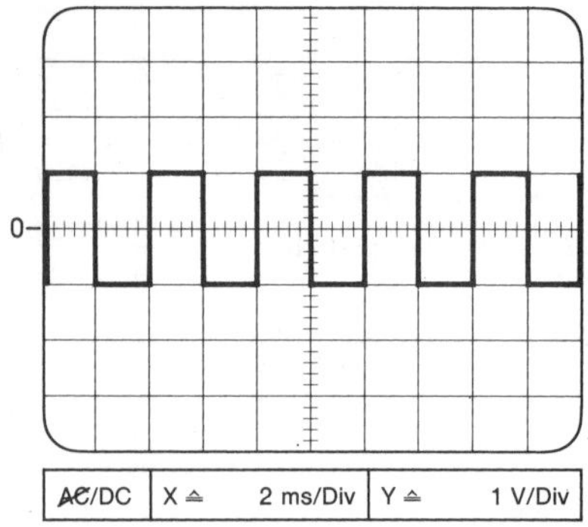

AC/DC	X ≙ 2 ms/Div	Y ≙ 1 V/Div

a) Die X-Position muß verändert werden

b) Die Y-Ablenkung muß auf z. B. 0,5 V/Div verändert werden

c) Die Y-Ablenkung muß auf z. B. 5 V/Div verändert werden

d) Die X-Ablenkung muß auf z. B. 0,5 ms/Div verändert werden

e) Die X-Ablenkung muß auf z. B. 10 ms/Div verändert werden

Wertigkeit **2** P Bewertung P

Kap. 9.5.3.2

I. 9
B 30

Bei der Messung mit einem 10 : 1 Tastkopf erscheint auf dem Bildschirm des Oszilloskops der dargestellte Spannungsverlauf.

Wie groß ist die Impulspause t_p dieser Spannung?

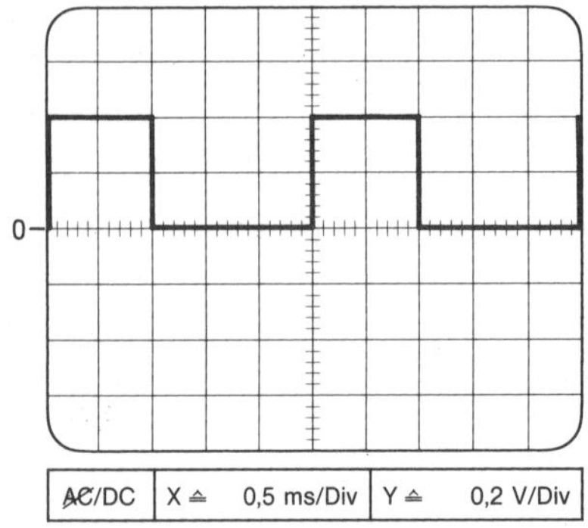

AC/DC	X ≙ 0,5 ms/Div	Y ≙ 0,2 V/Div

a) $t_p = 1$ ms

b) $t_p = 3$ ms

c) $t_p = 1{,}5$ ms

d) $t_p = 2$ s

e) $t_p = 3$ s

Wertigkeit **2** P Bewertung P

Das Bild zeigt die Bedienungselemente für die Y-Ablenkung.

I. 9
B 32

Welche Funktion hat der dreistufige Umschalter AC / DC / GND, wenn er sich in Stellung GND befindet?

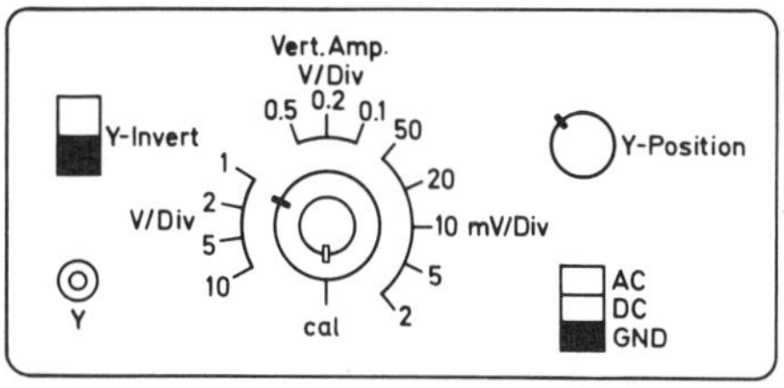

a) Der Eingang des Y-Verstärkers wird auf Masse gelegt, damit auf einfache Weise die Lage der Nullinie überprüft werden kann.

b) Es können auch Mischspannungen gemessen werden

c) Das Triggersignal wird direkt aus dem Y-Signal gewonnen

d) Die Triggerung erfolgt extern

e) Es können gleichzeitig zwei Spannungen gemessen werden

Wertigkeit **2** P Bewertung P

Mit einem Oszilloskop wurde die dargestellte Mischspannung in den Stellungen AC und DC gemessen.

I. 9
B 33

Wie groß ist der Gleichspannungsanteil U_{-} dieser Mischspannung?

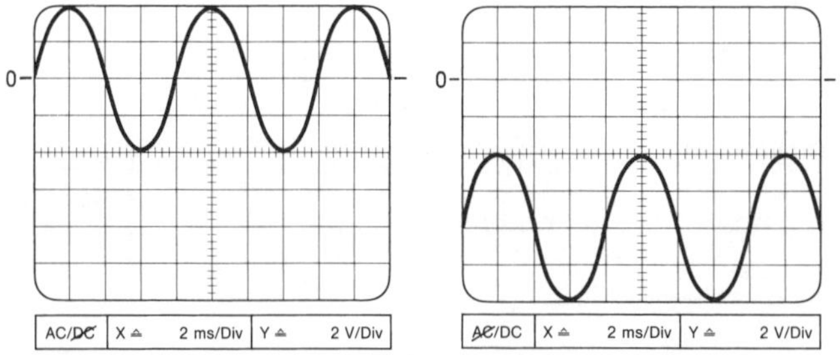

a) $U_{-} = +4$ V

b) $U_{-} = +8$ V

c) $U_{-} = 0$ V

d) $U_{-} = -4$ V

e) $U_{-} = -8$ V

Wertigkeit **2** P Bewertung P

Kap. 9.5.1.4

I. 9
B 35

Das Bild zeigt die Bedienungselemente für die Triggerung eines Oszilloskops.

Wie erfolgt die Triggerung, wenn der Trigger-Wahlschalter auf »Extern« eingestellt ist?

a) Das Triggersignal wird aus dem anliegenden Y-Signal gewonnen. Es werden immer stehende Bilder erzeugt. Ist kein Signal vorhanden, wird der Strich abgebildet

b) Das Triggersignal wird aus dem anliegenden Y-Signal gewonnen. Es werden immer stehende Bilder erzeugt. Ist kein Signal vorhanden, erfolgt auch keine Ablenkung

c) Die Triggerung erfolgt auf die Bildwechsel- oder Zeilenimpulse eines anliegenden Fernsehsignals

d) Das Triggersignal wird aus der Sekundärspannung des Netztrafos gewonnen

e) Das Triggersignal wird aus einer Spannung am Eingang »Trigger-Input« gewonnen

Wertigkeit **2** P Bewertung P

Kap. 9.5.2

I. 9
B 36

Das Bild zeigt den Betriebsartenschalter für den elektronischen Umschalter eines Zweikanal-Oszilloskops.

Bei welcher der angegebenen Messungen ist es zweckmäßig, die Betriebsart »CHOP« einzustellen

a) Bei der Messung von Signalen mit niedrigen Frequenzen

b) Bei der Messung von Signalen mit hohen Frequenzen

c) Bei der Messung der Phasenverschiebung

d) Bei der Messung rechteckförmiger Spannungen

e) Bei der Messung von nichtelektrischen Größen

Wertigkeit **2** P Bewertung P

I. 9
B 37

Das Bild zeigt den Betriebsartenschalter für den elektronischen Umschalter eines Zweikanal-Oszilloskops.

Bei welcher der angegebenen Messungen ist es zweckmäßig, die Betriebsart »ALT« einzustellen

A | ALT | CHOP | B

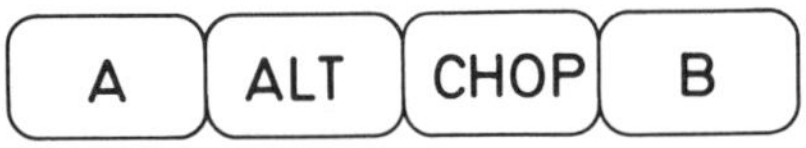

a) Bei der Messung von Signalen mit niedrigen Frequenzen

b) Bei der Messung von Signalen mit hohen Frequenzen

c) Bei der Messung der Phasenverschiebung

d) Bei der Messung rechteckförmiger Spannungen

e) Bei der Messung von nichtelektrischen Größen

Wertigkeit **2** P | Bewertung P

I. 9
B 38

Bei einer Messung erscheint auf dem Bildschirm eines Oszilloskops ein Spannungsverlauf entsprechend Bild 1.

Welches der angegebenen Bedienungselemente des Oszilloskops muß verstellt werden, damit ein Spannungsverlauf entsprechend Bild 2 erscheint?

Bild 1

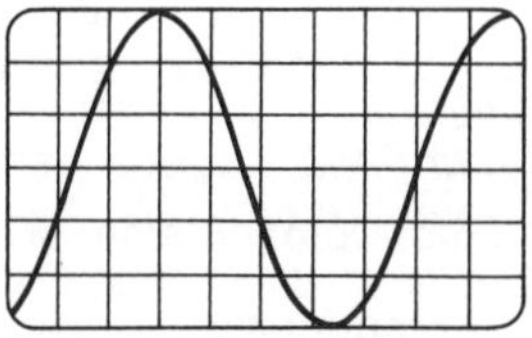

Bild 2

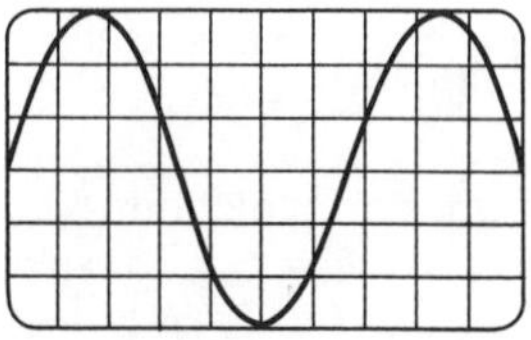

a) X-Position

b) Y-Position

c) LEVEL bzw. NIVEAU

d) X-Cal.

e) Y-Cal.

Wertigkeit **2** P | Bewertung P

Kap. 9.5.3.1

I. 0
B 39

Bei der Messung mit einem Tastkopf 1 : 1 erscheint auf dem Bildschirm des Oszilloskops der dargestellte Spannungsverlauf.

Wie groß ist der Effektivwert dieser Spannung?

AC/DC	X ≙ 0,1 ms/Div	Y ≙ 2 V/Div

a) $U = 0{,}7$ V

b) $U = 1$ V

c) $U = 1{,}4$ V

d) $U = 2$ V

e) $U = 4$ V

Wertigkeit **2** P Bewertung P

Kap. 9.5.1.2

I. 9
B 41

Eine sinusförmige Spannung $u_{SS} = 10$ V wird auf beide Eingänge eines Zweikanal-Oszilloskops gegeben. Während an der Leuchtspur des Kanals A eine Spannung $u_{SS} = 10$ V abgelesen werden kann, zeigt der Kanal B eine Spannung $u_{SS} = 9{,}2$ V an.

Worauf könnte die falsche Anzeige bei Kanal B zurückzuführen sein?

a) Der Abschwächer von Kanal B ist nicht auf den gleichen Y-Ablenkfaktor wie der Abschwächer von Kanal A eingestellt

b) Der Time-Schalter von Kanal B ist nicht auf den gleichen X-Ablenkfaktor wie der Time-Schalter von Kanal A eingestellt

c) Der Drehknopf »Cal« der Y-Ablenkung ist bei Kanal B nicht auf die Markierung eingestellt

d) Der Drehknopf »Cal« der X-Ablenkung ist bei Kanal B nicht auf die Markierung eingestellt

e) Die Y-Position von Kanal B ist nicht auf den gleichen Wert wie von Kanal A eingestellt

Wertigkeit **2** P Bewertung P

I. 9
C1

Ein Spannungsmesser mit mehreren Meßbereichen hat einen Kennwiderstand von 20 000 Ω/V.

Wie groß sind der Innenwiderstand R_i und der Strom I_{max} für Vollausschlag bei einem eingestellten Meßbereich von 30 V?

RECHNUNG

a) R_i = 600 kΩ; I_{max} = 1,5 mA

b) R_i = 1,5 kΩ; I_{max} = 1,5 mA

c) R_i = 6 kΩ; I_{max} = 50 μA

d) R_i = 15 kΩ; I_{max} = 15 μA

e) R_i = 600 kΩ; I_{max} = 50 μA

Wertigkeit **3** P — Bewertung P

I. 9
C8

Ein vorhandenes Meßinstrument mit einem Drehspulmeßwerk hat einen Meßbereichsendwert I_M = 300 mA. Bei Vollausschlag liegt eine Spannung U_M = 0,1 V am Instrument.

Welchen Wert muß ein Nebenwiderstand R_N haben, damit das Instrument bei I = 500 mA seinen Vollausschlag hat?

RECHNUNG

a) R_N = 5 Ω

b) R_N = 3,3 Ω

c) R_N = 0,5 Ω

d) R_N = 0,33 Ω

e) R_N = 0,2 Ω

Wertigkeit **3** P — Bewertung P

Kap. 9.3

I. 9
C 12

Für ein $3\frac{1}{2}$stelliges Digitalvoltmeter gibt der Hersteller die Fehlergrenze $\pm 2\,\% - 10$ digit an.

In welchem Bereich kann der wahre Meßwert liegen, wenn eine Spannung $U = 24{,}8$ V angezeigt wird?

RECHNUNG

a) $U_{min} = 24{,}3$ V; $U_{max} = 25{,}3$ V

b) $U_{min} = 23{,}3$ V; $U_{max} = 25{,}3$ V

c) $U_{min} = 23{,}3$ V; $U_{max} = 24{,}8$ V

d) $U_{min} = 23{,}3$ V; $U_{max} = 26{,}3$ V

e) $U_{min} = 24{,}3$ V; $U_{max} = 26{,}3$ V

Wertigkeit **3** P

Bewertung P

Kap. 9.4.3

I. 9
C 14

Bei der Bestimmung des Innenwiderstandes einer Konstantspannungsquelle nach dem Kompensationsverfahren wurde bei einem Lastwiderstand $R_L = 500\ \Omega$ eine Spannung $U_A = 12$ V gemessen. Wird der Lastwiderstand auf den Wert $R_L = 150\ \Omega$ geändert, so beträgt $\Delta U_A = 40$ mV.

Welchen Wert hat der Innenwiderstand dieser Konstantspannungsquelle?

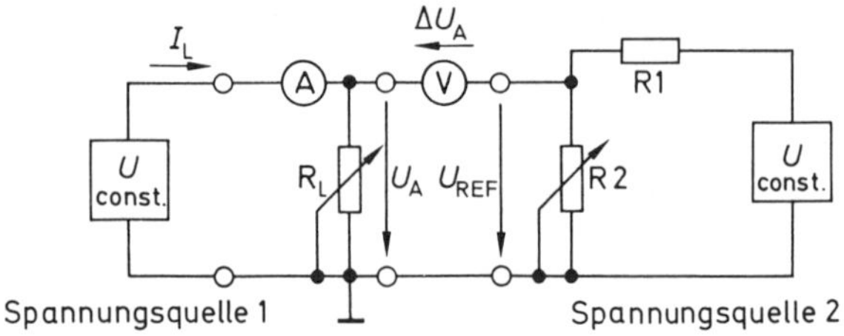

RECHNUNG

a) $R_i = 0{,}03\ \Omega$

b) $R_i = 0{,}08\ \Omega$

c) $R_i = 0{,}72\ \Omega$

d) $R_i = 1{,}7\ \Omega$

e) $R_i = 7{,}2\ \Omega$

Wertigkeit **3** P

Bewertung P

I. 9
C16

Mit der angegebenen Meßschaltung soll die Kapazität eines unbekannten Kondensators ermittelt werden. Der Vergleichskondensator hat den Wert $C_N = 1$ µF. Mit einem Oszilloskop werden die Spannungen $u_{N\,SS} = 18$ V und $u_{X\,SS} = 15$ V gemessen.

Welche Kapazität hat der unbekannte Kondensator C_X?

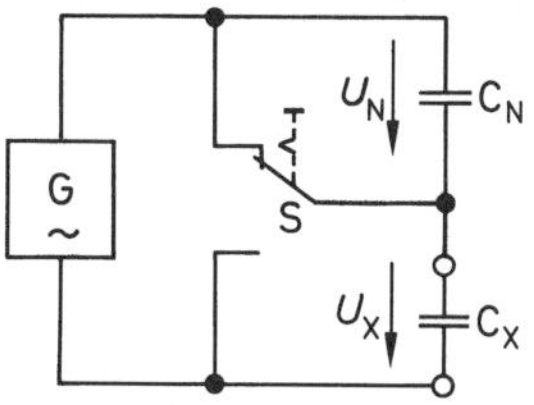

RECHNUNG

G ~ | U_N | C_N | S | U_X | C_X

a) $C_X =$ 0,8 µF

b) $C_X =$ 1 µF

c) $C_X =$ 1,2 µF

d) $C_X =$ 8 µF

e) $C_X =$ 12 µF

Wertigkeit **3** P

Bewertung P

I. 9
C 17

Die Induktivität L_X und der Verlustfaktor $\tan\delta$ einer unbekannten Spule sollen mit Hilfe der dargestellten Schaltung ermittelt werden. Bei $f = 50$ Hz werden folgende Werte gemessen: $P = 0{,}6$ W; $U = 48$ V; $I = 0{,}1$ A.

Welche Induktivität L_X und welchen Verlustfaktor $\tan\delta$ hat die unbekannte Spule?

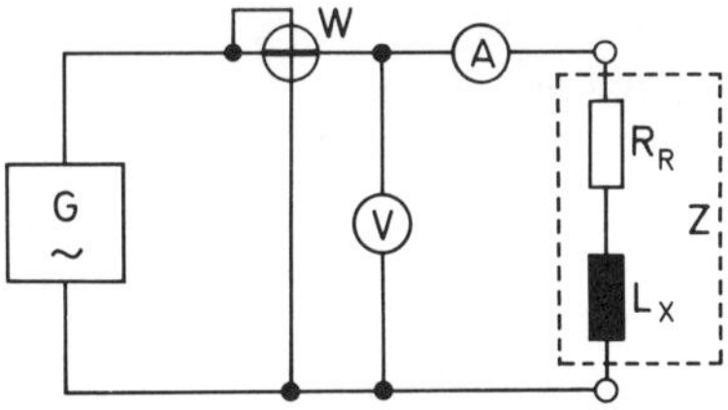

RECHNUNG

G ~ | W | A | V | R_R | Z | L_X

a) $L_X =$ 7,6 H; $\tan\delta =$ 7,9

b) $L_X =$ 1,52 H; $\tan\delta =$ 0,13

c) $L_X =$ 1,52 H; $\tan\delta =$ 8

d) $L_X =$ 6 H; $\tan\delta =$ 0,13

e) $L_X =$ 0,6 H; $\tan\delta =$ 7,9

Wertigkeit **3** P

Bewertung P

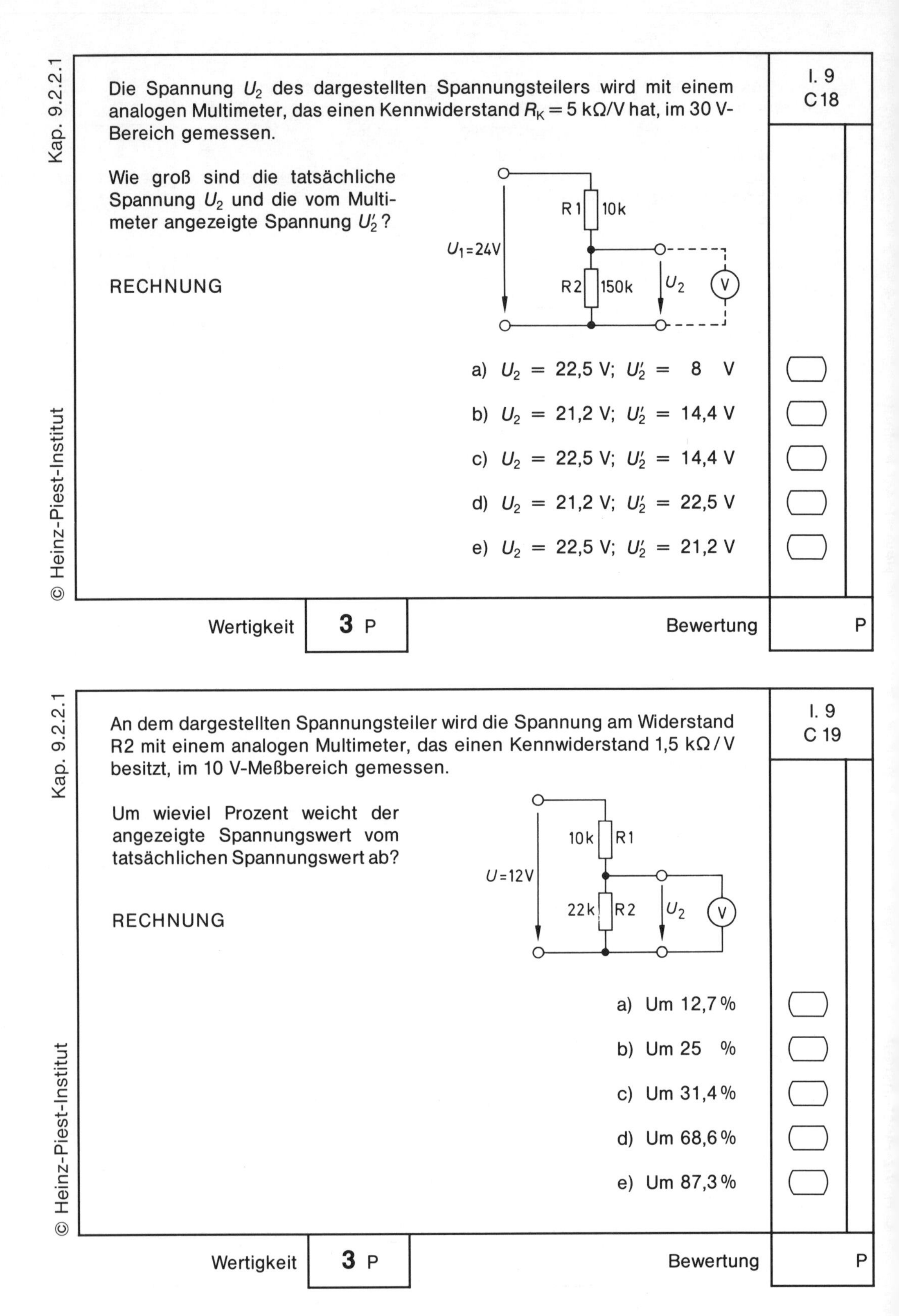

Kap. 9.2.2.1

Die Spannung U_2 des dargestellten Spannungsteilers wird mit einem analogen Multimeter, das einen Kennwiderstand $R_K = 5\ k\Omega/V$ hat, im 30 V-Bereich gemessen.

I. 9
C 18

Wie groß sind die tatsächliche Spannung U_2 und die vom Multimeter angezeigte Spannung U_2'?

RECHNUNG

a) $U_2 = 22{,}5\ V$; $U_2' = 8\ V$

b) $U_2 = 21{,}2\ V$; $U_2' = 14{,}4\ V$

c) $U_2 = 22{,}5\ V$; $U_2' = 14{,}4\ V$

d) $U_2 = 21{,}2\ V$; $U_2' = 22{,}5\ V$

e) $U_2 = 22{,}5\ V$; $U_2' = 21{,}2\ V$

Wertigkeit **3** P

Bewertung P

Kap. 9.2.2.1

An dem dargestellten Spannungsteiler wird die Spannung am Widerstand R2 mit einem analogen Multimeter, das einen Kennwiderstand 1,5 kΩ / V besitzt, im 10 V-Meßbereich gemessen.

I. 9
C 19

Um wieviel Prozent weicht der angezeigte Spannungswert vom tatsächlichen Spannungswert ab?

RECHNUNG

a) Um 12,7 %

b) Um 25 %

c) Um 31,4 %

d) Um 68,6 %

e) Um 87,3 %

Wertigkeit **3** P

Bewertung P

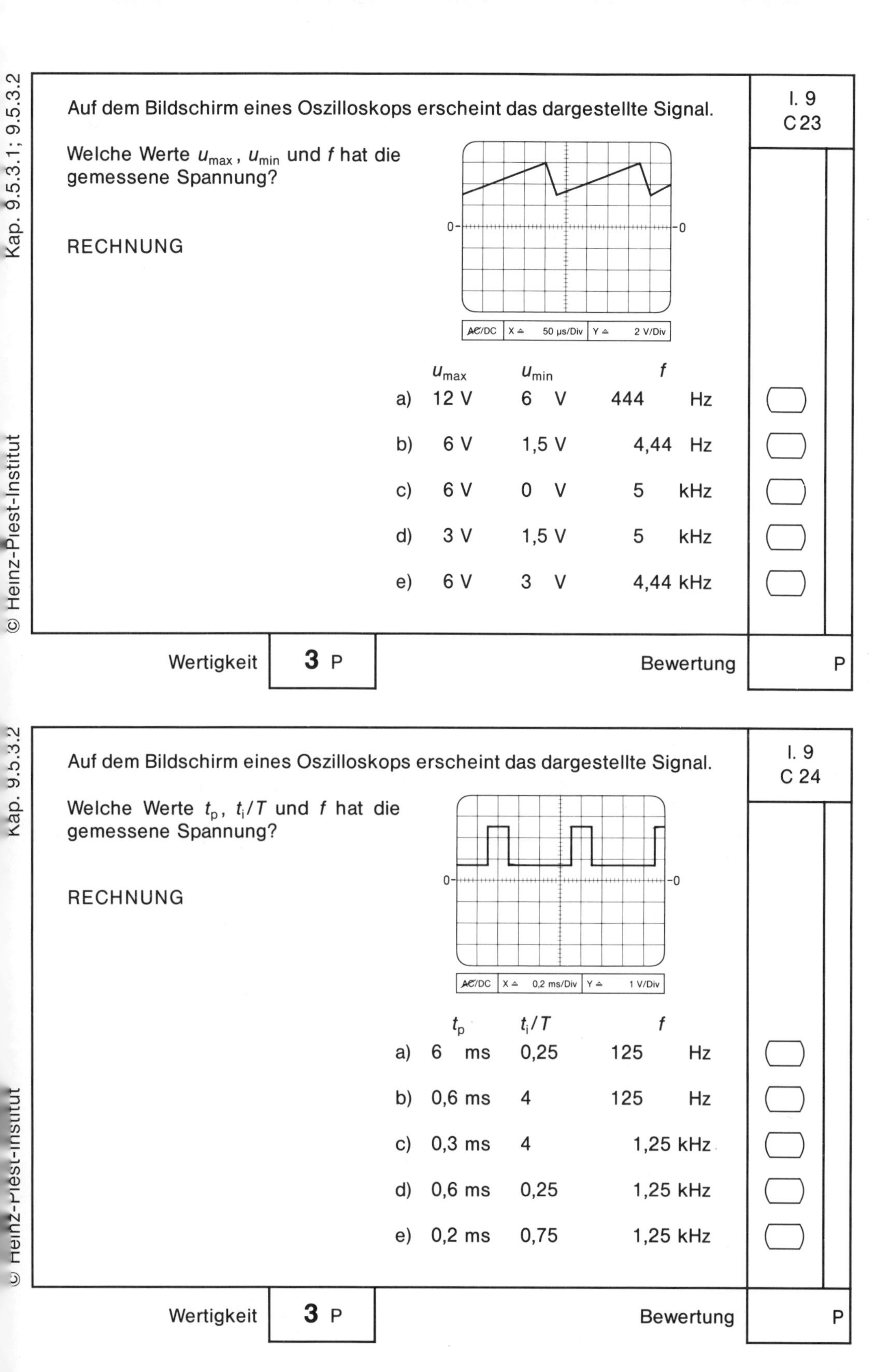

Kap. 9.5.3.1; 9.5.3.2

I. 9
C 23

Auf dem Bildschirm eines Oszilloskops erscheint das dargestellte Signal.

Welche Werte u_{max}, u_{min} und f hat die gemessene Spannung?

RECHNUNG

	u_{max}	u_{min}	f
a)	12 V	6 V	444 Hz
b)	6 V	1,5 V	4,44 Hz
c)	6 V	0 V	5 kHz
d)	3 V	1,5 V	5 kHz
e)	6 V	3 V	4,44 kHz

Wertigkeit **3** P

Bewertung P

Kap. 9.5.3.2

I. 9
C 24

Auf dem Bildschirm eines Oszilloskops erscheint das dargestellte Signal.

Welche Werte t_p, t_i/T und f hat die gemessene Spannung?

RECHNUNG

	t_p	t_i/T	f
a)	6 ms	0,25	125 Hz
b)	0,6 ms	4	125 Hz
c)	0,3 ms	4	1,25 kHz
d)	0,6 ms	0,25	1,25 kHz
e)	0,2 ms	0,75	1,25 kHz

Wertigkeit **3** P

Bewertung P

I. 9
C 26

Mit einem Zweikanal-Oszilloskop werden die Ein- und Ausgangsspannung eines Verstärkers gemessen. Sie ergeben die dargestellten Signalverläufe. Auf den Eingang Y_A wird das Eingangssignal, auf den Eingang Y_B das Ausgangssignal gegeben.

Welche Verstärkung $V_U = \frac{u_B}{u_A}$ und welchen Phasenverschiebungswinkel φ hat dieser Verstärker?

RECHNUNG

AC/~~DC~~	X ≙ 0,1 ms/Div	Y_A ≙ 50 mV/Div
		Y_B ≙ 2 V/Div

a) $V_U = 2 \quad \varphi = 180°$

b) $V_U = 20 \quad \varphi = 90°$

c) $V_U = 80 \quad \varphi = 0°$

d) $V_U = 80 \quad \varphi = 180°$

e) $V_U = 160 \quad \varphi = 90°$

Wertigkeit **3** P Bewertung P

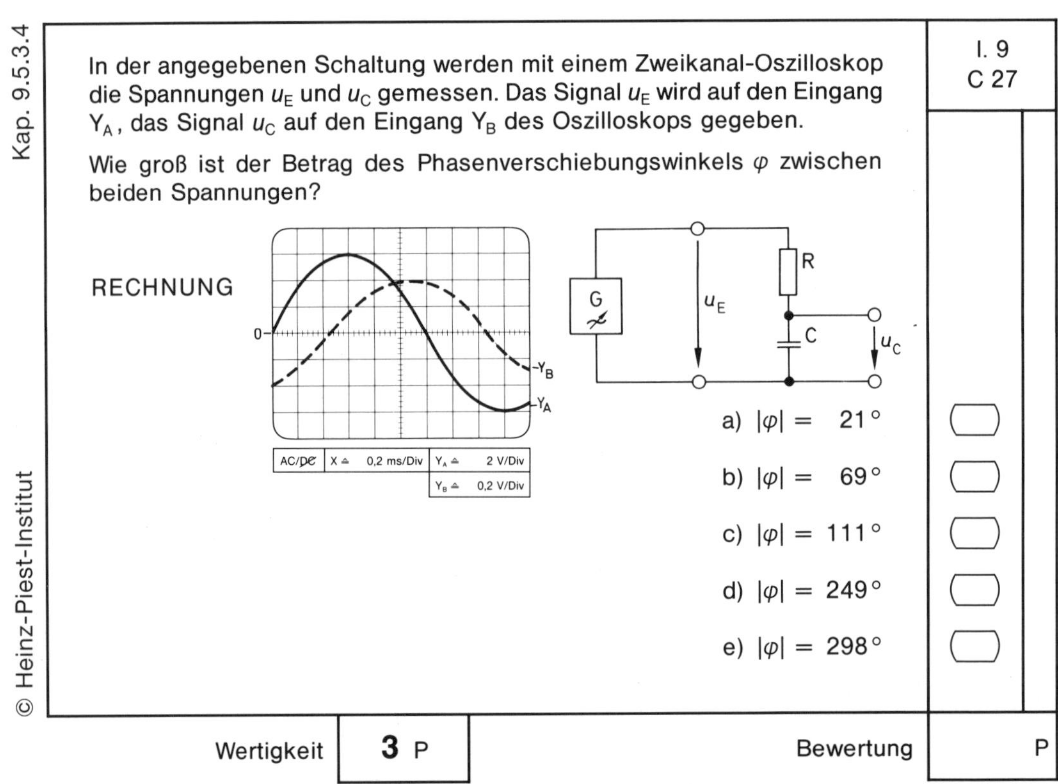

I. 9
C 27

In der angegebenen Schaltung werden mit einem Zweikanal-Oszilloskop die Spannungen u_E und u_C gemessen. Das Signal u_E wird auf den Eingang Y_A, das Signal u_C auf den Eingang Y_B des Oszilloskops gegeben.

Wie groß ist der Betrag des Phasenverschiebungswinkels φ zwischen beiden Spannungen?

RECHNUNG

AC/~~DC~~	X ≙ 0,2 ms/Div	Y_A ≙ 2 V/Div
		Y_B ≙ 0,2 V/Div

a) $|\varphi| = 21°$

b) $|\varphi| = 69°$

c) $|\varphi| = 111°$

d) $|\varphi| = 249°$

e) $|\varphi| = 298°$

Wertigkeit **3** P Bewertung P

I. 10
Gefahren des elektrischen Stromes

Kap. 10.2.2; 10.2.3

Mit welchen Kennbuchstaben werden die Leiter eines Vierleiter-Drehstromnetzes bezeichnet?

I. 10
A 1

a) A B C D

b) X Y Z N

c) U_1 V_1 W_1 S_1

d) L1 L2 L3 N

e) M O P E

Wertigkeit **1** P

Bewertung P

Kap. 10.2.2

In einem Vierleiter-Drehstromnetz wird zwischen zwei Außenleitern eine Spannung U = 400 V gemessen.

Wie groß ist die Strangspannung, die in diesem Fall zwischen einem Außenleiter und dem Neutralleiter N gemessen werden kann?

I. 10
A 2

L1
L2
L3
N

a) U_{Strang} = 115 V

b) U_{Strang} = 133 V

c) U_{Strang} = 230 V

d) U_{Strang} = 325 V

e) U_{Strang} = 400 V

Wertigkeit **1** P

Bewertung P

Welche der fünf genannten Institutionen gibt die wichtigsten »Anerkannten Regeln der Elektrotechnik« heraus?

I. 10
A 4

a) Der Verband Deutscher Ingenieure (VDI)

b) Die Berufsgenossenschaft (BG)

c) Die Deutsche Elektrotechnische Kommission (DKE) im DIN und VDE

d) Der Deutsche Bundestag

e) Der Deutsche Handwerkskammertag (DHKT)

Wertigkeit **1** P

Bewertung P

Welcher Sicherheitstransformator nach VDE 0551 wird durch das dargestellte Symbol gekennzeichnet?

I. 10
A 6

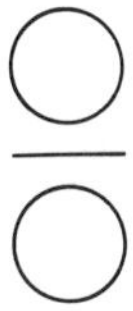

a) Ein Klingeltransformator

b) Ein Spielzeugtransformator

c) Ein offener Sicherheitstransformator

d) Ein bedingt kurzschlußfester Transformator

e) Ein Trenntransformator

Wertigkeit **1** P

Bewertung P

Kap. 10.3.2.3

Speziell für elektrische Betriebsmittel wurden Schutzklassen eingeführt, die die Güte des Schutzes kennzeichnen.

Welche der angegebenen Schutzklassen wird durch das dargestellte Symbol gekennzeichnet?

I. 10
A 11

a) Schutzklasse 0
b) Schutzklasse I
c) Schutzklasse II
d) Schutzklasse III
e) Schutzklasse IP 21

Wertigkeit **1** P

Bewertung P

Kap. 10.3.2.2

Welche Schutzart nach VDE wird durch das dargestellte Symbol gekennzeichnet?

I. 10
A 12

a) tropfwassergeschützt
b) spritzwassergeschützt
c) strahlwassergeschützt
d) wasserdicht
e) druckwasserdicht

Wertigkeit **1** P

Bewertung P

Speziell für elektrische Betriebsmittel wurden Schutzklassen eingeführt, die die Güte des Schutzes kennzeichnen.

Welche der angegebenen Schutzklassen wird durch das dargestellte Symbol gekennzeichnet?

I. 10
A 15

a) Schutzklasse 0

b) Schutzklasse I

c) Schutzklasse II

d) Schutzklasse III

e) Schutzklasse IP 21

Wertigkeit **1** P

Bewertung P

Durch welches der fünf Symbole wird die Schutzklasse I bei den elektrischen Betriebsmitteln gekennzeichnet?

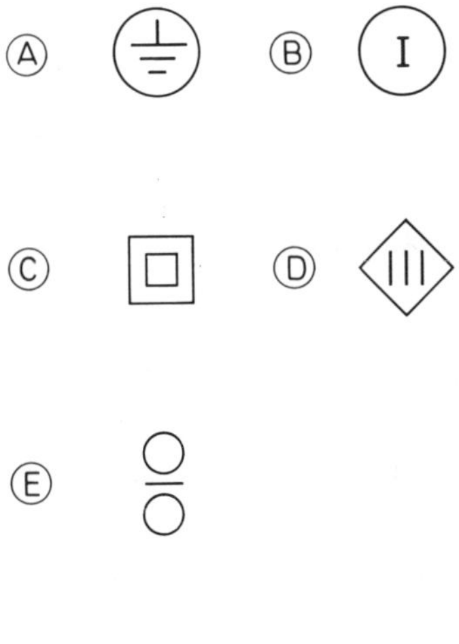

I. 10
A 17

Ⓐ Ⓑ I

Ⓒ Ⓓ III

Ⓔ

a) Durch das Symbol Ⓐ

b) Durch das Symbol Ⓑ

c) Durch das Symbol Ⓒ

d) Durch das Symbol Ⓓ

e) Durch das Symbol Ⓔ

Wertigkeit **1** P

Bewertung P

Kap. 10.1; 10.3.2.3

I. 10
A 20

Mit welchem Kurzzeichen und welcher Farbgebung wird der Schutzleiter gekennzeichnet?

	Kurzzeichen	Farbgebung
a)	N	grün-gelb
b)	PE	grün-gelb
c)	PE	rot-weiß
d)	PEN	rot-gelb
e)	PEN	schwarz-rot

Wertigkeit **1** P   Bewertung P

Kap. 10.3.2.3

I. 10
A 21

Welche der fünf Aussagen gilt für den separaten PE-Leiter?

a) Der PE-Leiter kann auch als Neutralleiter verwendet werden

b) Der PE-Leiter wird überwiegend als Schutzleiter verwendet

c) Der PE-Leiter wird bei symmetrischer Last als Sternpunktleiter genutzt

d) Der PE-Leiter darf ausschließlich nur als Schutzleiter verwendet werden

e) Der PE-Leiter wird auch als N-Leiter bezeichnet

Wertigkeit **1** P   Bewertung P

I. 10
B 1

In einem Vierleiter-Drehstromnetz besteht zwischen den drei gemessenen Spannungen eine bestimmte Phasenverschiebung.

Wie groß ist die Zeit t, die jeweils zwischen einem positiven Scheitelwert der Spannung U_{L1L2} und einem positiven Scheitelwert der Spannung U_{L2L3} vergeht?

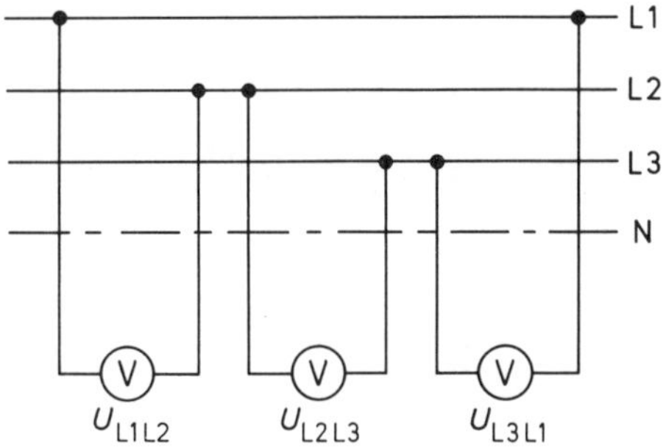

L1
L2
L3
N
V U_{L1L2}
V U_{L2L3}
V U_{L3L1}

a) $t = \frac{1}{3}\,T$

b) $t = \frac{2}{3}\,T$

c) $t = T$

d) $t = 3\,T$

e) $t = \frac{3}{2}\,T$

Wertigkeit **2** P

Bewertung P

I. 10
B 2

In einem Vierleiter-Drehstromnetz wird zwischen dem Außenleiter L1 und dem Außenleiter L2 eine Spannung U = 230 V gemessen.

Wie groß ist die Spannung, die in diesem Fall mit dem Meßgerät P2 gemessen wird?

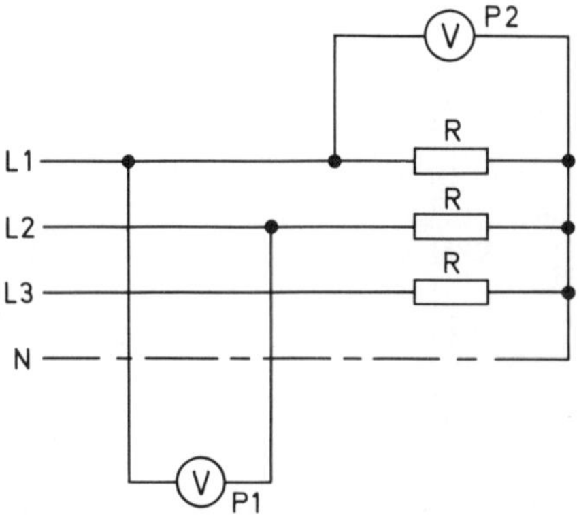

V P2
R
R
R
L1
L2
L3
N
V P1

a) U_{Strang} = 115 V

b) U_{Strang} = 133 V

c) U_{Strang} = 230 V

d) U_{Strang} = 325 V

e) U_{Strang} = 400 V

Wertigkeit **2** P

Bewertung P

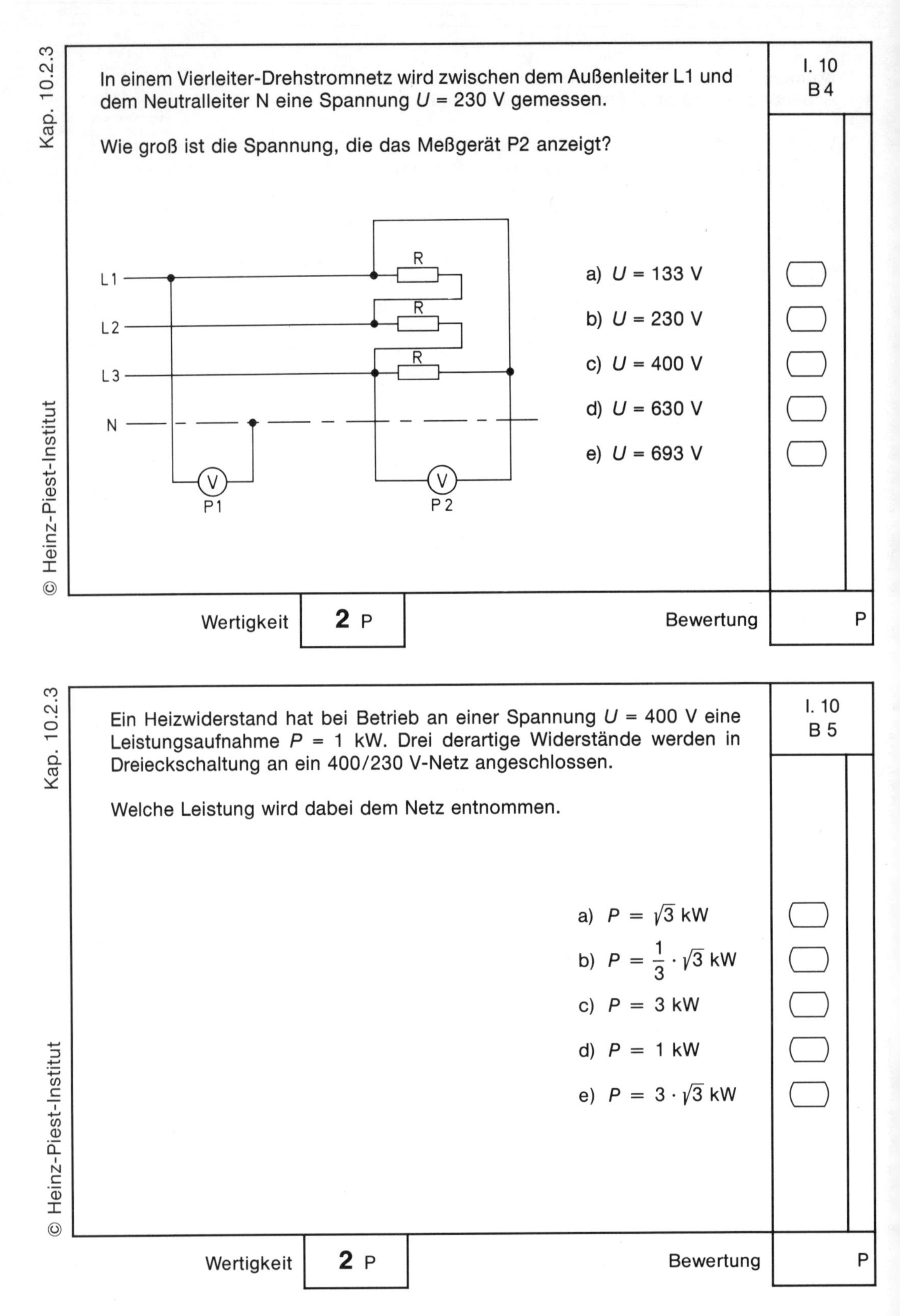
Kap. 10.2.3

I. 10
B 4

In einem Vierleiter-Drehstromnetz wird zwischen dem Außenleiter L1 und dem Neutralleiter N eine Spannung U = 230 V gemessen.

Wie groß ist die Spannung, die das Meßgerät P2 anzeigt?

a) U = 133 V

b) U = 230 V

c) U = 400 V

d) U = 630 V

e) U = 693 V

Wertigkeit **2** P

Bewertung P

Kap. 10.2.3

I. 10
B 5

Ein Heizwiderstand hat bei Betrieb an einer Spannung U = 400 V eine Leistungsaufnahme P = 1 kW. Drei derartige Widerstände werden in Dreieckschaltung an ein 400/230 V-Netz angeschlossen.

Welche Leistung wird dabei dem Netz entnommen.

a) $P = \sqrt{3}$ kW

b) $P = \frac{1}{3} \cdot \sqrt{3}$ kW

c) $P = 3$ kW

d) $P = 1$ kW

e) $P = 3 \cdot \sqrt{3}$ kW

Wertigkeit **2** P

Bewertung P

Welcher der angegebenen Betriebsfälle tritt ein, wenn in der dargestellten Schaltung der Schalter S geöffnet wird?	I. 10 B 7

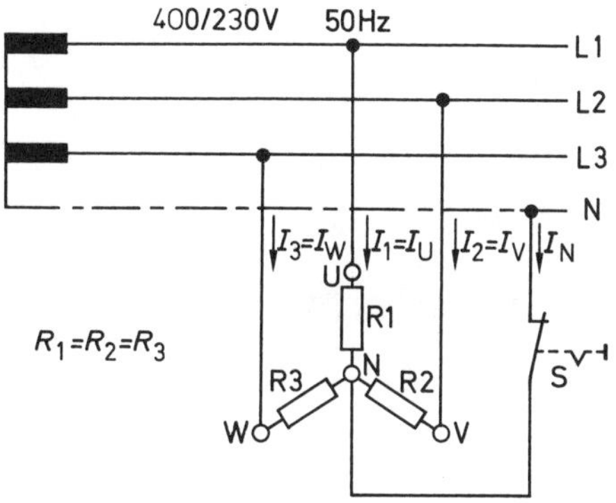

a) Es tritt eine unsymmetrische Belastung auf

b) Die Spannung an den Lastwiderständen wird um den Faktor $\sqrt{3}$ größer

c) Der Strom durch die Lastwiderstände wird um den Faktor $\sqrt{3}$ größer

d) Die gesamte Anlage ist ausgeschaltet

e) Die Anlage arbeitet unverändert weiter, da $I_N = 0$ A betrug

Wertigkeit **2** P — Bewertung P

Schutzkleinspannungen werden üblicherweise durch Sicherheitstransformatoren erzeugt. Welcher Körperstrom I_K kann bei Störung im dargestellten Fall auftreten?	I. 10 B 10

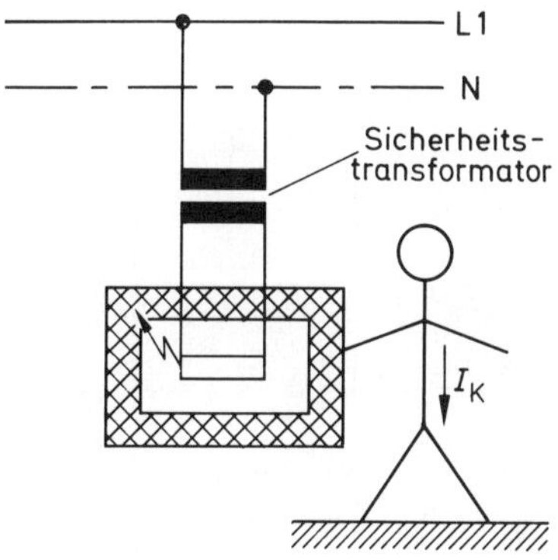

a) $I_k = 0$ A (Einfachfehler)

b) $I_k = 0$ A (Doppelfehler)

c) $I_k > 0$ A (Einfachfehler) keine Gefährdung

d) $I_k > 0$ A (Doppelfehler) keine Gefährdung

e) $I_k > 0$ A (Einfachfehler) Gefährdung

Wertigkeit **2** P — Bewertung P

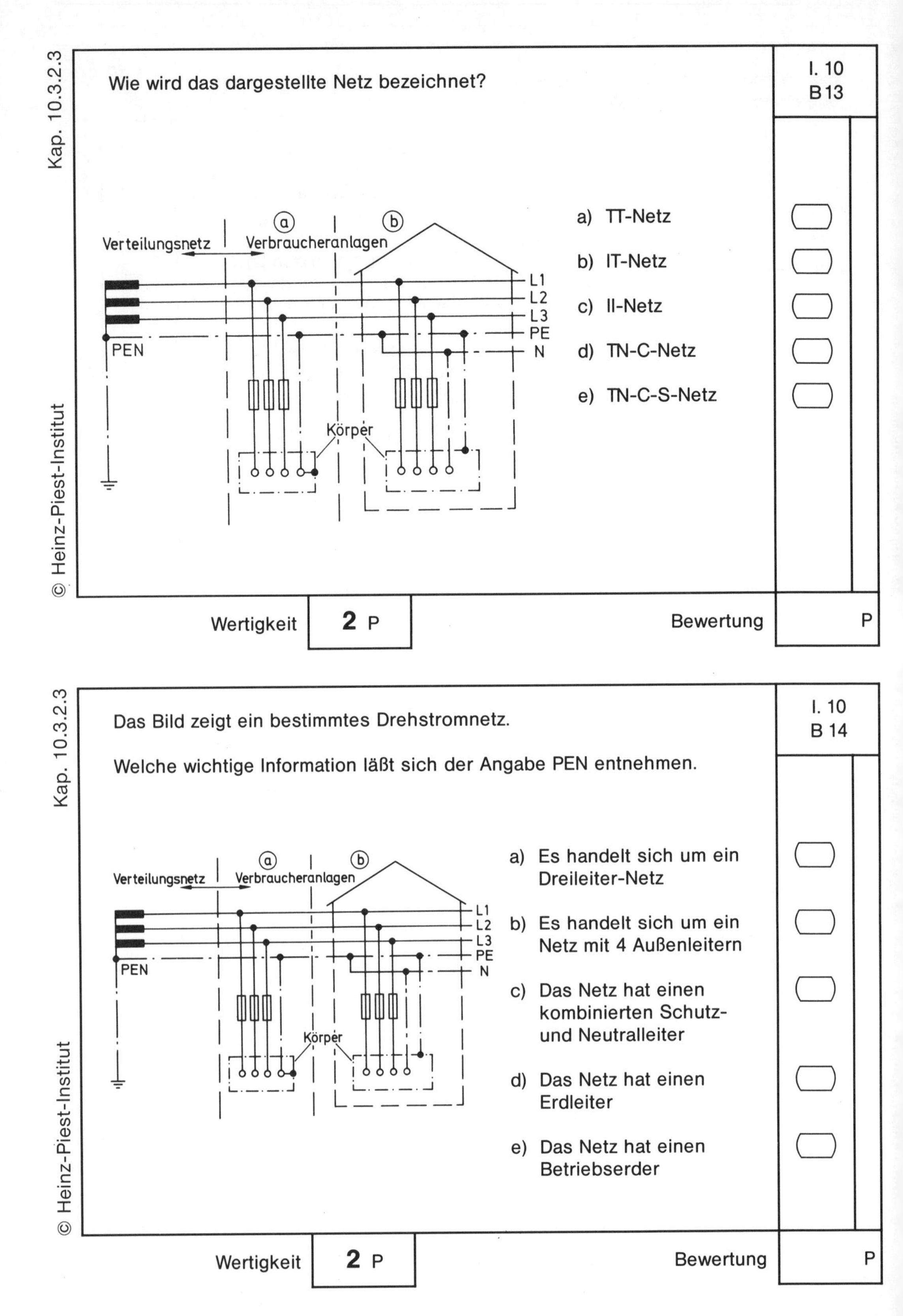

Kap. 10.3.2.3

I. 10
B 13

Wie wird das dargestellte Netz bezeichnet?

a) TT-Netz

b) IT-Netz

c) II-Netz

d) TN-C-Netz

e) TN-C-S-Netz

Wertigkeit **2** P

Bewertung P

Kap. 10.3.2.3

I. 10
B 14

Das Bild zeigt ein bestimmtes Drehstromnetz.

Welche wichtige Information läßt sich der Angabe PEN entnehmen.

a) Es handelt sich um ein Dreileiter-Netz

b) Es handelt sich um ein Netz mit 4 Außenleitern

c) Das Netz hat einen kombinierten Schutz- und Neutralleiter

d) Das Netz hat einen Erdleiter

e) Das Netz hat einen Betriebserder

Wertigkeit **2** P

Bewertung P

Die im Bild angegebene Sicherung dient als Schutzorgan bei indirektem Berühren.

In welcher Zeit t muß diese Sicherung im Störungsfall bei Steckdosen-Stromkreisen auslösen?

400/230 V 50 Hz
L1
L2
L3
N
PE
I_{PE}
I_F
I_K
Körper
Basisisolierung
Störung (Körperschluß)
I_K

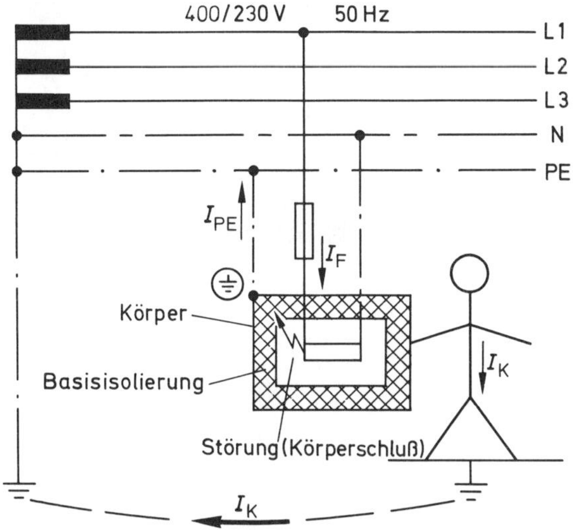

a) $t \geqq 2$ s

b) $t \leqq 2$ s

c) $t \geqq 1$ s

d) $t \geqq 0{,}2$ s

e) $t \leqq 0{,}2$ s

I. 10
B 17

Wertigkeit **2** P

Bewertung P

Wichtigstes Element des Fehlerstrom(FI)-Schutzschalters ist der Summenstromwandler.

Welche Funktion übt der Summenstromwandler aus?

a) Er schaltet allpolig ab, falls unsymmetrische Belastung auftritt ($I_{L1} \neq I_{L2} \neq I_{L3}$)

b) Er überwacht die Anlage und schaltet bei Überstrom ab

c) Im Fehlerfall ist die Summe der Ströme nicht mehr Null. Bei Erreichen des Nennauslösestromes $I_{\Delta n}$ wird allpolig abgeschaltet

d) Im Fehlerfall löst der Summenstromwandler die vorgeschaltete Sicherung aus

e) Wenn die Summe der zufließenden gleich der Summe der abfließenden Wandlerströme ist, löst der FI-Schutzschalter aus

I. 10
B 18

Wertigkeit **2** P

Bewertung P

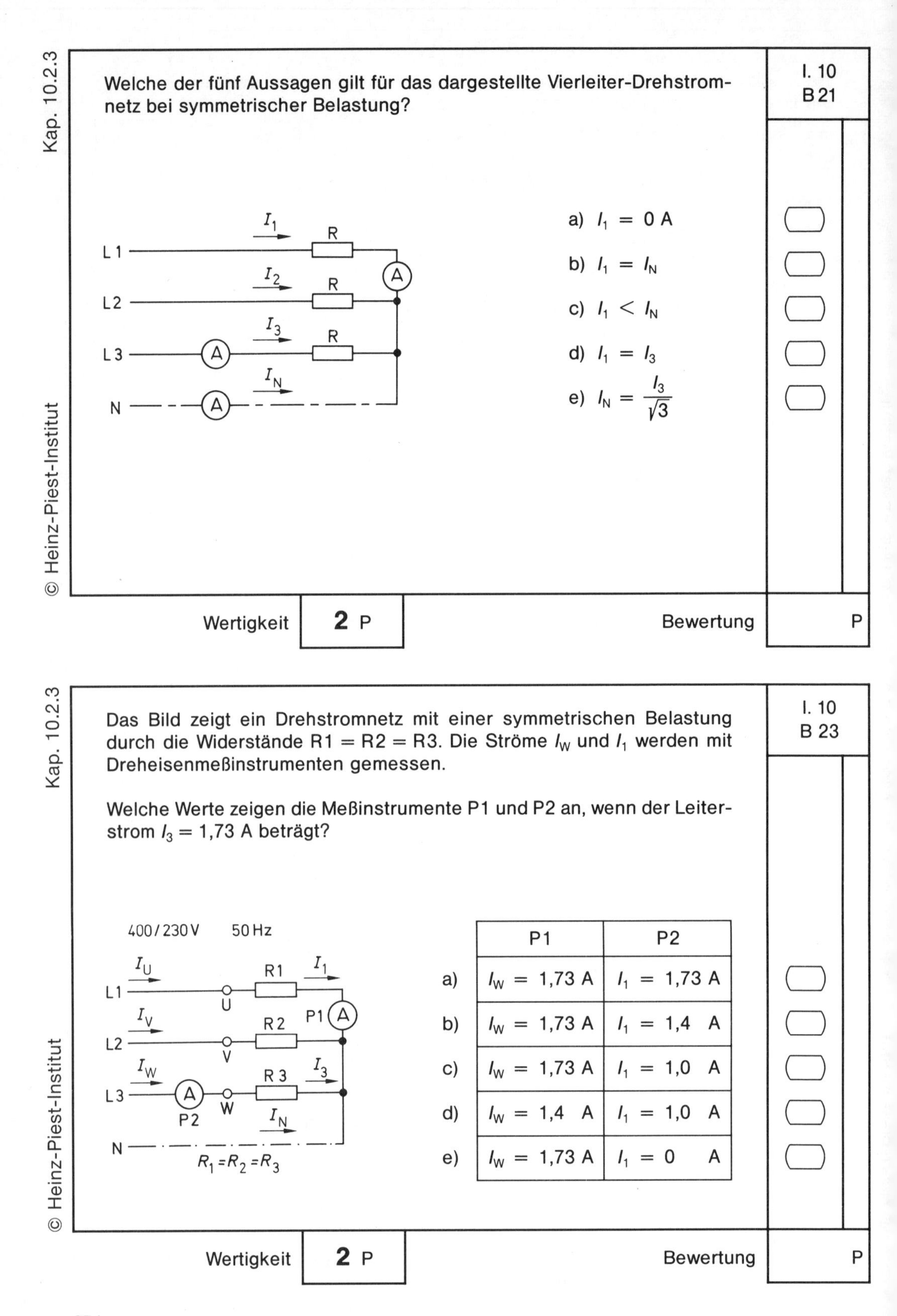

I. 10
B 21

Welche der fünf Aussagen gilt für das dargestellte Vierleiter-Drehstromnetz bei symmetrischer Belastung?

a) $I_1 = 0$ A

b) $I_1 = I_N$

c) $I_1 < I_N$

d) $I_1 = I_3$

e) $I_N = \frac{I_3}{\sqrt{3}}$

Wertigkeit **2** P

Bewertung P

I. 10
B 23

Das Bild zeigt ein Drehstromnetz mit einer symmetrischen Belastung durch die Widerstände R1 = R2 = R3. Die Ströme I_W und I_1 werden mit Dreheisenmeßinstrumenten gemessen.

Welche Werte zeigen die Meßinstrumente P1 und P2 an, wenn der Leiterstrom $I_3 = 1{,}73$ A beträgt?

	P1	P2
a)	$I_W = 1{,}73$ A	$I_1 = 1{,}73$ A
b)	$I_W = 1{,}73$ A	$I_1 = 1{,}4$ A
c)	$I_W = 1{,}73$ A	$I_1 = 1{,}0$ A
d)	$I_W = 1{,}4$ A	$I_1 = 1{,}0$ A
e)	$I_W = 1{,}73$ A	$I_1 = 0$ A

Wertigkeit **2** P

Bewertung P

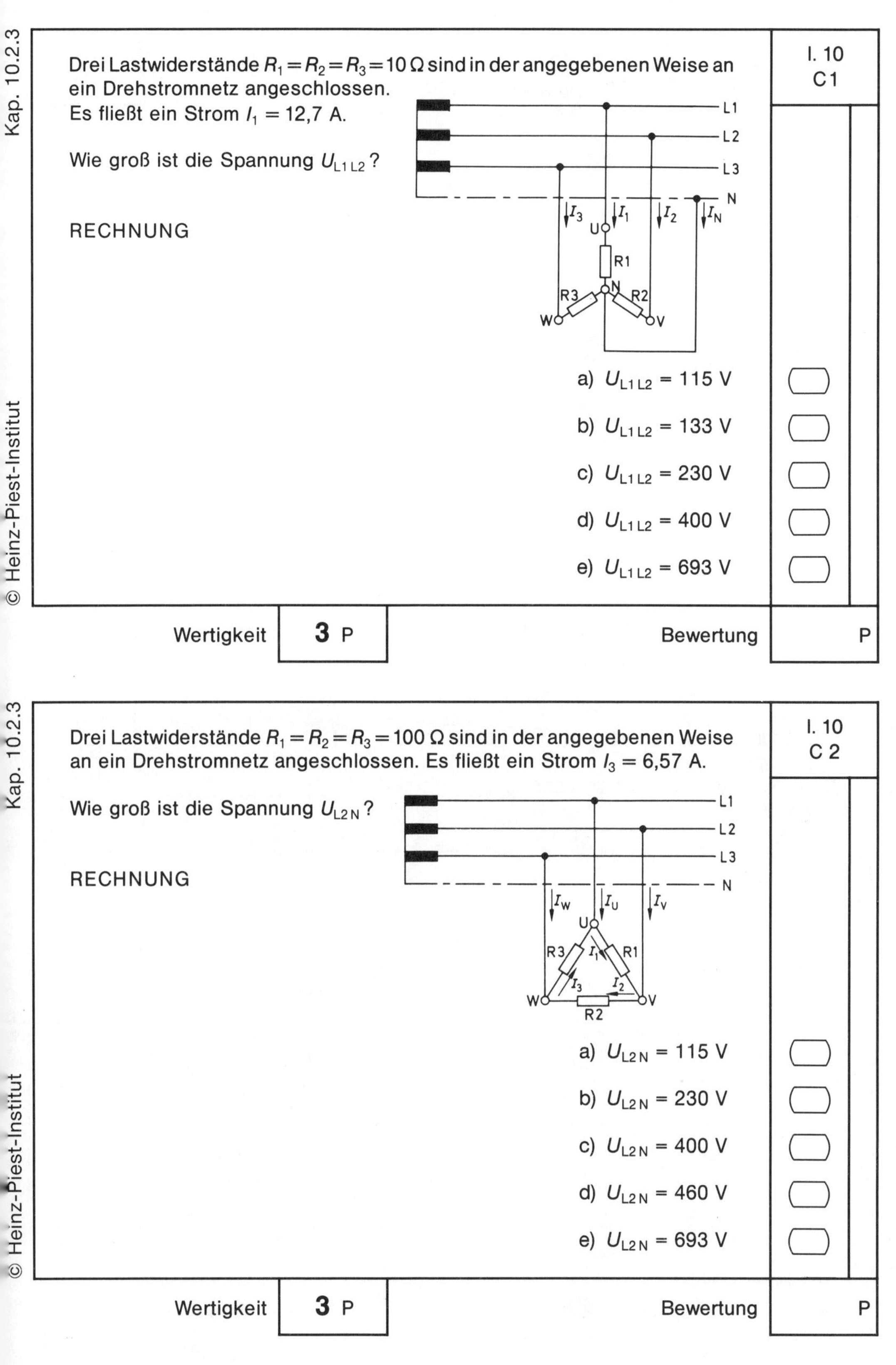

Drei Lastwiderstände $R_1 = R_2 = R_3 = 10\ \Omega$ sind in der angegebenen Weise an ein Drehstromnetz angeschlossen.
Es fließt ein Strom $I_1 = 12{,}7$ A.

Wie groß ist die Spannung $U_{L1\,L2}$?

RECHNUNG

a) $U_{L1\,L2} = 115$ V

b) $U_{L1\,L2} = 133$ V

c) $U_{L1\,L2} = 230$ V

d) $U_{L1\,L2} = 400$ V

e) $U_{L1\,L2} = 693$ V

I. 10
C1

Wertigkeit **3** P

Bewertung P

Drei Lastwiderstände $R_1 = R_2 = R_3 = 100\ \Omega$ sind in der angegebenen Weise an ein Drehstromnetz angeschlossen. Es fließt ein Strom $I_3 = 6{,}57$ A.

Wie groß ist die Spannung $U_{L2\,N}$?

RECHNUNG

a) $U_{L2\,N} = 115$ V

b) $U_{L2\,N} = 230$ V

c) $U_{L2\,N} = 400$ V

d) $U_{L2\,N} = 460$ V

e) $U_{L2\,N} = 693$ V

I. 10
C 2

Wertigkeit **3** P

Bewertung P

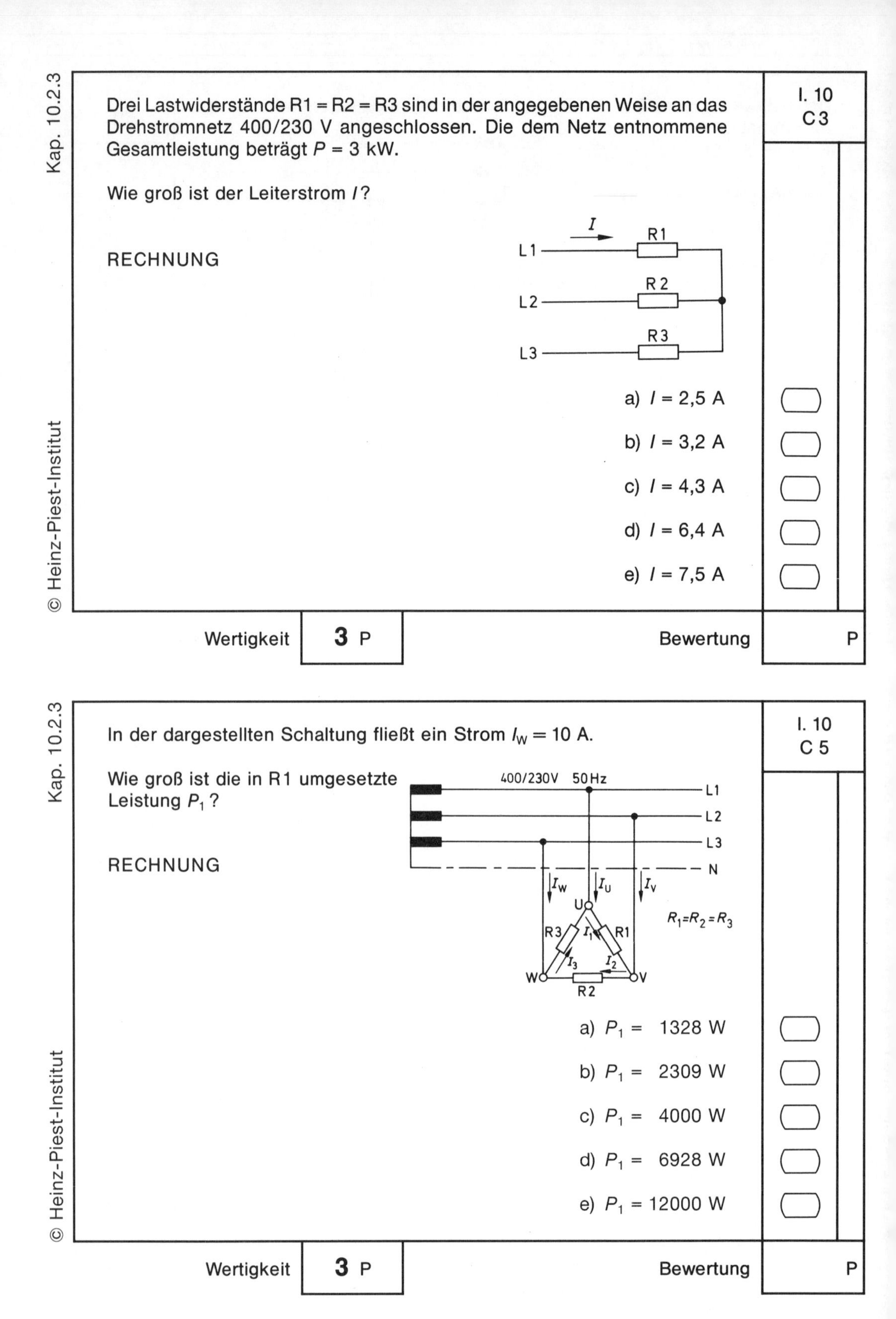

Kap. 10.2.3

Drei Lastwiderstände R1 = R2 = R3 sind in der angegebenen Weise an das Drehstromnetz 400/230 V angeschlossen. Die dem Netz entnommene Gesamtleistung beträgt P = 3 kW.

Wie groß ist der Leiterstrom I?

I. 10
C 3

RECHNUNG

a) I = 2,5 A

b) I = 3,2 A

c) I = 4,3 A

d) I = 6,4 A

e) I = 7,5 A

Wertigkeit **3** P | Bewertung P

Kap. 10.2.3

In der dargestellten Schaltung fließt ein Strom $I_W = 10$ A.

Wie groß ist die in R1 umgesetzte Leistung P_1?

I. 10
C 5

RECHNUNG

a) P_1 = 1328 W

b) P_1 = 2309 W

c) P_1 = 4000 W

d) P_1 = 6928 W

e) P_1 = 12000 W

Wertigkeit **3** P | Bewertung P

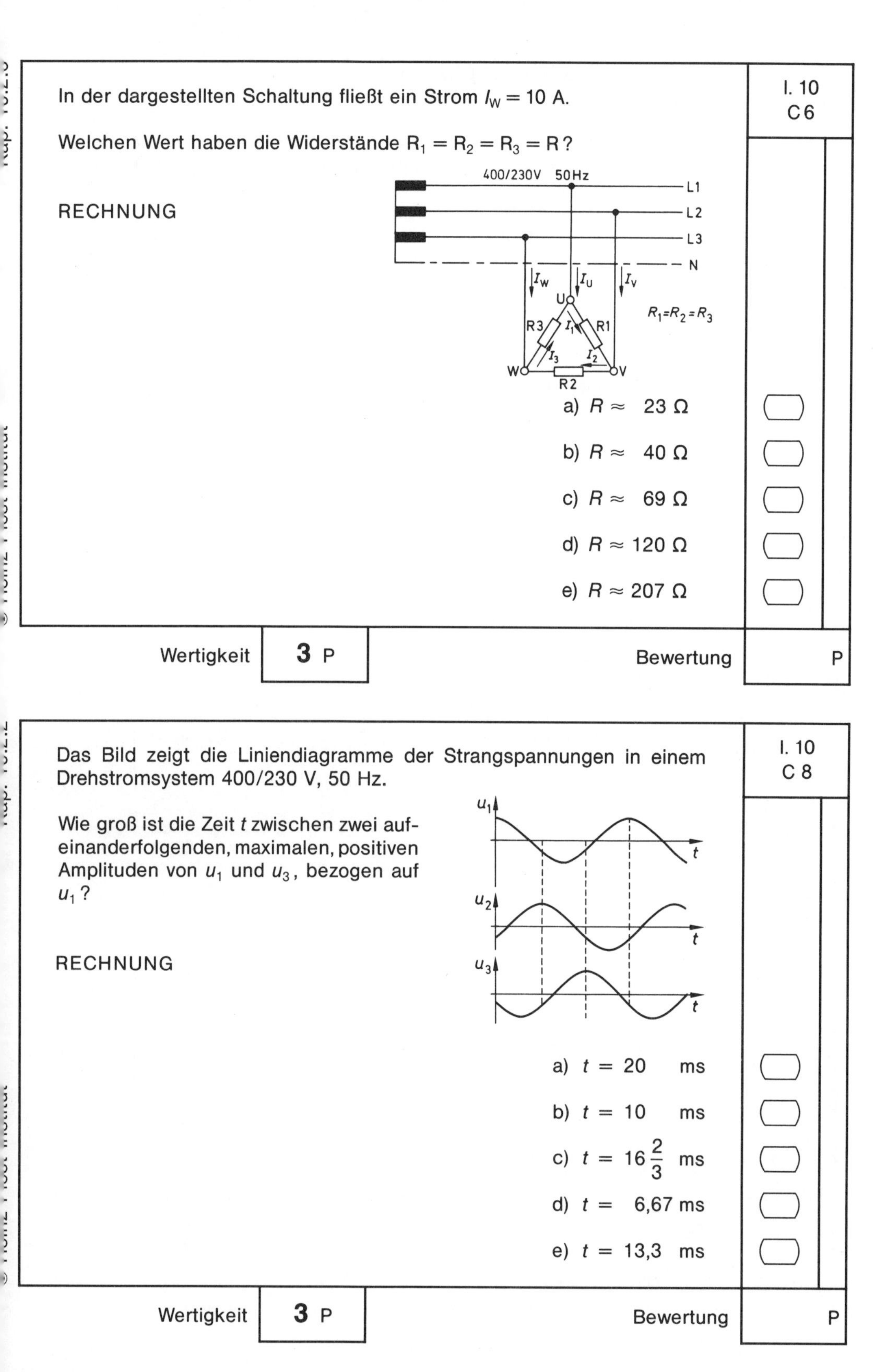

I. 10
C 6

In der dargestellten Schaltung fließt ein Strom $I_W = 10$ A.

Welchen Wert haben die Widerstände $R_1 = R_2 = R_3 = R$?

RECHNUNG

a) $R \approx 23\ \Omega$

b) $R \approx 40\ \Omega$

c) $R \approx 69\ \Omega$

d) $R \approx 120\ \Omega$

e) $R \approx 207\ \Omega$

Wertigkeit **3** P | Bewertung P

I. 10
C 8

Das Bild zeigt die Liniendiagramme der Strangspannungen in einem Drehstromsystem 400/230 V, 50 Hz.

Wie groß ist die Zeit t zwischen zwei aufeinanderfolgenden, maximalen, positiven Amplituden von u_1 und u_3, bezogen auf u_1?

RECHNUNG

a) $t = 20$ ms

b) $t = 10$ ms

c) $t = 16\frac{2}{3}$ ms

d) $t = 6{,}67$ ms

e) $t = 13{,}3$ ms

Wertigkeit **3** P | Bewertung P

Lösungen zu den Prüfungsaufgaben

Zur Kontrolle eigener Übungen sind hier die Lösungen der einzelnen Prüfungsaufgaben zusammengestellt, jedoch ohne Darstellung des Lösungswegs. Dieser ergibt sich aus dem im Fachbuch vermittelten Lehrstoff und den in den Arbeitsblättern beschriebenen Versuchen. Der Vergleich der bei der Bearbeitung gefundenen, eigene Lösung mit den hier benannten Lösungen sollte erst dann erfolgen, wenn sich der Bearbeiter über Lösungsweg und Lösung klar geworden ist. Er ist lediglich eine Kontrolle der eigenen Arbeit des Bearbeiters. Ein einfaches Nachvollziehen der benannten Lösung führt nicht zur Festigung des Stoffes und gefährdet den Erfolg des Lernprozesses, daher muß von dieser Verfahrensweise dringend abgeraten werden.

Kapitel 1:

I.1 A 21 d
I.1 A 23 d
I.1 B 2 b
I.1 B 11 b
I.1 B 16 b
I.1 B 17 d
I.1 B 23 b
I.1 B 26 c
I.1 B 28 d
I.1 B 31 c
I.1 B 35 a
I.1 B 38 b
I.1 B 47 b
I.1 C 1 d
I.1 C 7 e
I.1 C 13 d
I.1 C 18 a
I.1 C 20 b
I.1 C 26 a
I.1 C 27 b
I.1 C 31 e
I.1 C 34 c

Kapitel 2:

I.2 A 2 b
I.2 A 5 c
I.2 A 6 a
I.2 A 7 d
I.2 A 12 b
I.2 A 13 b
I.2 A 15 c
I.2 A 16 c
I.2 A 20 a
I.2 A 23 a
I.2 A 25 b
I.2 B 2 a
I.2 B 3 b
I.2 B 4 d
I.2 B 6 b
I.2 B 12 c
I.2 B 13 a
I.2 C 2 d
I.2 C 3 b
I.2 C 4 a
I.2 C 5 b
I.2 C 6 e
I.2 C 7 b
I.2 C 8 e
I.2 C 9 e
I.2 C 10 d

Kapitel 3:

I.3 A 6 b
I.3 A 9 b
I.3 A 14 b
I.3 A 15 e
I.3 A 18 e
I.3 A 20 e
I.3 A 21 c
I.3 A 22 d
I.3 A 25 a
I.3 A 29 d
I.3 A 30 c
I.3 A 31 d
I.3 A 32 e
I.3 A 33 b
I.3 B 3 b
I.3 B 5 c
I.3 B 6 e
I.3 B 8 c
I.3 B 9 a
I.3 B 10 c
I.3 B 16 b
I.3 B 17 b
I.3 B 18 d
I.3 B 20 b
I.3 B 22 c
I.3 B 23 d
I.3 B 24 a
I.3 B 27 a
I.3 B 29 d
I.3 B 31 b
I.3 B 32 c
I.3 B 34 b
I.3 B 39 c
I.3 B 40 e
I.3 B 41 b
I.3 C 1 b
I.3 C 4 a
I.3 C 6 d
I.3 C 8 a
I.3 C 9 d
I.3 C 12 b
I.3 C 13 e
I.3 C 15 a
I.3 C 17 b
I.3 C 18 c
I.3 C 19 a
I.3 C 20 d
I.3 C 21 c
I.3 C 22 c
I.3 C 25 b
I.3 C 28 e
I.3 C 29 b
I.3 C 31 a
I.3 C 33 b
I.3 C 34 e
I.3 C 36 b
I.3 C 38 d
I.3 C 39 b

Kapitel 4:

I.4 A 1 c
I.4 A 2 d
I.4 A 6 e
I.4 A 10 d
I.4 A 12 c
I.4 A 15 e
I.4 B 2 e
I.4 B 3 d
I.4 B 5 a
I.4 B 7 c
I.4 B 9 e
I.4 B 11 a
I.4 B 13 a
I.4 B 17 a
I.4 B 19 d
I.4 B 21 e

I.4	B 22	d
I.4	B 24	b
I.4	B 26	b
I.4	B 29	d
I.4	B 32	d
I.4	B 33	d
I.4	B 36	a
I.4	B 37	a
I.4	B 38	c
I.4	B 40	e
I.4	B 44	c
I.4	B 49	d
I.4	B 52	c
I.4	B 54	a
I.4	B 56	a
I.4	B 58	d
I.4	B 60	b
I.4	B 62	e
I.4	B 63	a
I.4	B 66	b
I.4	B 67	d
I.4	B 68	b
I.4	B 72	a
I.4	B 78	d
I.4	B 80	e
I.4	B 85	c
I.4	B 88	c
I.4	B 89	b
I.4	B 92	d
I.4	C 1	d
I.4	C 4	e
I.4	C 5	e
I.4	C 9	e
I.4	C 10	e
I.4	C 13	a
I.4	C 17	e
I.4	C 20	c
I.4	C 22	d
I.4	C 24	c
I.4	C 26	d
I.4	C 28	e
I.4	C 29	a
I.4	C 35	d
I.4	C 37	c
I.4	C 39	c
I.4	C 42	e

Kapitel 5:

I.5	A 1	d
I.5	A 4	a
I.5	A 11	c
I.5	A 18	e
I.5	A 23	c
I.5	B 2	b
I.5	B 4	d
I.5	B 7	e
I.5	B 8	c
I.5	B 10	c
I.5	B 12	b
I.5	B 13	c
I.5	B 15	b
I.5	B 17	b
I.5	B 20	b
I.5	B 23	c
I.5	B 25	a
I.5	B 30	b
I.5	B 31	c
I.5	C 1	c
I.5	C 4	c
I.5	C 9	d
I.5	C 10	c
I.5	C 16	b
I.5	C 21	d
I.5	C 24	b

Kapitel 6:

I.6	A 1	d
I.6	A 4	a
I.6	A 5	b
I.6	A 8	e
I.6	A 10	e
I.6	A 13	d
I.6	A 18	a
I.6	A 20	c
I.6	B 1	d
I.6	B 3	b
I.6	B 4	a
I.6	B 6	b
I.6	B 8	b
I.6	B 12	b
I.6	B 14	c
I.6	B 15	c
I.6	B 16	c
I.6	B 18	a
I.6	B 19	e
I.6	B 21	c
I.6	B 22	b
I.6	B 24	b
I.6	B 26	e
I.6	B 27	d
I.6	B 29	d
I.6	B 31	d
I.6	B 32	e
I.6	B 37	a
I.6	B 40	b
I.6	B 41	c
I.6	B 50	d
I.6	B 52	b
I.6	B 56	b
I.6	B 61	a
I.6	B 62	b
I.6	B 63	a
I.6	B 64	b
I.6	C 1	d
I.6	C 4	c
I.6	C 6	c
I.6	C 7	a
I.6	C 10	b
I.6	C 13	c
I.6	C 15	b
I.6	C 16	b
I.6	C 17	a
I.6	C 22	b
I.6	C 25	d
I.6	C 26	c
I.6	C 28	a

Kapitel 7:

I.7	A 1	b
I.7	A 5	c
I.7	A 9	d
I.7	A 10	c
I.7	A 13	b
I.7	A 16	a
I.7	A 18	e
I.7	A 22	d
I.7	B 1	e
I.7	B 3	d
I.7	B 4	e
I.7	B 5	d
I.7	B 7	a
I.7	B 9	c
I.7	B 11	b
I.7	B 14	c
I.7	B 15	d
I.7	B 16	d
I.7	B 18	e
I.7	B 19	c
I.7	B 21	a
I.7	B 22	b
I.7	B 23	b
I.7	B 24	a
I.7	B 25	c
I.7	B 26	e
I.7	B 28	b
I.7	B 29	c
I.7	B 31	b
I.7	B 33	e
I.7	B 35	a
I.7	B 36	a
I.7	B 37	c
I.7	B 41	d
I.7	B 43	c
I.7	B 46	e
I.7	B 48	d
I.7	B 50	d
I.7	B 53	b
I.7	B 58	d

I.7	B 61	b
I.7	B 65	a
I.7	B 67	d
I.7	C 2	c
I.7	C 3	d
I.7	C 5	c
I.7	C 8	b
I.7	C 9	a
I.7	C 10	b
I.7	C 14	d
I.7	C 16	d
I.7	C 17	b
I.7	C 18	c
I.7	C 21	b
I.7	C 24	b
I.7	C 25	d
I.7	C 26	b
I.7	C 30	d

Kapitel 8:

I.8	A 3	d
I.8	A 9	b
I.8	A 13	d
I.8	A 17	b
I.8	A 23	e
I.8	A 25	d
I.8	A 27	a
I.8	A 33	b
I.8	A 35	d
I.8	A 37	e
I.8	A 46	d
I.8	A 56	c
I.8	A 58	d
I.8	A 64	d
I.8	A 69	a
I.8	A 70	e
I.8	A 73	b
I.8	B 1	d
I.8	A 3	c
I.8	A 5	c
I.8	A 7	a
I.8	A 13	c
I.8	A 14	d
I.8	A 15	b
I.8	A 16	c
I.8	A 21	a
I.8	A 26	c
I.8	A 27	a
I.8	A 29	e
I.8	A 30	c
I.8	A 32	e
I.8	A 33	c
I.8	A 34	d
I.8	A 38	d
I.8	A 39	b
I.8	A 40	e
I.8	A 42	b
I.8	A 44	c
I.8	A 46	a
I.8	A 47	c
I.8	A 48	e
I.8	A 49	c
I.8	A 51	d
I.8	A 53	c
I.8	A 55	b
I.8	A 58	c
I.8	A 59	a
I.8	A 60	d
I.8	A 61	b
I.8	A 63	b
I.8	A 66	e
I.8	A 67	a
I.8	A 69	c
I.8	A 71	d
I.8	A 72	b
I.8	A 73	e
I.8	A 74	a
I.8	A 76	a
I.8	A 79	b
I.8	A 81	c
I.8	A 82	d
I.8	A 89	c
I.8	A 94	b
I.8	A 99	d
I.8	A 101	c
I.8	A 103	a
I.8	A 105	c
I.8	C 1	d
I.8	C 3	b
I.8	C 4	e
I.8	C 6	a
I.8	C 8	d
I.8	C 10	b
I.8	C 12	b
I.8	C 14	c
I.8	C 16	d
I.8	C 18	a
I.8	C 20	b
I.8	C 22	d
I.8	C 24	c
I.8	C 26	a
I.8	C 28	b
I.8	C 30	a
I.8	C 32	e
I.8	C 36	a
I.8	C 37	d
I.8	C 38	b
I.8	C 40	c
I.8	C 41	d
I.8	C 43	a
I.8	C 45	a
I.8	C 48	b
I.8	C 49	d
I.8	C 50	b
I.8	C 56	d
I.8	C 60	b
I.8	C 63	c
I.8	C 66	c

Kapitel 9:

I.9	A 1	b
I.9	A 11	d
I.9	A 14	d
I.9	A 16	e
I.9	A 17	d
I.9	A 19	a
I.9	A 25	c
I.9	A 31	c
I.9	B 1	b
I.9	B 6	d
I.9	B 6	c
I.9	B 10	b
I.9	B 11	d
I.9	B 12	a
I.9	B 14	e
I.9	B 15	c
I.9	B 16	b
I.9	B 18	c
I.9	B 19	a
I.9	B 21	d
I.9	B 23	b
I.9	B 25	a
I.9	B 26	c
I.9	B 27	d
I.9	B 29	b
I.9	B 30	c
I.9	B 32	a
I.9	B 33	e
I.9	B 35	e
I.9	B 36	a
I.9	B 37	b
I.9	B 38	c
I.9	B 39	c
I.9	B 41	c
I.9	C 1	e
I.9	C 8	c
I.9	C 12	b
I.9	C 14	c
I.9	C 16	c
I.9	C 17	b
I.9	C 18	e
I.9	C 19	c
I.9	C 23	e
I.9	C 24	d
I.9	C 26	d
I.9	C 27	b

Kapitel 10:

I.10	A 1	d
I.10	A 2	c
I.10	A 4	c
I.10	A 6	e
I.10	A 11	b
I.10	A 12	b
I.10	A 15	d
I.10	A 17	a
I.10	A 20	b
I.10	A 21	d
I.10	B 1	a
I.10	B 2	b
I.10	B 4	c
I.10	B 5	c
I.10	B 7	e
I.10	B 10	a
I.10	B 13	e
I.10	B 14	c
I.10	B 17	e
I.10	B 18	c
I.10	B 21	d
I.10	B 23	a
I.10	C 1	c
I.10	C 2	c
I.10	C 3	c
I.10	C 5	b
I.10	C 6	c
I.10	C 8	e

Informationen über die bundeseinheitlichen Elektronik-Lehrgänge

Das bundeseinheitliche Elektronik-Schulungsprogramm des HPI ist stufenweise nach dem Baukastenprinzip aufgebaut. Es besteht aus den 3 Grundlehrgängen:

I. Elektrotechnische Grundlagen der Elektronik
II. Bauelemente und Grundschaltungen der Mikroelektronik
III. Baugruppen der Mikroelektronik

sowie den Fachlehrgängen

IV A Leistungselektronik
IV B Meß- und Regelungstechnik
IV C Mikrocomputer
IV D Digitale Steuerungstechnik
IV E Computergestützte Steuerungstechnik

Zum Abschluß eines jeden Lehrganges kann der Teilnehmer freiwillig eine Prüfung ablegen. Die Durchführung der Prüfung erfolgt ebenfalls nach einheitlichen Richtlinien. Die bestandene Abschlußprüfung nach dem Lehrgang III ist Voraussetzung für die Teilnahme an den verschiedenen Fachlehrgängen, die sich dann mit den unterschiedlichsten Spezialgebieten befassen.

Mit diesem Schulungsprogramm werden in erster Linie Gesellen, Facharbeiter und Meister aus allen elektronikanwendenden Wirtschaftsbereichen angesprochen. Die Lehrgänge sind also bevorzugt auf den Praktiker ausgerichtet und werden daher praxisnah gestaltet. Es wird keine »Kreide-Elektronik« oder »Demonstrationselektronik« betrieben. Der theoretische Teil ist auf das notwendige Maß beschränkt, und jeder Teilnehmer muß selbständig Schaltungen der Elektronik meßtechnisch untersuchen und die Meßergebnisse auswerten.

Auf diese Weise werden praktische Erfahrungen auch im Umgang mit dem Oszilloskop und anderen Meß- und Prüfgeräten gesammelt. Die »Anerkannten Elektronik-Schulungsstätten« sind entsprechend ausgestattet.

Nur in diesen »Anerkannten Elektronik-Schulungsstätten« kann der »Elektronik-Teil des Berufsbildungspasses« als Qualifikationsnachweis erworben werden. Er besteht aus einer blauen Umschlaghülle im Format DIN A 6 mit dem Aufdruck »Berufsbildungspaß«, in die eine Stammkarte mit den Personalien des Inhabers eingeschoben wird. In diese Paßhülle können die einzelnen Teilnahmebescheinigungen als Maßnahmeblätter eingeheftet werden. Für jeden Lehrgang ist ein eigenes Maßnahmeblatt vorgesehen. Es enthält den Rahmenlehrplan für den jeweiligen Lehrgang sowie Angaben über dessen Dauer. Zusätzlich wird ein Prüfungszeugnis in A4-Format ausgegeben.

Das Verzeichnis der »Anerkannten Elektronik-Schulungsstätten« kann bei der Leitstelle, Heinz-Piest-Institut, 30167 Hannover, Wilhelm-Busch-Straße 18, Telefon (05 11) 701 55-15, kostenlos angefordert werden.

Aufbau des Schulungsprogramms

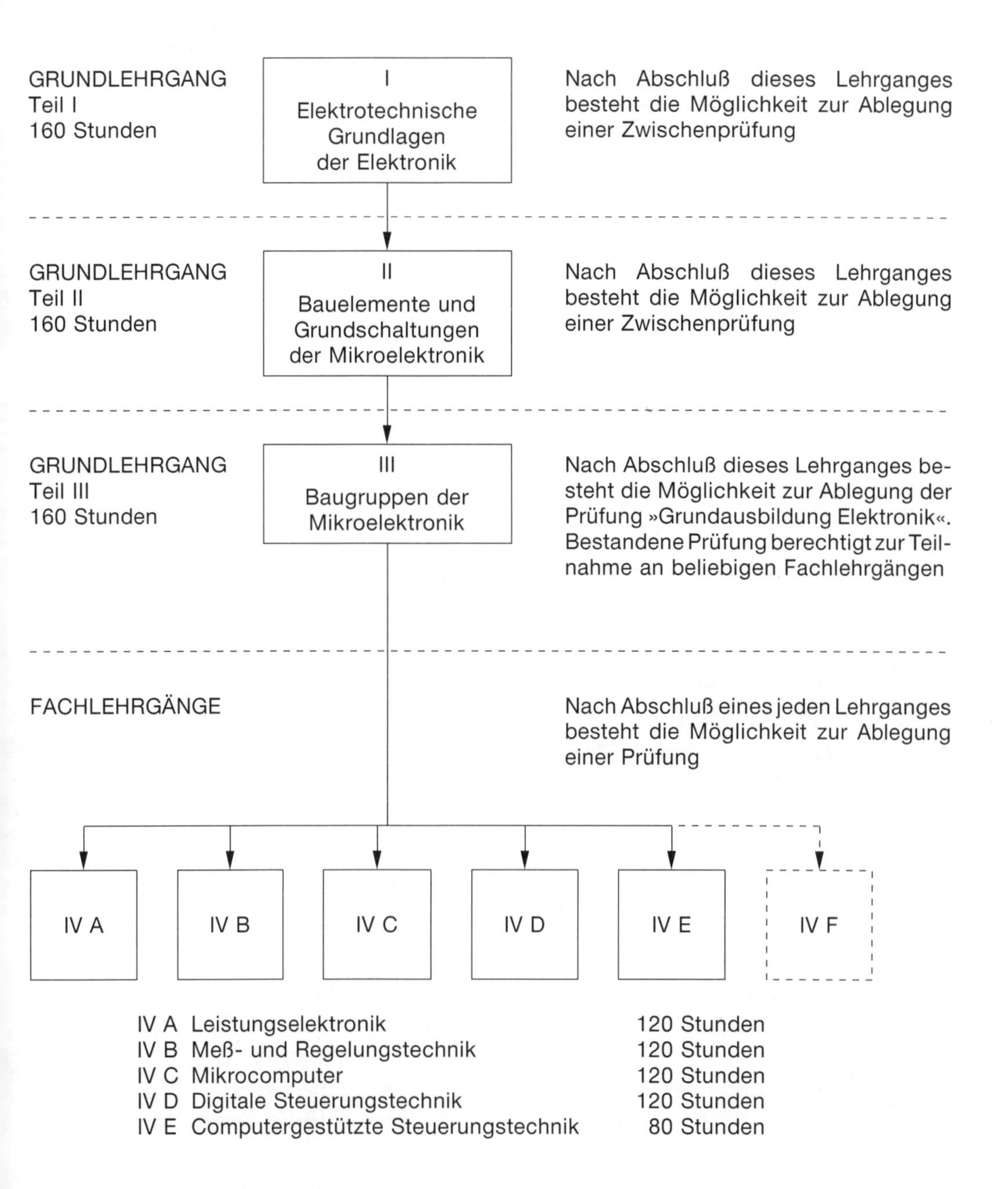

IV A	Leistungselektronik	120 Stunden
IV B	Meß- und Regelungstechnik	120 Stunden
IV C	Mikrocomputer	120 Stunden
IV D	Digitale Steuerungstechnik	120 Stunden
IV E	Computergestützte Steuerungstechnik	80 Stunden

(Die Reihe der Fachlehrgänge wird noch erweitert und auf andere Gebiete ausgedehnt. Die Lehrgänge laufen parallel.)

HPI-Fachbuchreihe Elektronik/Mikroelektronik

ELEKTRONIK I – Elektrotechnische Grundlagen der Elektronik
Lehrbuch
1994. 5. Auflage, 469 Seiten, 400 Abbildungen, gebunden, DM 69,-. ISBN 3-7905-0707-5

Prüfungsaufgaben
1995. 5. Auflage, 264 Seiten, 474 Prüfungsaufgaben mit Lösungshinweisen, kartoniert, DM 44,-. ISBN 3-7905-0720-2

Arbeitsblätter
1991. 3. Auflage, 224 Seiten, kartoniert, DM 38,-. ISBN 3-7905-0628-1

ELEKTRONIK II – Bauelemente und Grundschaltungen der Mikroelektronik
Lehrbuch
1994. 7. Auflage, 584 Seiten, 656 Abbildungen, gebunden, DM 69,-. ISBN 3-7905-0704-0

Prüfungsaufgaben
1991. 4. Auflage, 260 Seiten, 472 Prüfungsaufgaben, kartoniert, DM 44,-. ISBN 3-7905-0596-X

Lösungshinweise
1991. 6. Auflage, 32 Seiten, kartoniert, DM 9,80. ISBN 3-7905-0597-8

Arbeitsblätter
1994.5. Auflage, 248 Seiten, zahlreiche Abbildungen, kartoniert, DM 38,-. ISBN 3-7905-0703-2

ELEKTRONIK III – Baugruppen der Mikroelektronik
Lehrbuch
1992. 7. Auflage, 356 Seiten, 354 Abbildungen, gebunden, DM 69,-. ISBN 3-7905-0630-3

Prüfungsaufgaben
1992. 5. Auflage, 260 Seiten, 458 Prüfungsaufgaben mit Lösungshinweisen, kartoniert, DM 44,-. ISBN 3-7905-0632-X

Arbeitsblätter
1992. 5. Auflage, 212 Seiten, zahlreiche Abbildungen, kartoniert, DM 38,-. ISBN 3-7905-0631-1

ELEKTRONIK IV A – Leistungselektronik
Lehrbuch
1991. 4. Auflage, 392 Seiten, 331 Abbildungen, gebunden, DM 72,-. ISBN 3-7905-0599-4

Prüfungsaufgaben
1988. 2. Auflage, 256 Seiten, 400 Prüfungsaufgaben, gebunden, DM 49,-. ISBN 3-7905-0539-0

Lösungshinweise
1993. 2. Auflage, 28 Seiten, kartoniert, DM 9,80. ISBN 3-7905-0671-0

Arbeitsblätter
1988. 2. Auflage, 174 Seiten, zahlreiche Abbildungen, kartoniert, DM 48,-. ISBN 3-7905-0524-2

ELEKTRONIK IV B – Meß- und Regelungstechnik
Lehrbuch
1991. 3. Auflage, 574 Seiten, 679 Abbildungen, gebunden, DM 72,-. ISBN 3-7905-0610-9

Prüfungsaufgaben
1990. 243 Seiten, 382 Prüfungsaufgaben, gebunden, DM 49,-. ISBN 3-7905-0514-5

Lösungshinweise
1990. 32 Seiten, kartoniert, DM 9,80. ISBN 3-7905-0515-3

Arbeitsblätter
1992. 2. Auflage, 231 Seiten, zahlreiche Abbildungen, kartoniert, DM 48,-. ISBN 3-7905-0642-7

ELEKTRONIK IV C – Mikrocomputer
Lehrbuch
1991. 5. Auflage, 460 Seiten, 250 Abbildungen, gebunden, DM 72,-. ISBN 3-7905-0627-3

Prüfungsaufgaben
1990. 4. Auflage, 287 Seiten, 400 Prüfungsaufgaben, gebunden, DM 49,-. ISBN 3-7905-0568-4

Arbeitsblätter
1988. 3. Auflage, 231 Seiten, zahlreiche Abbildungen, kartoniert, DM 48,-. ISBN 3-7905-0533-1

Programmierlisten
1988. 3. Auflage, Block à 75 Blatt mit 2fach-Lochung, DM 13,-. Bestell-Nr. 0802

ELEKTRONIK IV D – Digitale Steuerungstechnik
Lehrbuch
1992. 5. Auflage, 364 Seiten, 452 Abbildungen, gebunden, DM 72,-. ISBN 3-7905-0639-7

Prüfungsaufgaben
1991. 4. Auflage, 267 Seiten, 415 Prüfungsaufgaben, gebunden, DM 49,-. ISBN 3-7905-0609-5

Lösungshinweise
1992. 4. Auflage, 32 Seiten, kartoniert, DM 9,80. ISBN 3-7905-0640-0

Arbeitsblätter
1991. 4. Auflage, 160 Seiten, zahlreiche Abbildungen, kartoniert, DM 48,-. ISBN 3-7905-0608-7

ELEKTRONIK IV E – Computergestützte Steuerungstechnik
Lehrbuch
1994. 200 Seiten, 176 Abbildungen, gebunden, DM 72,-. ISBN 3-7905-686-9

Arbeitsblätter
1994. 162 Seiten, zahlreiche Abbildungen, kartoniert, DM 48,-. ISBN 3-7905-0688-5

Prüfungsaufgaben
mit Lösungshinweisen, in Vorbereitung, erscheint im Sommer 1995. ISBN 3-7905-0687-7

PRAKTISCHE ELEKTRONIK, Teil 1
1993. 9. Auflage, 48 Seiten, kartoniert, DM 13,-. ISBN 3-7905-0668-0

PRAKTISCHE ELEKTRONIK, Teil 2
1991. 6. Auflage, 60 Seiten, kartoniert, DM 13,-. ISBN 3-7905-0604-4

Sollten die hier angezeigten Auflagen vergriffen sein, liefern wir jeweils die neueste Auflage. Stand 12/94. Preisänderungen vorbehalten.

Richard Pflaum Verlag GmbH & Co. KG. Buchverlag: Lazarettstr. 4. 80636 München
Telefon 080/12607-233, Telefax 089/12607-200